国家卫生健康委员会"十三五"规划教材

全国高等职业教育教材

供医学检验技术专业用

无机化学

第 2 版

主　编　王美玲　　赵桂欣

副主编　王金铃　姜　斌　陈国华

编　者（以姓名笔画为序）

杨宝华（首都医科大学燕京医学院）

陈国华（聊城职业技术学院）

姜　斌（山东医学高等专科学校）

张晓丹（大庆医学高等专科学校）

王金铃（山西医科大学汾阳学院）

王美玲（内蒙古医科大学）

赵桂欣（南阳医学高等专科学校）

谢小雪（皖北卫生职业学院）

胡密霞（内蒙古医科大学）

余晨辉（安徽卫生健康职业学院）

人民卫生出版社

·北　京·

图书在版编目(CIP)数据

无机化学/王美玲,赵桂欣主编. —2 版. —北京:
人民卫生出版社, 2021.9(2024.4重印)
ISBN 978-7-117-29291-7

Ⅰ.①无… Ⅱ.①王…②赵… Ⅲ.①无机化学-高
等职业教育-教材 Ⅳ.①061

中国版本图书馆 CIP 数据核字(2019)第 254108 号

人卫智网	www. ipmph. com	医学教育、学术、考试、健康, 购书智慧智能综合服务平台
人卫官网	www. pmph. com	人卫官方资讯发布平台

无 机 化 学
Wuji Huaxue
第 2 版

主　　编:王美玲　赵桂欣
出版发行:人民卫生出版社(中继线 010-59780011)
地　　址:北京市朝阳区潘家园南里 19 号
邮　　编:100021
E - mail:pmph @ pmph. com
购书热线:010-59787592　010-59787584　010-65264830
印　　刷:人卫印务(北京)有限公司
经　　销:新华书店
开　　本:850×1168　1/16　印张:11　插页:9
字　　数:348 千字
版　　次:2015 年 3 月第 1 版　　2021 年 9 月第 2 版
印　　次:2024 年 4 月第 5 次印刷
标准书号:ISBN 978-7-117-29291-7
定　　价:42.00 元
打击盗版举报电话:010-59787491　E-mail:WQ @ pmph. com
质量问题联系电话:010-59787234　E-mail:zhiliang @ pmph. com

为了深入贯彻落实党的二十大精神，落实全国教育大会和《国家职业教育改革实施方案》新要求，更好地服务医学检验人才培养，人民卫生出版社在教育部、国家卫生健康委员会的领导和全国卫生职业教育教学指导委员会的支持下，成立了第二届全国高等职业教育医学检验技术专业教育教材建设评审委员会，启动了第五轮全国高等职业教育医学检验技术专业规划教材的修订工作。

全国高等职业教育医学检验技术专业规划教材自 1997 年第一轮出版以来，已历经多次修订，在使用中不断提升和完善，已经发展成为职业教育医学检验技术专业影响最大、使用最广、广为认可的经典教材。本次修订是在 2015 年出版的第四轮 25 种教材（含配套教材 6 种）基础上，经过认真细致的调研与论证，坚持传承与创新，全面贯彻专业教学标准，加强立体化建设，以求突出职业教育教材实用性，体现医学检验专业特色：

1. **坚持编写精品教材**　本轮修订得到了全国上百所学校、医院的响应和支持，300 多位教学和临床专家参与了编写工作，保证了教材编写的权威性和代表性，坚持"三基、五性、三特定"编写原则，内容紧贴临床检验岗位实际、精益求精，力争打造职业教育精品教材。

2. **紧密对接教学标准**　修订工作紧密对接高等职业教育医学检验技术专业教学标准，明确培养需求，以岗位为导向，以就业为目标，以技能为核心，以服务为宗旨，注重整体优化，增加了《医学检验技术导论》，着力打造完善的医学检验教材体系。

3. **全面反映知识更新**　新版教材增加了医学检验技术专业新知识、新技术，强化检验操作技能的培养，体现医学检验发展和临床检验工作岗位需求，适应职业教育需求，推进教材的升级和创新。

4. **积极推进融合创新**　版式设计体现教材内容与线上数字教学内容融合对接，为学习理解、巩固知识提供了全新的途径与独特的体验，让学习方式多样化、学习内容形象化、学习过程人性化、学习体验真实化。

本轮规划教材共 25 种（含配套教材 5 种），均为国家卫生健康委员会"十三五"规划教材。

教材目录

序号	教材名称	版次	主编	配套教材
1	临床检验基础	第 5 版	张纪云　龚道元	√
2	微生物学检验	第 5 版	李剑平　吴正吉	√
3	免疫学检验	第 5 版	林逢春　孙中文	√
4	寄生虫学检验	第 5 版	汪晓静	
5	生物化学检验	第 5 版	刘观昌　侯振江	√
6	血液学检验	第 5 版	黄斌伦　杨晓斌	√
7	输血检验技术	第 2 版	张家忠　陶　玲	
8	临床检验仪器	第 3 版	吴佳学　彭裕红	
9	临床实验室管理	第 2 版	李　艳　廖　璞	
10	医学检验技术导论	第 1 版	李敏霞　胡　野	
11	正常人体结构与机能	第 2 版	苏莉芬　刘伏祥	
12	临床医学概论	第 3 版	薛宏伟　高健群	
13	病理学与检验技术	第 2 版	徐云生　张　忠	
14	分子生物学检验技术	第 2 版	王志刚	
15	无机化学	第 2 版	王美玲　赵桂欣	
16	分析化学	第 2 版	闫冬良　周建庆	
17	有机化学	第 2 版	曹晓群　张　威	
18	生物化学	第 2 版	范　明　徐　敏	
19	医学统计学	第 2 版	李新林	
20	医学检验技术英语	第 2 版	张　刚	

第二届全国高等职业教育医学检验技术专业教育教材建设评审委员会名单

主任委员

胡 野 张纪云 杨 晋

秘 书 长

金月玲 黄斌伦 窦天舒

委 员(按姓氏笔画排序)

王海河 王翠玲 刘观昌 刘家秀 孙中文 李 晖
李妤蓉 李剑平 李敏霞 杨 拓 杨大干 吴 茅
张家忠 陈 菁 陈芳梅 林逢春 郑文芝 赵红霞
胡雪琴 侯振江 夏金华 高 义 曹德明 龚道元

秘 书

许贵强

数字内容编者名单

主　编　王美玲　赵桂欣

副主编　王金铃　姜　斌　陈国华

编　者（以姓名笔画为序）
　　　　杨宝华（首都医科大学燕京医学院）
　　　　陈国华（聊城职业技术学院）
　　　　姜　斌（山东医学高等专科学校）
　　　　张晓丹（大庆医学高等专科学校）
　　　　王金铃（山西医科大学汾阳学院）
　　　　王美玲（内蒙古医科大学）
　　　　赵桂欣（南阳医学高等专科学校）
　　　　谢小雪（皖北卫生职业学院）
　　　　胡密霞（内蒙古医科大学）
　　　　余晨辉（安徽卫生健康职业学院）

王美玲 内蒙古医科大学药学院教授。主要从事医学基础化学、无机化学、生物无机化学等专业的教学和科研工作。主持或参与国家及省部级科研项目 8 项,参与校级科研项目 10 余项。获内蒙古医科大学教学成果二等奖 1 项。内蒙古自治区及校级精品课程"医学基础化学"课程负责人,校级"药学无机化学"优秀教学团队负责人,曾获内蒙古医科大学校级最受学生欢迎教师、优秀教师、教师楷模、教学名师、师德榜样等称号。现任内蒙古生物工程学会第三届副理事长、内蒙古数字转化医学学会第二届常务理事、内蒙古细胞生物学会第二届常务理事。主编、副主编、参编教材 22 部,在各级各类学术刊物上发表教改论文 15 篇、科研论文 40 余篇。

寄语:

　　医学检验技术专业借助实验室技术和医疗仪器设备为临床诊断、治疗提供依据。它只需要少量血液或分泌物,就可获得病原、病理变化和脏器功能状态等数据资料,这便是医学检验独具魅力之处。现在检验医学也正从医学舞台的边缘走向中央,它已成为循证医学的重要组成、转化医学的重要途径和精准医学的核心;而无机化学将为医学检验技术专业学生提供化学原理、思路和方法。

主编简介与寄语

赵桂欣 南阳医学高等专科学校副教授。20余年来,一直工作在教学一线,讲授无机化学、有机化学、分析化学、医用化学4门课程,积累了丰富的教学经验,10余次荣获校级、市级优秀教师荣誉称号。先后主编、副主编"十一五""十二五"规划教材《有机化学》《医用化学》《无机化学》等20余部。

寄语:

医学是人类的"免疫系统",是人类最崇高的职业之一。健康所系,性命相托。我希望同学们在未来的求医道路上努力探索与思考,学你所学,行你所行,听从本心,无问西东;竭尽全力除人类之病痛,助健康之完美,维护医术的圣洁和荣誉,救死扶伤,不辞艰辛,执着追求,为祖国医药卫生事业的发展和人类身心健康奋斗终生。

前　言

　　医学检验技术专业培养具有基础医学、临床医学、医学检验等方面基本能力，能在各级医院、血站和防疫等部门从事医学检验及医学类实验室工作的医学高级专门人才。无机化学是医学检验技术专业重要的基础课，是学生学习后续的有机化学、分析化学、生物化学、分子生物学和临床生物化学检验等专业课程的基础。

　　本书是国家卫生健康委员会"十三五"规划教材，供全国高等职业教育医学检验技术专业使用。在编写过程中，我们积极贯彻落实党的二十大精神，力求实现教材的思想性、科学性、先进性、启发性和适用性的高度和谐统一，体现高职高专教育特点。本着以必需为准、够用为度、实用为先和以掌握概念、强化应用为教学重点的原则编写教学内容，着重介绍基本理论、基本知识和基本技能，并力求做到简明实用、生动形象、深入浅出、通俗易懂、继承传统、反映前沿，以适应21世纪我国医学专科人才培养的需要。

　　全书共10章，理论部分按64学时编写，实验部分共编写10个实验（34学时），各院校可酌情选用。每章的"学习目标"仍然沿用上版要求，按掌握、熟悉、了解三个层次对学习内容提出明确要求；每章结尾的"本章小结"便于学生对重点内容进行梳理；对理论性强、难度较大的内容以"知识拓展"的模块编写；每章都配备数目不等的"思考题"，方便学生对重点知识加以复习巩固。

　　本书在上一版的基础上进行了创新尝试，以纸质教材为载体，将融合理念贯穿全程，以实现纸数内容融合，通过书中二维码引入数字内容，学生可在阅读纸质教材时随时学习数字资源。每章的数字资源有："自学要点"（PPT），包括重点内容、疑难知识点、常考知识点和思维导图，方便学生自学；"扫一扫，测一测"，与章末思考题相对应，给出详细的思路解析，便于学生自我检测学习效果；本书对理论性强的内容适当补充了微课内容，增加可读性，为学生自学的良好载体，是传统课堂学习的一种重要补充和拓展。

　　本书由从教多年、有较高理论水平和丰富教学经验的教师编写，编写过程中得到各编委所在学校和有关专家的大力支持，并提出了很多建设性的意见和建议，在此谨向他们表示诚挚的谢意。教材内容汲取了许多上版教材的精华，对第1版主编刘斌教授和付洪涛教授及全体编者的辛勤付出深表敬意。

　　鉴于编者水平和编写时间有限，书中不妥之处在所难免，敬请专家、广大师生和读者批评指正。

教学大纲

王美玲　赵桂欣

2023年10月

目 录

第一章　溶液和溶液的渗透压

学习目标

1. 掌握:溶液组成标度的表示方法及计算;渗透现象产生的条件;溶液渗透压与浓度、温度之间的关系。
2. 熟悉:溶液的浓度计算及相互转换;渗透压的计算、比较渗透压的大小、判断渗透的方向。
3. 了解:分散系的概念与分散系的分类;渗透压在医学中的意义。

　　溶液是由溶质和溶剂所组成,溶液与生命过程的关系极为密切。人体内的组织间液、血液、淋巴液及各种腺体的分泌液等都是溶液;人体内的许多生化反应,营养物质的消化、吸收,以及药物在体内的吸收和代谢过程都是在溶液的状态下进行。医院的临床工作更是离不开溶液,生理盐水、眼药水以及各种中草药煎剂和注射剂等都是溶液,医院检验科检测患者血液、尿液及其他体液中的各种物质几乎都是在溶液中进行的,使用的各种检测试剂也都是一定浓度的溶液;临床上给患者大量补液时更是要特别注意溶液的浓度,也就是溶液的渗透压,若补液的浓度过高或过低都将产生不良后果,甚至造成死亡。因此,掌握有关溶液的浓度、溶液渗透压等基本知识对医疗工作,特别是医学检验工作有着重要的意义。

第一节　分　散　系

一、分散系的概念

　　人们通常把具体的研究对象称为体系。一种或几种物质以分子、离子或其聚集体的状态分散在另一种物质中所形成的体系称为分散系。其中被分散的物质称为分散相或分散质,容纳分散相的物质称为分散介质或分散剂。分散系可以是液态,也可以是气态或固态。例如,氯化钠溶液是分散系,其中氯化钠是分散相,水是分散剂;碘酒是分散系,其中碘是分散相,乙醇是分散剂;泥浆是分散系,其中泥土是分散相,水是分散剂;云雾是分散系,其中水滴是分散相,空气是分散剂。医药上用的各种注射液、合剂、洗剂、乳剂、气雾剂都是分散系。

课堂互动

　　你能举出几个生活中经常见到的分散系的例子吗?说明它们各自是由什么组成的?并指出哪个是分散相?哪个是分散剂?

1

二、分散系的分类

根据分散相和分散剂之间是否存在相界面,分散系可分为均相(单相)分散系和非均相(多相)分散系。凡只含有一个相的分散系称为均相(单相)分散系,而含有两个或两个以上相的分散系称为非均相(多相)分散系。非均相分散系的分散相和分散剂为不同的相,如云雾中的水滴和空气(液相和气相),泥浆中的泥土和水(固相和液相)。

按照分散相粒子的大小(粒子直径)不同,分散系可分为分子(离子)分散系、胶体分散系和粗分散系三类(表1-1)。

表1-1 分散系的分类

分散相粒子大小	分散系类型		分散相粒子组成	主要特征	实例
<1nm	分子、离子分散系(真溶液)		小分子或离子	均相,透明,均匀,稳定,分散相粒子扩散速度快,能透过滤纸和半透膜	生理盐水、医用乙醇、糖水等
1~100nm	胶体分散系	溶胶	胶粒(多原子、分子、离子的聚集体)	非均相,不均匀,有相对稳定性,分散相粒子扩散速度慢,能透过滤纸不能透过半透膜	氢氧化铁、硫化砷、碘化银及金、银、硫等单质溶胶
		高分子溶液	有机大分子	均相,透明,均匀,稳定,分散相粒子扩散速度慢,能透过滤纸不能透过半透膜	蛋白质、核酸等水溶液
>100nm	粗分散系	悬浊液	固体粒子	非均相,不透明,不均匀,不稳定,分散相粒子扩散速度很慢或不扩散,不能透过滤纸和半透膜	泥浆
		乳状液	液体小滴		乳汁、豆浆

以分散相粒子直径大小作为分散系分类的依据是相对的,因为三类分散系之间虽然有明显的区别,但没有明显的界限,三者之间的过渡是渐变的。某些体系可以同时表现出两种或者三种分散系的性质,如牛奶就是一种复杂的分散系,其基本成分有:水、脂肪、干酪质、乳糖等。脂肪以乳浊液的形式分散在水中,并且在牛奶静置时浮在面上;干酪质则以胶体溶液形式分散在水中,当用醋酸酸化时很容易以奶渣的形式分离出来;乳糖则以分子状态分散在水中。故牛奶是乳浊液、胶体溶液和溶液三种分散系共存体系,所以不可能仅表现出单一分散系的性质。可见,实际存在的分散系往往是比较复杂的。

本章所涉及的溶液是指真溶液,即分散相粒子直径小于1nm的分散系。溶液中的分散质称为溶质,分散剂称为溶剂。严格地说,溶液并不仅限于液态,还可以是气态溶液(如空气),或固态溶液(如合金)。通常说的溶液是液态溶液,在液态溶液中,水溶液是最常见的。

第二节 溶液组成标度的表示方法

溶液的组成标度通常是指一定量溶液或溶剂中所含溶质的量,溶液组成标度有多种表示方法,医学上常用以下几种。

一、物质的量与物质的量浓度

在工作和生活中,人们能感知到水、铁、氧气、硫化氢等物质的存在,这种可以感知的物质称为宏观物质,常用质量单位 g、kg 或者体积单位 m^3、cm^3、L、ml 进行计量。这些宏观物质是由许许多多肉眼看不见的分子、原子或离子等微观粒子(称之为微观物质)构成。而物质之间的反应,既是在原子、分子或离子等微观粒子之间进行的,也是在可称量的宏观物质之间发生的。如何将宏观物质的量与其所含的微粒数目联系起来呢?为此,引入一个新的物理量-物质的量。

1. **物质的量（n）**　物质的量是 SI 中 7 个基本物理量之一。是指给定的某一系统中，所包含某种特定粒子（基本单元）的数量，其单位为摩尔，符号 mol。若一系统中所包含的基本单元数与 0.012kg C-12 的原子数目相等，则称该系统的物质的量为 1mol。0.012kg C-12 的原子数目等于阿伏伽德罗常量（约为 $6.02 \times 10^{23}/mol$）。

基本单元可以是分子、原子、离子及其他粒子或这些粒子的特定组合，所以在使用单位摩尔时，必须注明基本单元。摩尔是描述微观粒子的数量单位，而不是质量单位。

1mol 任何物质都含有阿伏伽德罗常量个基本单元。1mol 物质的质量称为该物质的摩尔质量。用符号 M 表示，其 SI 单位为 kg/mol，以 g/mol 为单位时在数值上等于该物质的化学式量。如 O 的摩尔质量是 16g/mol；H_2O 的摩尔质量是 18g/mol；NO_3^- 摩尔质量是 62g/mol，SO_4^{2-} 的摩尔质量是 96g/mol。

物质 B 的物质的量（n_B）与物质的质量（m_B）、摩尔质量（M_B）之间的关系可用下式表示

$$n_B = \frac{m_B}{M_B} \tag{1-1}$$

例 1-1　5.4g 葡萄糖（$C_6H_{12}O_6$）的物质的量是多少？

解　已知葡萄糖（$C_6H_{12}O_6$）的摩尔质量 $M_B = 180g/mol$，$m_B = 5.4g$，
根据式（1-1）可得：

$$n(C_6H_{12}O_6) = \frac{m(C_6H_{12}O_6)}{M(C_6H_{12}O_6)} = \frac{5.4}{180} = 0.03(mol)$$

2. **物质的量浓度**　溶质 B 的物质的量 n_B 除以溶液的体积 V，称为 B 的物质的量浓度，简称为浓度，用符号 c_B 表示：

$$c_B = \frac{n_B}{V} \tag{1-2}$$

物质的量浓度 SI 单位为 mol/m^3，常用单位：mol/L、mmol/L 或 μmol/L。

使用物质的量浓度时，必须指明物质的基本单元，如 $c(H_2SO_4)$、$c(H^+)$、$c(Cl^-)$ 等。

例 1-2　正常人 100ml 血清中含 100mg 葡萄糖，计算血清中葡萄糖的物质的量浓度（用 mmol/L 表示）。

解　已知葡萄糖（$C_6H_{12}O_6$）的摩尔质量 $M_B = 180g/mol$，$m_B = 100mg$，$V = 100ml$
根据式（1-1）可得：

$$n(C_6H_{12}O_6) = \frac{m(C_6H_{12}O_6)}{M(C_6H_{12}O_6)} = \frac{100}{180} = 0.56(mmol)$$

根据式（1-2）可得：

$$c(C_6H_{12}O_6) = \frac{n(C_6H_{12}O_6)}{V} = \frac{0.56}{0.1} = 5.6(mmol/L)$$

二、质量浓度

溶质 B 的质量 m_B 除以溶液的体积 V，称为 B 的质量浓度，用符号 ρ_B 表示：

$$\rho_B = \frac{m_B}{V} \tag{1-3}$$

质量浓度的常用单位是 g/L、mg/L 和 μg/L。密度的符号为 d，应用时要特别注意质量浓度 ρ_B 和密度 d 的区别。

质量浓度 ρ_B 与密度 d 的区别

质量浓度 ρ_B 与密度 d 表示符号相同但有着本质的区别,在实际工作中应特别注意。密度 d 是溶液的质量除以溶液的体积,单位多用 kg/L。例如市售浓 H_2SO_4 的质量浓度 $\rho(H_2SO_4) = 1.77kg/L$,密度 $d = 1.84kg/L$,分别表示每升该溶液中含 H_2SO_4 1.77kg 和每升该溶液的质量为 1.84kg,两者含义不同,不可混淆。

例 1-3　100ml 正常人血浆中含血浆蛋白 7g,试求血浆蛋白在血浆中的质量浓度。

解　已知 $m_B = 7g$,$V = 100ml = 0.1L$

根据式(1-3)可得:

$$\rho_{血浆蛋白} = \frac{m_{血浆蛋白}}{V} = \frac{7}{0.1} = 70\,(g/L)$$

医学上溶液浓度的表示方法

世界卫生组织提议:在医学上表示体液时,凡是相对分子质量(或相对原子质量)已知的物质,均应采用物质的量浓度。在注射液的标签上应同时标明物质的量浓度和质量浓度,如静脉注射用的生理盐水 $c(NaCl) = 0.15mol/L$,$\rho(NaCl) = 9g/L$;对于相对分子质量未知的物质,可用质量浓度表示,如免疫球蛋白 G(IgG)的质量浓度的正常值范围为 7.60~16.60mg/L,免疫球蛋白 D(IgD)的质量浓度的正常值范围为 30~50mg/L。

三、摩尔分数和质量摩尔浓度

1. **摩尔分数**　物质 B 的物质的量与混合物的物质的量的比,称为物质 B 的摩尔分数,以符号 x_B 表示,量纲为一,省略不写。如果溶液由 A 和 B 两种物质组成,物质的量分别为 n_A 和 n_B,其物质的摩尔分数分别为:

$$x_A = \frac{n_A}{n_A + n_B} \qquad x_B = \frac{n_B}{n_A + n_B} \tag{1-4}$$

2. **质量摩尔浓度**　溶液中某溶质 B 的物质的量 n_B 与溶剂的质量 m_A 之比,称为 B 的质量摩尔浓度,单位为 mol/kg,符号为 b_B。即:

$$b_B = \frac{n_B}{m_A} \tag{1-5}$$

例 1-4　将 58.5g 的 NaCl(摩尔质量为 58.5g/mol)溶于 1 000g 水中,试计算所得溶液的质量摩尔浓度。

解　已知 $M(NaCl) = 58.5g/mol$,$m_A = 1\ 000g = 1kg$,

根据式(1-5)可得:

$$b(NaCl) = \frac{58.5/58.5}{1} = 1\,(mol/kg)$$

四、质量分数和体积分数

1. **质量分数**　溶质 B 的质量 m_B 与溶液的质量 m 之比,称为 B 的质量分数,用符号 ω_B 表示:

$$\omega_B = \frac{m_B}{m} \tag{1-6}$$

质量分数的量纲为一,省略不写,其值用小数或百分数表示。例如,市售浓硫酸的质量分数为 0.98 或 98%。

例 1-5　将 50g 葡萄糖溶于 450g 水配成溶液,计算此葡萄糖溶液中葡萄糖的质量分数。

解　已知 $m_B = 50g, m = 50g + 450g = 500g$

根据式(1-6)可得:

$$\omega_B = \frac{m_B}{m} = \frac{50}{500} = 0.1(10\%)$$

2. **体积分数**　溶质 B 的体积 V_B 与同温同压下混合前各组分的体积之和 V 之比,称为 B 的体积分数,用符号 φ_B 表示:

$$\varphi_B = \frac{V_B}{V} \tag{1-7}$$

体积分数的量纲为一,省略不写,其值用小数或百分数表示。医学上常用体积分数来表示溶质为液体或气体的溶液的组成标度。例如,消毒用乙醇溶液中乙醇的体积分数为 0.75 或 75%。临床血液检验指标之一的红细胞体积分数(红细胞在全血中所占的体积分数,临床上称为血细胞比容)正常值范围为 0.37~0.50。

例 1-6　消毒用乙醇溶液中乙醇体积分数为 0.75,现配制 500ml 这种消毒乙醇溶液需要无水乙醇多少毫升?

解　已知 $\varphi_B = 0.75, V = 500ml$

根据式(1-7)
$$\varphi_B = \frac{V_B}{V}$$

可得:
$$V_B = V \cdot \varphi_B = 500 \times 0.75 = 375(ml)$$

量取 375ml 无水乙醇,用水稀释至 500ml 即得消毒用乙醇溶液。

五、分子浓度

溶质 B 的分子数除以溶液的体积 V,称为 B 的分子浓度,用符号 C_B 表示:

$$C_B = \frac{N_B}{V} \tag{1-8}$$

医学临床上常用分子浓度来表示血液中细胞的组成标度。红细胞是血液中数量最多的血细胞,我国成年男性血液中的红细胞的分子浓度为 $4.5 \times 10^{12} \sim 5.5 \times 10^{12}/L$;女性为 $3.8 \times 10^{12} \sim 4.6 \times 10^{12}/L$。

六、组成标度间的相互换算

溶液组成标度之间的换算关系:同一溶液在不同用途中,其组成往往使用不同的组成标度来表示,需要进行换算。换算时应根据各种溶液组成标度表示方法的定义来进行,如果涉及质量与体积间的换算时,须以溶液的密度为桥梁;涉及质量与物质的量之间的换算时,须以溶质摩尔质量为桥梁。

B 的质量浓度 ρ_B 与物质的量浓度 c_B 之间的关系为:

$$c_B = \frac{\rho_B}{M_B} \quad 或 \quad \rho_B = c_B M_B \tag{1-9}$$

B 的质量分数 ω_B 与物质的量浓度 c_B 之间的关系为:

$$c_B = \frac{\omega_B \times d \times 1\,000}{M_B} \tag{1-10}$$

式(1-10)中,d 为溶液的密度,单位为 g/ml。

例 1-7　已知碳酸氢钠注射液的质量浓度为 12.5g/L,计算该注射液的物质的量浓度。

解　已知 Na_2CO_3 的 $\rho_B = 12.5g/L$,$M_B = 84.0g/mol$

根据式(1-9),可得:

$$c_B = \frac{\rho_B}{M_B} = \frac{12.5}{84.0} = 0.149(mol/L)$$

例 1-8　1L 98% 的 H_2SO_4 溶液($d_{密} = 1.84g/ml$),其物质的量浓度为多少。

解　已知 H_2SO_4 的 $\omega_B = 0.98$,$M_B = 98g/mol$,$d_{密} = 1.84g/ml$

根据式(1-10),可得:

$$c_B = \frac{\omega_B \times d \times 1\,000}{M_B} = \frac{0.98 \times 1.84 \times 1\,000}{98} = 18.4(mol/L)$$

第三节　溶液的渗透压

一、渗透现象和渗透压

将一滴红墨水缓缓地滴入一杯清水中,不摇动、不搅拌,不久整杯水就会变成红色。在一杯清水中加入适量蔗糖,不摇动、不搅拌,不久整杯水都有甜味,最后得到浓度均匀的糖水。这种现象称为扩散,是溶质和溶剂分子从浓度大的地方向浓度小的地方自动地相对迁移的结果。任何纯溶剂与溶液或两种不同浓度的溶液相互接触时都会发生溶质分子和溶剂分子双向扩散现象。

如果用一种只允许溶剂分子通过,而溶质分子不能通过的半透膜将蔗糖溶液和纯水隔开,见图 1-1(a),会发生什么现象?

半透膜是一种只允许某些物质透过,而不允许另一些物质透过的薄膜,生物体内的细胞膜、血管壁、膀胱膜,人造羊皮纸、玻璃纸和火棉胶都是半透膜。理想的半透膜只允许溶剂分子(如水分子)透过,而溶质分子或离子不能透过。后面所讲的半透膜没有指明时,均为理想半透膜。

当把溶液(如蔗糖水溶液)和纯溶剂(如水)用半透膜隔开时,溶剂分子可以自由地透过半透膜,而溶质分子不能透过。实验表明,溶剂分子通过半透膜的速率与单位体积溶液中所含溶剂的分子数成正比。由于溶液中单位体积内的溶剂分子数小于纯溶剂中单位体积内的溶剂分子数,所以,溶剂分子透过半透膜进入溶液中的速率大于溶液向纯溶剂中透过的速率。净结果是,有一部分溶剂分子透过半透膜进入溶液,使溶液的体积增大,液面升高,见图 1-1(b)。这种溶剂分子透过半透膜由纯溶剂进入溶液或由稀溶液进入浓溶液的现象称为渗透现象,简称渗透。

随着渗透现象的持续发生,溶液液面不断升高,其液柱产生的静水压力逐渐增大,从而使溶液中的溶剂分子加速透过半透膜,同时使纯溶剂向溶液的渗透速率减小。当静水压力增大到一定值后,两个方向的渗透速率相等,液柱高度不再变化,此时达到平衡,称为渗透平衡,见图 1-1(c)。

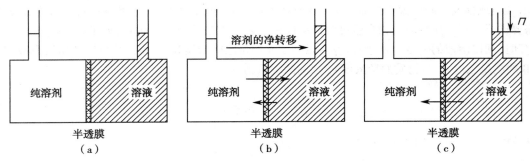

图 1-1　渗透现象和渗透压示意图
(a)渗透发生前;(b)渗透现象;(c)渗透压。

综上所述,产生渗透现象必须具备两个条件:一是有半透膜存在;二是半透膜两侧的溶液单位体积内溶剂分子数目不相等。渗透的方向总是溶剂分子由纯溶剂向溶液或者由稀溶液向浓溶液渗透。

课堂互动

在人类生活和动植物的生命活动中渗透现象广泛存在,你能举出几个有关渗透现象的实例吗?

在一定温度下,将一溶液与纯溶剂用半透膜隔开,为保持渗透平衡,阻止渗透现象的发生,从一开始就维持渗透平衡,而在溶液液面上施加的额外压力称为该溶液在这个温度下的渗透压,见图1-1(c)。渗透压用符号 Π 表示,其 SI 单位是 Pa 或 kPa。

如果半透膜两侧是不同浓度的溶液,为了阻止渗透现象的发生,也需要在较浓溶液液面上施加一额外压力。但是,这个额外压力既不是浓溶液的渗透压,也不是稀溶液的渗透压,而是两种不同浓度的溶液的渗透压之差。

若在浓溶液一侧施加一个大于渗透压的压力时,浓溶液中的溶剂会向稀溶液渗透,此种溶剂的渗透方向与原来渗透的方向相反,这一过程称为反渗透。反渗透可用于海水、苦碱水淡化,处理重金属废水,纯水、超纯水的制备等。

知识链接

血液透析

人体的肾脏是一个特殊的渗透器,能将代谢过程中产生的废物经渗透随尿液排出体外,而将有用的蛋白质保留在肾小球内。肾病患者由于肾功能障碍,血液中大量的代谢废物,不能随尿液自然排出体外,致使其血液中的浓度不断增高,严重时会引起尿毒症而危及生命。因此,需要按时做血液透析排出废物。血液透析是利用渗透原理,用人工方法模仿人体肾小球的滤过作用,在体外循环中清除人体血液内过剩的含氮化合物、新陈代谢产物或逾量药物等,调节水和电解质平衡。血液透析的目的,在于替代肾衰竭所失去的部分生理功能,维系生命,但不能治愈尿毒症或肾衰竭,只是临床救治急、慢性肾衰竭最有效方法之一。

二、渗透压与浓度、温度的关系

1886 年,荷兰化学家范特荷夫根据实验结果归纳出非电解质稀溶液的渗透压与溶液的浓度和热力学温度的乘积成正比。可以表示为:

$$\Pi = cRT \tag{1-11}$$

式(1-11)中,Π 为溶液的渗透压,单位 kPa;c 为非电解质溶液的物质的量浓度;T 为热力学温度($T = 273.15 + t$);R 为摩尔气体常数,$R = 8.314 \text{J}/(\text{K} \cdot \text{mol})$。这一关系称为范特荷夫定律,也称为渗透压定律。

从范特荷夫定律可以得出这样的结论:在一定温度下,稀溶液的渗透压取决于单位体积溶液内溶质的物质的量,亦即决定于单位体积溶液内溶质的微粒数,而与溶质的本性无关。这种性质称为稀溶液的依数性。

范特荷夫定律适用于非电解质稀溶液渗透压的计算。计算电解质溶液的渗透压时,由于电解质在溶液中发生电离,使溶液中溶质微粒的总浓度大于电解质本身的浓度,所以必须要考虑电解质的解离。对强电解质稀溶液,式(1-11)引入一校正系数 i,即:

$$\Pi = icRT \tag{1-12}$$

式(1-12)中,i 称为范特荷夫系数,可以近似取整数,表示 1 个强电解质化合物在溶液中解离出的离子数,例如 NaCl 溶液,$i=2$;NaHCO$_3$,$i=2$;CaCl$_2$ 溶液,$i=3$;Na$_3$PO$_4$,$i=4$。

例 1-9 计算生理盐水(9.00g/L)在37℃时的渗透压。

解 已知 $\rho_B = 9.00\text{g/L}, M_B = 58.5\text{g/mol}, T = 273+37 = 310\text{K}$

根据式(1-12)、式(1-9),可得:

$$\Pi = icRT = i\frac{\rho_B}{M_B}RT = 2 \times \frac{9.00}{58.5} \times 8.314 \times 310$$
$$= 793.03(\text{kPa})$$

三、渗透压在医学中的意义

(一)渗透浓度

人体体液是一个复杂的体系,体液内存在非电解质分子和电解质解离而产生的离子。由范特荷夫公式可知,稀溶液渗透压的大小取决于单位体积内溶质的微粒数目,而与溶质本性无关。所以体液的渗透压决定于单位体积体液中各种分子和离子的总数(表1-2)。医学上将溶液中能产生渗透效应的所有溶质微粒(称为渗透活性物质)的总浓度称为渗透浓度,用符号 c_{os} 表示,常用单位为 mol/L 或 mmol/L。

表 1-2 正常人血浆、组织间液和细胞内液中各种溶质的渗透浓度

物质名称	血浆中浓度/ (mmol·L^{-1})	组织间液中浓度/ (mmol·L^{-1})	细胞内液中浓度/ (mmol·L^{-1})
Na$^+$	144	137	10
K$^+$	5	4.7	141
Ca^{2+}	2.5	2.4	—
Mg^{2+}	1.5	1.4	31
Cl$^-$	107	112.7	4
HCO$_3^-$	27	28.3	10
HPO$_4^{2-}$-H$_2$PO$_4^-$	2	2	11
SO$_4^{2-}$	0.5	0.5	1
磷酸肌酸	—	—	45
肌肽	—	—	14
氨基酸	2	2	8
肌酸	0.2	0.2	9
乳酸盐	1.2	1.2	1.5
腺苷三磷酸	—	—	5
一磷酸己糖	—	—	3.7
葡萄糖	5.6	5.6	—
蛋白质	1.2	0.2	4
尿素	4	4	4
总计	303.7	302.2	302.2

对于非电解质溶液,其渗透浓度等于其物质的量浓度;对于强电解质溶液,其渗透浓度等于溶液中的离子总浓度,即:$c_{os} = ic$,i 为范特荷夫系数。

例 1-10 分别计算 9g/L NaCl 溶液和 50g/L 葡萄糖溶液的渗透浓度(用 mmol/L 表示)。

解 9g/L NaCl 溶液的渗透浓度

$$c_{os} = ic = i\frac{\rho}{M} = 2 \times \frac{9}{58.5} = 0.308(\text{mol/L}) = 308(\text{mmol/L})$$

50g/L 葡萄糖溶液的渗透浓度

$$c_{os} = ic = i\frac{\rho}{M} = 1 \times \frac{50}{180} = 0.280(\text{mol/L}) = 280(\text{mmol/L})$$

（二）等渗溶液、低渗溶液和高渗溶液

在相同温度下，渗透压相等的两种溶液称为等渗溶液。渗透压不相等的两种溶液中，渗透压相对较低的称为低渗溶液；渗透压相对较高的称为高渗溶液。

在医学上，溶液的渗透压的大小是以血浆的渗透浓度为标准来衡量的。正常人血浆的渗透浓度平均值约为 303.7mmol/L，据此临床上规定：凡是渗透浓度在 280~320mmol/L 的溶液为等渗溶液；渗透浓度低于 280mmol/L 的溶液为低渗溶液；渗透浓度高于 320mmol/L 的溶液为高渗溶液。临床上常用到的生理盐水（9g/L 的 NaCl 溶液）、50g/L 的葡萄糖溶液和 12.5g/L 的 $NaHCO_3$ 溶液均为等渗溶液。

在临床医疗工作中，不仅大量补液时要注意溶液的渗透压，就是小剂量注射时，也要考虑注射液的渗透压。临床上输液，应用等渗溶液是一个基本原则，否则，将引起红细胞的变形或破坏。当红细胞置于低渗溶液中时，溶液的渗透压低于细胞内液的渗透压，水分子透过细胞膜向细胞内渗透，红细胞将逐渐膨胀，当膨胀到一定程度后，红细胞就会破裂，释出血红蛋白，这种现象在医学上称为溶血现象，见图 1-2（a）。当红细胞置于高渗溶液中时，溶液的渗透压高于细胞内液的渗透压，水分子透过细胞膜向细胞外渗透，红细胞将逐渐皱缩，这种现象在医学上称为胞浆分离，见图 1-2（b）。皱缩后的细胞失去了弹性，当相互碰撞时，就可能粘连在一起而形成血栓。只有在等渗溶液中时，红细胞才能保持其正常形态和生理活性，见图 1-2（c）。溶血现象和血栓的形成在临床上都可能会造成严重的后果。

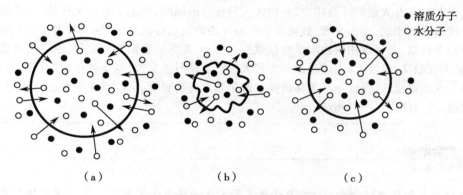

图 1-2　渗透现象示意图
（a）在低渗溶液中；（b）在高渗溶液中；（c）在等渗溶液中。

临床上，为了治疗上的某种需要，也会考虑给患者输入一定量的高渗溶液，如急需提高血糖用的 500g/L 葡萄糖和治疗脑水肿用的高渗山梨醇等溶液。但在使用高渗溶液时，必须控制用量和速度，一次输入剂量不宜太多，注射速度不可太快，要缓慢注入人体内，否则易造成局部高渗引起红细胞皱缩，互相黏合在一起就可能形成血栓。当高渗溶液缓缓注入体内时，可被大量体液稀释成等渗溶液，这样就不会出现不良后果而达到治疗目的。

临床上还有许多其他方面也要考虑溶液的渗透压。例如，通常用与组织细胞液等渗的生理盐水冲洗伤口，如用纯水或高渗盐水会引起疼痛；当配制眼药水时，除了要考虑溶液的 pH 外，还要考虑溶液的渗透压与眼睛黏膜细胞内液的渗透压是否相等，否则会刺激眼睛引起疼痛。

（三）晶体渗透压与胶体渗透压

人体血浆中既含有多种小离子和小分子物质，如 Na^+、K^+、Ca^{2+}、HCO_3^-、葡萄糖、氨基酸、尿素等；也有高分子物质，如蛋白质、核酸。医学上，将小分子和小离子物质所产生的渗透压称为晶体渗透压，将高分子和大离子物质产生的渗透压称为胶体渗透压。血浆总渗透压是这两种渗透压的总和。虽然高分子物质浓度高（约 70g/L），小分子和小离子物质浓度低（约 7.5g/L），但高分子物质的相对分子质量大，微粒数少，晶体物质的相对分子质量小，微粒数较多，所以血浆总渗透压的绝大部分是由晶体物质产生的。人体血浆的正常渗透压约为 770kPa，其中晶体渗透压约为 766kPa，胶体渗透压仅为 3.85kPa 左右。

视频：渗透压在医疗中的应用

笔记

由于人体内的半透膜(如细胞膜和毛细血管壁)对各种物质的通透性并不相同,所以晶体渗透压和胶体渗透压有不同的生理功能。

细胞膜是一种功能极其复杂的半透膜,可将细胞内液和细胞外液隔开,只允许水分子透过,其他电解质离子、小分子物质和蛋白质等大分子物质都不能透过。因此,水在细胞内外的流通,主要受血浆晶体渗透压影响。所以在正常状态下,血浆晶体渗透压在调节细胞膜内外盐水平衡、维持细胞正常形态和功能方面起着重要作用。如果人体由于某种原因缺水,细胞外液的盐浓度相对升高,使晶体渗透压增大,则引起细胞内液的水分子向细胞外液渗透,造成细胞皱缩;反之,若体液中水的量增加过多,将使细胞外液的盐浓度降低,晶体渗透压减小,从而引起细胞外液的水分子向细胞内液渗透,造成细胞膨胀,严重时产生水中毒。

毛细血管壁也是半透膜,但与细胞膜不同,可将血液与组织间液隔开,允许水分子和小分子物质自由透过,而蛋白质等高分子物质不能透过。因此,胶体渗透压虽小,但对维持毛细血管内外的水盐平衡和血容量起着重要作用。如果由于某种原因而使血浆蛋白含量减少,导致血浆胶体渗透压降低,血浆内的水和小分子物质就会透过毛细血管壁进入组织间液,可导致组织间液增多而引起水肿。临床上对大面积烧伤或由于失血造成血容量降低的患者进行补液时,除补充生理盐水外,还要输入血浆或右旋糖酐,以恢复胶体渗透压和增加血容量。

知识链接

高温作业应及时补充淡盐水

高温作业人员有大量的汗液排出,在机体大量排汗的同时,带走了不少无机盐,这样会使体内的无机盐代谢受到影响,失去平衡,如果不及时补充丢失的水分就会引起脱水,因而需要从体外补充一定量的无机盐,最好饮用淡盐水或含盐饮料。另外,夏季从事剧烈运动时,也应适当饮用淡盐水,因为夏天气温高、湿度大,人体通过排汗将大量热量及时散发掉,以保持体温的相对稳定,此时都需要适当饮用淡盐水,保证出汗后体内钠含量仍基本符合要求,可以维护细胞正常代谢,稳定细胞内外渗透,维持体内水盐平衡。

本章小结

1. 一种或几种物质以分子、原子、离子或其聚集体的状态分散在另一种物质中所形成的体系称为分散系。按照分散相粒子的大小(粒子直径)不同,分散系可分为分子(离子)分散系、胶体分散系和粗分散系三类。

2. 常用的混合物组成标度的表示方法有四种:物质的量浓度 c_B、质量浓度 ρ_B、体积分数 φ_B、质量分数 ω_B。根据其定义可以相互换算。

3. 渗透现象产生的条件为:一是有半透膜存在;二是半透膜两侧的溶液渗透浓度不相等。渗透的方向总是由低渗溶液向高渗溶液渗透。

4. 范特荷夫定律:非电解质稀溶液的渗透压与溶液的浓度和热力学温度的乘积成正比,其表达式为 $\Pi=cRT$,适用于非电解质稀溶液渗透压的计算。对于电解质溶液,引入校正系数 i,即 $\Pi=icRT$。渗透浓度越大,渗透压越大,反之亦然。

5. 医学上以人体正常血浆的总渗透浓度为标准确定等渗溶液、低渗溶液和高渗溶液。渗透浓度在 $280\sim320\,mmol/L$ 的溶液为等渗溶液。

6. 晶体渗透压是体液中小分子和小离子物质所产生的渗透压,其主要作用是维持细胞膜内外盐水的渗透平衡及细胞正常形态和功能;胶体渗透压是体液中蛋白质等高分子物质所产生的渗透压,主要作用是维持毛细血管内外水盐平衡和血容量。

(陈国华)

思考题

1. 蛙肌细胞内液的渗透浓度为 240mmol/L,若将其分别置于 5g/L、7g/L 和 10g/L 的 NaCl 溶液中,将各呈什么形态?

2. 临床上常用的人工肾透析液,每 10 000ml 中含葡萄糖 0.11mol、NaCl 0.95mol、NaAc 0.35mol、KCl 0.01mol、$MgCl_2$ 0.01mol、$CaCl_2$ 1.7g。请问此透析液是等渗溶液、低渗溶液还是高渗溶液?

3. 临床上需要 $\frac{1}{6}$mol/L 乳酸钠($NaC_3H_5O_3$)溶液 600ml,如用 112g/L 的乳酸钠针剂(20ml/支)配制,请问需要此针剂几支?

4. 将 1.00g 血红素溶于适量纯水配成 100ml 溶液,20℃ 时测得其渗透压为 0.366kPa,试计算血红素的相对分子质量。

第二章　化学反应速率与化学平衡

学习目标

1. 掌握：化学反应速率及其表示方法；速率方程和速率常数；活化能、活化分子、活化分子百分数、元反应、复合反应、速率控制步骤等概念；化学平衡常数的表达方式和意义。
2. 熟悉：温度对化学反应速率的影响；阿仑尼乌斯方程的意义及有关计算；化学平衡常数表达式的书写；浓度、压力和温度对化学平衡移动的影响。
3. 了解：碰撞理论；催化作用理论及酶催化的特点；可逆反应和不可逆反应。

在研究各种类型化学反应时，往往都会涉及两个方面的基本问题：一个是化学反应需要的时间，即化学反应进行的快慢问题；另一个是化学反应完成的程度，即化学反应进行的限度问题。探讨这两方面的问题不仅对于化学反应的理论研究和化工生产实际具有重要的指导意义，同时也对掌握医学基础理论知识，认识生物体内的生化、生理变化和药物的代谢都有重要的意义。本章主要讨论化学反应速率和化学平衡问题。

第一节　化学反应速率

有的化学反应进行得很快，例如爆炸瞬间即可完成，相比之下，岩石的风化却相当缓慢。可见，不同化学反应进行的快慢是不相同的。根据不同的情况，人们希望有的化学反应进行得快些，以提高生产效率，比如工业上的合成氨反应；而希望另一类化学应进行得慢些，比如药物的失效和食品的变质，以延长其有效期和保质期。即使是同一化学反应，在不同反应条件下，其反应进行的快慢也会不同。

一、化学反应的速率及其表示方法

化学反应进行的快慢程度常用化学反应速率(v)来描述。对于在一定条件下进行的化学反应，通常以单位时间内反应物或生成物浓度变化量表示该化学反应的反应速率。即：

$$\overline{v} = \pm \frac{c_2 - c_1}{t_2 - t_1} = \pm \frac{\Delta c}{\Delta t} \tag{2-1}$$

式(2-1)中，$\overline{v}$表示化学反应在t_1到t_2这段时间内的平均速率。

浓度单位一般用 mol/L 表示，时间单位根据反应进行的快慢可选用秒(s)、分钟(min)或小时(h)来表示。所以，化学反应速率的单位就为 mol/($L \cdot s$)、mol/($L \cdot min$)或 mol/($L \cdot h$)。

课堂互动

在反应速率公式中为什么要有正负号？何时使用正号？何时使用负号？

例如，某一合成氨的反应，在一定条件下，反应物的起始浓度和反应进行 2s 后的浓度分别表示如下：

$$N_2 \ + \ 3H_2 \rightleftharpoons 2NH_3$$

起始浓度（mol/L）	2.0	3.0	0
2s 末浓度（mol/L）	1.6	1.8	0.8

此反应在该条件下，选定不同的物质计算该反应的反应速率，分别为：

$$v(N_2) = -\frac{\Delta c(N_2)}{\Delta t} = -\frac{1.6-2.0}{2} = 0.2 \text{mol}/(L \cdot s)$$

$$v(H_2) = -\frac{\Delta c(H_2)}{\Delta t} = -\frac{1.8-3.0}{2} = 0.6 \text{mol}/(L \cdot s)$$

$$v(NH_3) = \frac{\Delta c(NH_3)}{\Delta t} = \frac{0-0.8}{2} = 0.4 \text{mol}/(L \cdot s)$$

上述计算结果表明，同一化学反应，当选用不同物质的浓度变化计算反应速率时，其数值可能不同，但存在一定的比例关系，其比值与给定化学反应方程式中相应物质化学式前的化学计量数比相一致。即 $v(H_2):v(N_2):v(NH_3) = 3:1:2$。

对任一化学反应

$$a\text{A}+b\text{B} \Longrightarrow d\text{D}+e\text{E}$$

有

$$-\frac{\Delta c(A)}{a\Delta t} = -\frac{\Delta c(B)}{b\Delta t} = \frac{\Delta c(D)}{d\Delta t} = \frac{\Delta c(E)}{e\Delta t} \tag{2-2}$$

例如，合成氨反应

$$N_2(g)+3H_2(g) \rightleftharpoons 2NH_3(g)$$

分别用 N_2，H_2 和 NH_3 表示的速率及它们之间的相互关系为：

$$v = \frac{-1}{1}\frac{\Delta c(N_2)}{\Delta t} = \frac{-1}{3}\frac{\Delta c(H_2)}{\Delta t} = \frac{1}{2}\frac{\Delta c(NH_3)}{\Delta t}$$

需要指出的是，大部分化学反应都不是匀速的进行，反应速率随反应时间而变，上述所计算的反应速率是指在 Δt 时间内的平均速率。如果将反应的时间间隔取无限小，平均速率中 Δt 无限趋近于零，即平均速率的极限值为某时刻反应的瞬时速率，只有瞬时速率才能准确地表示化学反应在某一时刻的真实反应速率。

二、化学反应速率理论

20 世纪上半期，化学家路易斯和艾林在大量实验事实的基础上，分别提出了化学反应速率的碰撞理论和过渡态理论。

（一）碰撞理论

气体反应的碰撞理论是英国的路易斯于 1918 年提出的，其基础是分子运动论，在一定程度上可以较好地解释不同化学反应(特别是一些气态双原子分子反应)速率的差别。碰撞理论认为:反应物分子之间的相互碰撞是发生化学反应的必要条件,反应物分子之间不相互碰撞,反应就无法发生。化学反应速率与单位时间内分子间的碰撞频率成正比,碰撞频率越高,反应速率越快。并不是所有的碰撞都能导致化学反应的发生,在无数次碰撞中,只有极少数能量大于某一临界值的分子之间的碰撞才能发生反应,这样的分子称为活化分子,活化分子具有的最低能量称为临界能 E_c。在指定温度下,反应物分子的能量分布如图 2-1 所示。图中横坐标表示分子所具有的能量,纵坐标表示具有一定能量的分子分数。

由图 2-1 可见,大多数分子具有平均能量,能量(E)很高或很低的分子都比较少。曲线与横坐标之间的面积代表全部具有不同能量的分子百分数之和为 100%,其中画有斜线的面积代表活化分子所占的百分数。对某一化学反应,当温度一定时,具有不同能量分子的百分数一定,活化分子百分数也是一定的。而且温度越高($T_2 > T_1$),活化分子所占的比例越大,碰撞频率就越高,化学反应速度越快。

决定反应能否进行的因素除了分子的能量外,还有一个因素就是碰撞是否发生在分子的有效部位。碰撞若不发生在分子的有效部位,即使碰撞能量超过 E_c,碰撞仍是无效的。如反应 $CO(g) + NO_2(g) \rightleftharpoons CO_2(g) + NO(g)$,在 CO 与 NO_2 分子碰撞时,假如碳原子与氮原子相碰(图 2-2),就不大可能发生氧原子的转移。只有当 CO 中的碳原子与 NO_2 中的氧原子靠近,并沿着 C—O 与 N—O 直线方向相碰撞,才能发生反应,这样的碰撞为有效碰撞。

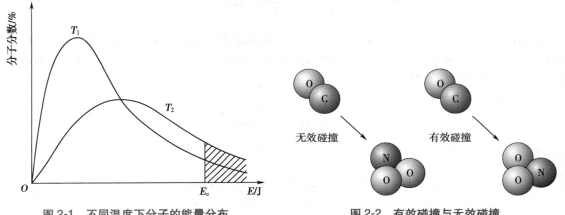

图 2-1　不同温度下分子的能量分布　　　　图 2-2　有效碰撞与无效碰撞

碰撞理论简单、直观,可以很好地用于解释简单反应的有关问题。但由于碰撞理论将复杂的分子看作简单的刚性球,忽视了分子内部结构和运动规律,对分子结构较为复杂的反应,该理论就不能圆满地给予解释。

(二)活化分子和活化能

反应物分子必须经过一个活化了的中间状态,才能转变成产物,这个活化了的中间状态就是活化分子。活化分子具有的最低能量与反应物分子的平均能量之差称为活化能,用符号 E_a 表示。当温度一定时,活化能越小的反应,其活化分子百分数越多;相反,活化能越高,则活化分子百分数越少。即在其他条件相同时,活化能越低的化学反应,其反应速率越快,而活化能越高,反应速率越慢。

由于不同的物质具有不同的组成和结构,具有不同的键能,因此不同物质间所发生的化学反应也就具有不同的活化能。每一个反应都有其特定的活化能,一般在 60~250kJ/mol。可以预测,化学反应的活化能越小,反应进行时需要越过的能垒越低,阻力越小,化学反应速率就越大。实践已证明,活化能小于 42kJ/mol 的反应,反应速率很大,室温下可瞬间完成,而活化能大于 100kJ/mol 的反应,反应常需加热才能进行,活化能大于 420kJ/mol 的反应,化学反应进行的速率很慢。实际工作中,常通过降低活化能,提高反应速率。可见,反应的活化能(E_a)是决定化学反应速率大小的内因。

过渡态理论

　　过渡态理论是在量子力学和统计力学的基础上发展起来的,该理论从分子的内部结构与运动的规律来研究反应速率问题。过渡态理论认为,化学反应过程不只是通过反应物分子间的简单碰撞就能生成产物,而是要经过一个中间的过渡状态,即形成一个中间状态的"活化配合物",然后再由中间状态的"活化配合物"转化为产物或反应物。

　　例如:反应物 AB 与 C 反应的过程可表示为:

$$AB+C \Longleftrightarrow [A\cdots\cdots B\cdots\cdots C]$$

　　"活化配合物"具有较高的势能,其值高于反应物的势能,也高于生成物的势能,从能量角度看,"活化配合物"作为一个过渡态很不稳定,可以分解为产物,又可分解为原反应物,这个中间过渡态是反应物向生成物转化必须逾越的一个能垒,这个能垒的高低相当于碰撞理论中的活化能,等于"活化配合物"具有的最低能量与反应物的最低能量之差。

三、影响化学反应速率的因素

　　实践证明,不同的化学反应有着不同的反应速率;同一化学反应在不同的条件下,其化学反应的速率也存在着显著的差别。前者是由反应物的组成、结构和性质等内在因素起决定性的作用。而后者是由反应的不同外界条件来决定,如反应物浓度的大小、温度的高低和催化剂的有无等因素的影响。

　　（一）浓度对化学反应速率的影响

　　大量实验事实表明,在一定温度下,增大反应物的浓度,大都会加快其化学反应速率。例如,室温条件下,硫在空气中点燃可以缓慢燃烧,而在纯氧中点燃则迅速燃烧,这是由于氧气在空气中只占21%左右的缘故,这说明反应物浓度对化学反应速率有较大的影响。

　　1. 元反应和复合反应　化学反应进行时所经历的具体途径称为反应机制。根据反应机制的不同,可将化学反应分为元反应和复合反应两大类。

　　在一个化学反应中,如果反应物分子一步直接生成产物分子,那么这类反应就称为元反应,又称为基元反应,例如:

$$NO_2(g)+CO(g)\Longrightarrow NO(g)+CO_2(g)$$
$$2NO_2(g)\Longrightarrow 2NO(g)+O_2(g)$$

　　这两个反应都是元反应。

　　实际上元反应并不多,大多数化学反应要经过若干个步骤。由两个或两个以上元反应组成的化学反应为非元反应,也称为总反应或复合反应,例如:反应

$$H_2(g)+I_2(g)\Longrightarrow 2HI(g)$$

　　实际上是分成如下两步进行的:

$$I_2(g)\Longrightarrow 2I(g)（快）$$
$$H_2(g)+2I(g)\Longrightarrow 2HI(g)（慢）$$

　　因此该反应是一个复合反应。

　　在复合反应中,各步反应的反应速率并不相同,其中速率最慢的步骤决定了复合反应的反应速率,称为速率控制步骤,简称速控步骤,也称为限速步骤。

　　2. 速率方程和速率系数　对于任何一个化学反应,当其他条件一定时,反应物浓度越大,化学反应的速率就越快。这是因为在一定温度下,反应物分子中活化分子百分数总是恒定值,但单位体积内的活化分子数与单位体积内反应物分子数成正比,即单位体积内活化分子数与反应物浓度成正比,增加反应物浓度时,单位体积内的活化分子数也相应增大,因此化学反应速率加快。

　　对于有气体参加的化学反应,压强的改变会影响到反应的速率。具体来讲,一定温度下某一化学

反应,压强的改变对固体和液体物质的体积影响很小,可以忽略不计,但对气体体积的影响却很大。在保持温度不变的情况下,增大压强,等于减小气体的体积,增大了气体物质的浓度,单位体积内反应物分子数增大,单位体积内的活化分子数也相应增大,因此反应速率也会随之增大。相反,减小压强,反应速率减慢。所以,从本质上讲,压强对化学反应速率的影响,与浓度对化学反应速率的影响相同。

1876 年,挪威科学家古德贝格和瓦格在大量化学实验数据的基础上,对化学反应速率与反应物浓度之间的关系进行了分析总结,得出质量作用定律:在其他条件不变的情况下,元反应的化学反应速率与各反应物浓度的幂次方乘积成正比。其中各反应物浓度的幂次方等于反应方程式中各反应物的化学计量数。

例如:在一定温度下,若元反应的化学方程式表示为:

$$mA(aq) + nB(aq) == dD(aq) + eE(aq)$$

根据质量作用定律,反应速率与反应物浓度之间的定量关系式可表示为:

$$v = k \cdot c_A^m \cdot c_B^n \tag{2-3}$$

式(2-3)又称为速率方程。式中,v 为反应速率;c_A、c_B 分别为 A、B 反应物的瞬时浓度;m、n 分别为反应物 A 和 B 在化学方程式中的计量系数;k 为速率常数,数值上等于反应物浓度均为单位浓度时的反应速率。速率常数 k 是一个特征常数,其大小是由反应的本性所决定的。因而,在相同的温度下,两个不同的化学反应 k 值的大小一般不相同。k 值与反应物的浓度大小无关,但受温度和催化剂的影响。在其他条件相同时,k 越大,反应速率就越快。

值得注意的是,对于某一化学反应的质量作用定律表示式中,反应物只包括气体反应物或溶液中的溶质反应物。因为固态和纯液态反应物浓度一般不发生改变,可认为是一个常数,固态和纯液态反应物不写入速率方程中。

对于气体元反应:

$$aA(g) + bB(g) == yY(g) + zZ(g)$$

速率方程可表示为:

$$v = k \cdot p_A^a \cdot p_B^b \tag{2-4}$$

复合反应的速率方程不能根据化学反应方程式直接写出,其速率方程式只能以实验数据为依据来确定。例如:复合反应

$$H_2(g) + Cl_2(g) == 2HCl(g)$$

根据实验数据得出该反应的速率方程式为:

$$v = k \cdot c_{Cl_2}^{\frac{1}{2}} \cdot c_{H_2} \tag{2-5}$$

需要注意的是,即使是通过实验确定的速率方程式在形式上与根据化学反应式直接写出的恰好一致,也不能表明该反应就一定是元反应。速率方程式不是判断反应是否为元反应的充要条件。

反 应 级 数

速率方程中反应物浓度的指数之和称为反应级数。对化学反应:

$$aA(aq) + bB(aq) == yY(aq) + zZ(aq)$$

若速率方程为 $v = k \cdot c_A^\alpha \cdot c_B^\beta$,则该反应的反应级数为 $\alpha + \beta$。

元反应都具有简单的级数,而复合反应的级数可以是整数、零或分数。反应级数的大小反映了反应物浓度或分压对反应速率的影响程度,反应级数越大,反应物浓度或分压的改变对反应速率的影响就越大。反应级数通常是由实验确定的,不能由化学反应方程式直接写出。有些化学反应的速率方程非常复杂,不能确定其反应级数。

（二）温度对化学反应速率的影响

将食物放在冰箱中低温储存可以较长时间不腐蚀变质;氢和氧化合生成水的反应,在室温条件下,需要上亿年的时间,而将反应的温度升高到600℃左右,则反应瞬间完成,甚至爆炸。大量的事实说明,温度是影响化学反应速率的一个重要因素。

温度升高使化学反应速率加快的主要原因有两方面。一方面是因为温度升高使得反应物分子的运动速度加快,从而增大了反应体系内单位体积单位时间反应物分子间的有效碰撞次数,因而加快了化学反应速率。另一方面,也是最主要的原因,温度升高使一些能量较低的反应物分子吸收能量成为活化分子,使得反应体系内活化分子的总数增多,从而使单位时间单位体积内反应物分子间的有效碰撞次数显著增加。实际上也有某些反应由于温度升高反应速率反而下降,造成这种情况的原因是多方面的,且比较复杂。如一些生物体内的酶催化反应,当温度超过一定限度,反应反而变慢是高温引起酶破坏而造成。

1884年,荷兰化学家范特荷夫在大量实验数据的基础上总结出一条经验规则:同一化学反应在其他条件不变的情况下,化学反应的温度每升高10K,化学反应速率增加到原来的2~4倍,这一规则称为范特荷夫规则。

瑞典化学家阿仑尼乌斯(Arrhenius)在大量实验事实的基础上,总结出反应速率常数和温度之间的定量关系。他认为只有活化分子才能发生化学反应,普通反应物分子必须吸收足够能量先变成活化分子,然后才能进一步转变成产物分子。因此,温度对反应速率的影响非常显著,主要体现在对化学反应速率方程表达式中速率常数 k 值的影响。温度与反应速率常数间的定量关系,即阿仑尼乌斯方程为:

$$k = Ae^{-E_a/RT} \tag{2-6}$$

若将式(2-6)用对数形式表示,则为:

$$\ln k = -\frac{E_a}{RT} + \ln A \tag{2-7}$$

式(2-7)中,A 称为指前因子,是几乎不随温度变化的常数,与反应物的碰撞频率和碰撞时的分子方位取向有关;R 为气体常数;E_a 为反应的活化能,在一定温度范围内,活化能是基本不随温度而变化的常数;T 为热力学温度。

从阿仑尼乌斯方程,可得出下列推论:

1. 反应的速率常数随温度升高成指数关系变化,当有微小的温度变化将会导致速率常数 k 值发生较大的变化。

2. 相同温度下的不同的化学反应,E_a 越大的反应,$e^{-E_a/RT}$ 越小,其 k 也越小。即活化能越大的反应,其反应速率越慢。

3. 温度的改变对不同反应的速率影响程度不同。由式(2-7)可知,$\ln k$ 与 $1/T$ 呈直线关系,斜率为 $-E_a/R$。故 E_a 越大,直线斜率越小。当温度变化相同时,对 E_a 较大的反应,k 的变化也较大。表明改变相同的温度,对具有较大活化能反应的斜率影响较大。

若某化学反应在 T_1 时的速率常数为 k_1,在 T_2 时的速率常数为 k_2,根据阿仑尼乌斯方程(2-7)可得:

$$\ln k_1 = -\frac{E_a}{RT_1} + \ln A \tag{1}$$

$$\ln k_2 = -\frac{E_a}{RT_2} + \ln A \tag{2}$$

将上述(2)式减去(1)式得:

$$\ln \frac{k_2}{k_1} = \frac{E_a}{R} \frac{(T_2 - T_1)}{T_1 T_2} \tag{2-8}$$

若已知某一化学反应在两个不同温度下的速率常数,利用式(2-8),就可以求出反应的活化能;若已知反应的活化能和某一温度下的速率常数,就可以求出另一温度下的速率常数。

例 2-1 $O(CH_2COOH)_2$ 在水溶液中的分解反应,20℃ 时 $k_{293} = 4.45 \times 10^{-4}/s$,30℃ 时 $k_{303} = 1.67 \times 10^{-3}/s$,试求该反应的活化能及在 40℃ 时反应的速率常数 k_{313}。

解 将 $T_1 = 293K$ 时,$k_{293} = 4.45 \times 10^{-4}/s$,$T_2 = 303K$ 时,$k_{303} = 1.67 \times 10^{-3}/s$,代入式(2-8)得

$$\ln \frac{1.67 \times 10^{-3}}{4.45 \times 10^{-4}} = \frac{E_a}{8.314} \times \left(\frac{303 - 293}{293 \times 303} \right)$$

$$E_a = 97.6 (kJ/mol)$$

再将 E_a 的值代入式(2-8),由 k_{293} 或 k_{303} 的值求出 k_{313}。

$$\ln \frac{k_{313}}{4.45 \times 10^{-4}} = \frac{97.6}{8.314} \times \left(\frac{313 - 303}{313 \times 303} \right)$$

$$k_{313} = 5.67 \times 10^{-3}/s$$

例 2-2 在 28℃ 时,鲜牛奶大约 4h 变质,但在 5℃ 的冰箱中可保持 48h。假定变质反应的速率与变质时间成反比,试计算牛奶变质反应的活化能。

解 因反应速率与速率常数成正比,且由题目可知反应速率与变质时间成反比,即速率常数与变质时间成反比,则

$$E_a = R \frac{T_1 T_2}{(T_2 - T_1)} \ln \frac{k(T_2)}{k(T_1)}$$

$$= R \frac{T_1 T_2}{(T_2 - T_1)} \ln \frac{t_1}{t_2}$$

$$= \frac{8.314 \times 301 \times 278}{301 - 278} \ln \frac{48}{4}$$

$$= 75.0 (kJ/mol)$$

牛奶变质反应的活化能不高,变质反应较易进行。

(三)催化剂对化学反应速率的影响

催化剂是一种能够改变(加快或减慢)化学反应速率,而其本身的化学组成、性质及质量在反应前后都不发生变化的物质。催化剂能改变化学反应速率的作用,称为催化作用。有些催化剂能加快化学反应速率,这类催化剂称为正催化剂;而有些催化剂能减慢化学反应速率,这类催化剂称为负催化剂或阻化剂。通常所说的催化剂,是指正催化剂。有些反应的产物就是这个反应的催化剂(也称自身催化剂),一旦有产物生成,就会使反应速率明显加快,这一现象称为自动催化。例如高锰酸钾在酸性溶液中与草酸反应:

$$2KMnO_4(aq) + 3H_2SO_4(aq) + 5H_2C_2O_4(aq) == 2MnSO_4(aq) + K_2SO_4(aq) + 8H_2O(l) + 10CO_2(g)$$

开始时反应处于较慢的诱导期,一旦生成了 Mn^{2+} 后,反应就自动加速,Mn^{2+} 就是该反应的自身催化剂。

催化剂具有以下基本特点:

1. 催化作用是化学作用。催化剂参与化学反应,并在生成产物的同时得以再生,因此在化学反应前后其质量和化学组成不变,物理性质可能会有变化。

2. 由于参与反应的催化剂在短时间内能多次反复地再生,所以少量催化剂就能对反应起显著的催化作用。

3. 在可逆反应中,能催化正向反应的催化剂也同样且能同等程度地催化逆向反应。

4. 催化剂有特殊的选择性(特异性)。一种催化剂在一定条件下只对某一反应或某一类反应具有催化作用,而对其他反应没有催化作用。

化学反应动力学的相关研究表明,催化剂能显著加快反应速率,是因为它改变了反应的途径,降低了反应的活化能,使更多的普通反应物分子转变为活化分子,从而增大了有效碰撞的频率,大大加快了化学反应的速率。因而,催化剂是影响化学反应速率的又一重要因素,其对反应速率的影响体现在对反应速率常数 k 值的影响。

如图 2-3 所示,化学反应 A(aq)+B(aq)===AB(aq),无催化时反应按途径 I 进行,活化能为 E_a;加入催化剂 C 后,按途径 II 分以下两步进行:

(1) A(aq)+C(aq)===AC(aq)
(2) AC(aq)+B(aq)===AB(aq)+C(aq)

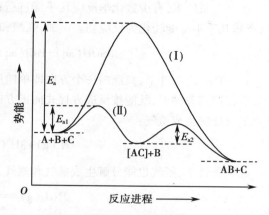

图 2-3　催化作用的能量图

途径 II 中两个步骤的活化能分别为 E_{a1} 和 E_{a2},均小于途径 I 时的活化能 E_a。从图 2-3 中还可以看出,有催化剂时,正、逆向反应的活化能同等程度降低;相应地,催化剂也能使正、逆向反应速率得到同等程度的增加,因而它不能使反应平衡发生移动,只能缩短反应达到平衡的时间。

特殊的生物催化剂——酶

酶是存在于动物、植物和微生物中的具有催化作用的蛋白质。生物体内所发生的一切生物化学反应几乎都是在酶的催化下进行,可以说没有酶催化就不可能有生命现象。酶作为特殊的催化剂,除了具有一般催化剂的特点外,还具有下列特征:

1. 高度的专一性　一般来说,一种酶只对一种或一种类型的生物化学反应起催化作用。例如,尿素酶只能催化尿素的水解反应,但对于尿素取代物的水解反应则没有催化作用。

2. 高度的催化活性　对于同一反应而言,酶的催化活性常比非酶催化高 $10^6 \sim 10^{10}$ 倍。许多在实验室难以实现的复杂反应,在常温常压下却能在生物体内通过酶的作用快速而高效地实现。如蛋白质的消化(即水解),在体外需用强酸或强碱,并煮沸相当长的时间才能完成,但食物中的蛋白质在酸碱性都不太强、温度仅为 37℃ 的人体消化道中,在消化液中的蛋白酶等催化下很快就被消化。

3. 温和的催化条件　酶在常温常压下即可发挥催化作用,人体内各种酶的最适宜的温度为 37℃,温度过高会引起酶变性,失去催化活性。

4. 特殊的 pH　酶是蛋白质,具有特定的结构,pH 的改变会引起酶的结构发生变化,导致催化活性降低,甚至完全丧失。因此,酶只能在一定的 pH 范围内发挥催化作用。

第二节　化学平衡

化学反应的利用价值的大小,不仅取决于反应的速率,还决定于反应进行的程度,即反应物转化成产物的程度。有些反应进行之后,反应物几乎完全转变成了产物,但大多数反应只能进行到一定的程度,反应物只能有限度地转化为产物。因为这些化学反应在反应物转化成产物的同时,产物也不断地向反应物转化。因此,研究反应如何使尽可能多的反应物转变成价值更高的产物,不仅要考虑反应物的结构和组成的影响,还有外界因素的影响。

一、可逆反应与化学平衡

（一）可逆反应

在一定条件下，有少数化学反应几乎能进行彻底，反应物基本上能全部转变成产物；在相同条件下，产物几乎不可能转化为反应物。例如，强酸和强碱的中和反应：

$$NaOH(aq) + HCl(aq) = NaCl(aq) + H_2O(l)$$

这种在一定条件下，只能向一个方向即单向进行的反应称为不可逆反应。但实际上，大多数的化学反应在同一条件下，既能按反应方程式向正方向进行，又能向反方向进行。例如，在一定条件下，氢气和氮气反应生成氨气：

$$N_2(g) + 3H_2(g) = 2NH_3(g)$$

相同条件下，氨气也能分解生成氢气和氮气：

$$2NH_3(g) = N_2(g) + 3H_2(g)$$

这种在同一条件下，既能向正方向进行又能向反方向进行的化学反应称为可逆反应。通常将从左向右进行的反应称为正反应；从右向左进行的反应称为逆反应。为了表示反应的可逆性，在化学方程式中用两个方向相反的箭头"$\rightleftharpoons$"代替等号。

许多可逆反应对于人类的生命活动具有重要的意义。空气中的氧气从肺部输送到身体的各个部分，这一输送氧气的任务是由血液中的血红蛋白（Hb）承担的。在肺部，O_2 分压较高，Hb 与 O_2 结合成氧合血红蛋白（HbO_2），HbO_2 被血液携带至身体各部位，由于 O_2 分压降低，HbO_2 释放出 O_2，以满足体内各种新陈代谢过程的需要。

（二）化学平衡

将氢气和碘蒸气放在密闭容器中，在一定条件下使其反应。在开始的一瞬间，只有氢气和碘蒸气，因此发生正反应。一旦有碘化氢生成，立即就有其分解反应发生。随着反应的进行，氢气和碘蒸气的浓度逐渐减小，碘化氢的浓度逐渐增大，正逆反应速率随之发生相应变化。经过一段时间后，正、逆反应速率相等（图 2-4）。这时，单位时间内正反应消耗的氢气和碘蒸气的分子数等于由碘化氢分解生成的氢气和碘蒸气的分子数，反应系统内各物质的浓度不再随时间而改变。从表面上看，反应已不再向某一方向进行，这也是化学反应进行的限度。在化学中，把正反应速率和逆反应速率相等时系统所处的状态称作化学平衡状态。

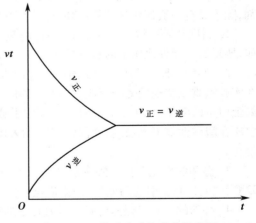

图 2-4　正、逆反应速率变化示意图

化学平衡状态具有以下几个重要特点：

当反应体系处于平衡状态时，从宏观看表现为静止状态，但实际上反应仍在进行，正反应的反应速率与逆反应的反应速率相等，这是建立化学平衡的条件。

化学平衡是可逆反应进行的最大限度。反应物和产物的浓度都不再随时间变化，这是建立化学平衡的标志。

化学平衡是相对的和有条件的动态平衡，当外界条件改变时，原来的化学平衡被破坏，直至在新条件下又建立起新的化学平衡。

二、化学平衡常数

当可逆反应达到平衡状态时，系统中各物质的浓度不再随着时间的改变而改变，即体系内各物质

视频：化学平衡

的浓度都是恒定值,称为平衡浓度。大量实验数据证明,在同一温度下,无论反应物的初始状态如何,反应物和产物的平衡浓度之间存在一定的关系。

对于溶液中的任一可逆反应:

$$aA(aq) + bB(aq) \rightleftharpoons gG(aq) + hH(aq)$$

在一定温度下达到平衡状态时,用[A]、[B]、[G]、[H]分别代表各反应物和产物的浓度,则各物质的平衡浓度之间存在着如下关系:

$$K_c = \frac{[G]^g \cdot [H]^h}{[A]^a \cdot [B]^b} \tag{2-9}$$

式(2-9)表示:在一定温度下,当可逆反应达到平衡状态时,产物浓度幂次方的乘积与反应物浓度幂次方的乘积之比是一个常数(各物质浓度的幂次方在数值上等于该物质在反应方程式中分子式前的化学计量数)。这个常数表达式称为化学平衡常数表达式,K_c称为化学平衡常数。

对气体反应而言,可用平衡时各气体的平衡分压代替浓度,则:

$$K_p = \frac{p_G^g \cdot p_H^h}{p_A^a \cdot p_B^b} \tag{2-10}$$

通过实验测定在一定条件下反应物和产物的平衡浓度或平衡分压,代入式(2-9)或式(2-10)计算得到平衡常数,分别称为浓度平衡常数和压力平衡常数。

每一个可逆反应都有自己的特征平衡常数,表示化学反应在一定条件下达到平衡后反应物的转化程度;K值越大,表示正反应进行的程度越大,平衡混合物中产物的相对平衡浓度就越大。在一定温度下,K值不随浓度或分压的改变而改变。但K是温度的函数,当温度改变时,K值就改变。

在书写化学平衡常数表达式时应该注意以下几点:

1. 反应系统中的纯固体、纯液体或稀溶液中的水,均不写入平衡常数表达式中。

2. 平衡常数表达式必须与反应方程式相对应,反应式的写法不同,平衡常数表达式和平衡常数值也不同。

例如:

对于反应1:

$$CO(g) + \frac{1}{2}O_2(g) \rightleftharpoons CO_2(g)$$

$$K_1 = \frac{p(CO_2)}{p(CO) \cdot p(O_2)^{\frac{1}{2}}}$$

对于反应2:

$$2CO(g) + O_2(g) \rightleftharpoons 2CO_2(g)$$

$$K_2 = \frac{p^2(CO_2)}{p^2(CO) \cdot p(O_2)}$$

如果是表示同一条件下的同一反应,则有

$$K_2 = K_1^2$$

3. 正、逆反应的平衡常数值互为倒数。

$$K_正 \cdot K_逆 = 1$$

三、化学平衡的移动

化学平衡状态是暂时的、相对的和有条件的平衡状态。这种平衡状态所处的外界条件(浓度、压力和温度等)发生变化时,将对可逆反应体系中的正反应速率和逆反应速率产生不同程度的影响,从而导致反应体系中正反应和逆反应的速率不再相等,原有的平衡状态遭到破坏,变成不平衡状态;正、逆反应按不同的速率继续进行反应,经过一段时间,反应体系在新的条件下建立起新的平衡状态。新平衡状态下反应物和产物的浓度与原平衡状态下的浓度相比,产生了差异,对反应体系来讲,平衡点发生了变化。这种由于外界条件的改变而造成的可逆反应从原平衡状态向新平衡状态转变的过程,称为化学平衡的移动。

化学平衡移动的结果,使反应系统中反应物和产物的浓度或分压发生相应的变化,如果产物的浓度或分压增大了,则称化学平衡向生成产物的方向移动,即化学平衡正向移动;如果反应物的浓度或分压增大了,则称化学平衡逆向移动。

根据可逆反应的特点,分析和掌握外界条件的改变对化学平衡移动的影响,如何创造条件使化学平衡向着有利的方向移动,将会对日常生活、生产及临床实践等产生积极的影响。下面讨论浓度、压力和温度对化学平衡的影响。

(一)浓度对化学平衡的影响

系统处于平衡状态时,正逆反应速率相等。如果改变平衡系统中某种物质的浓度,必将导致正逆反应速率不相等,从而破坏了原有的平衡状态,使平衡发生移动。如果增大反应物浓度,将使正反应速率大于逆反应速率,反应朝着正反应的方向进行。随着反应的进行,反应物浓度不断减小,正反应速率不断减小,而产物浓度不断增大,逆反应速率不断增大,当正反应速率重新等于逆反应速率时,系统又在新的浓度基础上建立起新的平衡。新平衡和原平衡相比,产物的浓度增加了。所以,可以得出结论:增大反应物浓度或减小产物浓度,化学平衡向正反应方向移动;同理,增大产物的浓度或减小反应物的浓度,化学平衡向逆反应方向移动。

总之,在其他条件不变时,增大(或减小)平衡体系中某物质的浓度,平衡就向减小(或增大)该物质浓度的方向移动。

(二)压力对化学平衡的影响

因为压力对固体和液体体积的影响很小,所以压力改变对固体和液体反应的平衡系统没有显著影响。对于封闭系统内有气体参与的可逆反应,改变反应体系的压力,对于反应前后化学计量数之和相等的气相反应的平衡也没有影响,因为增大或减小总压力对产物和反应物的分压产生的影响是等效的;对于反应前后化学计量数之和不相等的气相反应,总压力的改变会影响平衡状态。一定温度下,在密闭容器中进行的任一可逆反应:

$$a\mathrm{A(g)} + b\mathrm{B(g)} \Longleftrightarrow d\mathrm{D(g)} + e\mathrm{E(g)}$$

达到平衡,其平衡常数:

$$K_p = \frac{p_\mathrm{D}^d \cdot p_\mathrm{E}^e}{p_\mathrm{A}^a \cdot p_\mathrm{B}^b}$$

维持反应温度不变,将平衡体系的总压力增加到原来的 2 倍,则反应体系内各反应物和产物的分压都将增大到原来的 2 倍,此时反应体系的反应商为:

$$Q_p = \frac{(2p_\mathrm{D})^d \cdot (2p_\mathrm{E})^e}{(2p_\mathrm{A})^a \cdot (2p_\mathrm{B})^b} = \frac{p_\mathrm{D}^d \cdot p_\mathrm{E}^e}{p_\mathrm{A}^a \cdot p_\mathrm{B}^b} \times 2^{(d+e)-(a+b)} = 2^{(d+e)-(a+b)} K_p$$

如果 $a+b>d+e$,则 $Q_p<K_p$,体系不再平衡,要使在新的条件下重新建立起平衡,反应必须向反应商的分子增大分母减小的方向移动,即向着正反应方向移动,也就是向气体分子化学计量数之和减小的方向移动。若是减小压力得出 $Q_p>K_p$,体系要在新条件下重新建立平衡,反应必须向反应商的分子减小分母增大的方向移动,即向着逆反应方向移动,也就是向气体分子化学计量数之和增大的方向移动,直到 $Q_p = K_p$,可逆反应又在新压力的基础上建立起新的平衡。

压力对化学平衡的影响可概括为:在其他条件不变的情况下,压力只对有气体参加而且反应前后的气体分子化学计量数之和不相等的反应产生影响,增加反应体系的压力,平衡向气体分子总数减小的方向移动;减小反应体系的压力,平衡向使气体分子总数增加的方向移动。

（三）温度对化学平衡的影响

温度对化学平衡的影响是通过改变其平衡常数而实现的。根据温度对化学反应速率影响的定量关系,可得出温度与可逆反应化学平衡常数之间的定量关系:

$$\ln \frac{K_2}{K_1} = \frac{\Delta H}{R} \frac{(T_2 - T_1)}{T_2 T_1} \tag{2-11}$$

式(2-11)中,K_2、K_1 分别为可逆反应在温度是 T_2、T_1 时的平衡常数;ΔH 为可逆反应的反应热,其值等于正、逆反应的活化能之差。若正反应是吸热反应,则 $\Delta H > 0$,那么逆反应就是放热反应,$\Delta H < 0$。如果某可逆反应的正反应为吸热反应,反应体系的温度由 T_1 升高到 T_2,$T_2 - T_1 > 0$,根据式(2-11)可得平衡常数 $K_2 > K_1$,所以平衡向吸热方向移动;相反,降低反应体系的温度,$T_2 - T_1 < 0$,平衡常数 $K_2 < K_1$,平衡向放热反应方向移动。

总之,其他条件一定时,升高温度,可逆反应的平衡向着吸热反应的方向移动;降低温度,可逆反应的平衡向着放热反应的方向移动。

需要说明的是,使用催化剂能极大程度地改变化学反应速率,但使用催化剂只能同等程度地加快正、逆反应的反应速率,平衡常数 K 并不改变。因此,催化剂的加入不会破坏平衡状态,只能缩短可逆反应达到平衡的时间。

本章小结

1. 化学反应速率是指单位时间内反应物浓度的减少或产物浓度的增加。化学平衡是指在一定条件下,可逆反应的正反应速率等于逆反应速率,反应物和产物的浓度已不再随时间的变化而变化时体系所处的状态。

2. 影响化学反应速率的因素包括浓度、温度和催化剂。增大反应物浓度,反应速率加快;升高反应温度,可以增大活化分子百分数,加快化学反应速率;催化剂可以改变化学反应的历程,降低反应的活化能,大大加快化学反应速率。

3. 化学平衡常数是化学反应限度的特征值,是平衡时产物浓度与反应物浓度关系的定量反映。

4. 影响化学平衡的外界因素主要有浓度、压力和温度。增大(或减小)平衡体系中某物质的浓度,平衡就向减小(或增大)该物质浓度的方向移动。增大反应体系的压力,平衡向着气体分子数减小的方向移动;减小反应体系的压力,平衡向着气体分子数增大的方向移动。升高温度,可逆反应的平衡向着吸热反应的方向移动;降低温度,可逆反应的平衡向着放热反应的方向移动。总之,如果改变影响平衡体系的任一条件,平衡就向着能减弱这种改变的反应方向移动。催化剂只改变化学反应速率不影响化学反应平衡。

（杨宝华）

扫一扫,测一测

思考题

1. 增加反应物浓度、升高温度和使用催化剂都能提高反应速率,其原因是否相同?

2. 反应速率常数 k 的物理意义是什么? 其值与什么因素有关?

3. 人体中某种酶催化下反应的活化能是 50.0kJ/mol,试估算此反应在患者发烧至 40℃ 的体内比正常人(37℃)加快的倍数(不考虑温度对酶活力的影响)。

4. 已知反应 $FeO(s) + CO(g) \Longrightarrow Fe(s) + CO_2(g)$ 在 1 000℃ 时 $K_c = 0.5$。若 CO 和 CO_2 的起始浓度分别为 0.1mol/L 和 0.05mol/L,求:

(1) 反应物、产物的平衡浓度各是多少?

(2) CO 的转化率是多少?

(3) 增加 FeOs 的量,CO 的转化率是否增大?

第三章　酸碱平衡和缓冲溶液

1. 掌握：酸碱质子理论；一元弱酸（弱碱）溶液的解离平衡；同离子效应、盐效应等影响解离平衡移动的因素；溶液酸度的概念和 pH 的意义；缓冲溶液的概念和组成。
2. 熟悉：酸碱反应的实质；水的质子自递平衡及离子积常数；一元弱酸或一元弱碱溶液 pH 近似计算；缓冲溶液 pH 的计算；缓冲溶液的配制。
3. 了解：酸碱理论发展的概况；缓冲作用原理；缓冲溶液在医学上的意义。

　　酸碱概念是无机化学中最基本、最重要的概念之一。在医药领域常用的许多试剂和药物都有酸碱性，临床检验常用试剂的制备、分析检验、贮存，以及临床药物的吸收、分布、代谢和药效等都与物质的酸碱性有密切关系。人们对酸碱的认识经历了一个漫长的过程，19 世纪后期，阿仑尼乌斯（Arrhenius）酸碱电离理论，布朗斯蒂德（Bronsted）和劳瑞（Lowry）酸碱质子理论，路易斯（Lewis）酸碱电子理论等相继提出，这些理论之间相互补充互不矛盾，是一个对酸碱本质的认识由浅入深，逐渐提高的过程。

第一节　酸碱质子理论

　　1887 年瑞典化学家阿仑尼乌斯提出酸碱电离理论，该理论认为：凡是在水溶液中电离产生的阳离子全部是 H^+ 的物质称为酸，电离产生的阴离子全部是 OH^- 的物质称为碱。酸碱反应的实质是 H^+ 与 OH^- 结合生成水。该理论简单、容易理解，可以很好地解释一些物质的酸碱性，以及一部分酸碱反应，直到现在还普遍应用。但该理论也有很大的局限性：

　　1. 将酸只限于分子，将碱限于氢氧化物。如 NH_4Cl 水溶液具有酸性，Na_2CO_3、NaAc 等物质具有碱性，但前者并不能电离出 H^+，后者并不含有也不会电离出 OH^- 等。

　　2. 此理论只限于水溶液，对非水系统和无溶剂系统中酸碱性的解释则无能为力。例如 HCl 和 NH_3 两种气体在无溶剂的情况下也可以生成 NH_4Cl，与在水溶液中反应生成的 NH_4Cl 完全相同，反应的本质是一样的，但用酸碱电离理论则无法解释。为此，1923 年丹麦化学家布朗斯蒂德和英国化学家劳瑞提出了酸碱质子理论，克服了酸碱电离理论的局限性。

一、酸碱的定义

　　酸碱质子理论认为：凡能提供质子（H^+）的物质都是酸；凡能接受质子的物质都是碱。酸是质子的给予体，碱是质子的接受体。酸和碱的关系可表示为：

视频：酸碱
质子理论

笔记

$$酸 \rightleftharpoons 质子 + 碱$$
$$HB \rightleftharpoons H^+ + B^-$$
$$HCl \rightleftharpoons H^+ + Cl^-$$
$$HAc \rightleftharpoons H^+ + Ac^-$$
$$H_2O \rightleftharpoons H^+ + OH^-$$
$$H_2CO_3 \rightleftharpoons H^+ + HCO_3^-$$
$$HCO_3^- \rightleftharpoons H^+ + CO_3^{2-}$$
$$H_3PO_4 \rightleftharpoons H^+ + H_2PO_4^-$$
$$H_2PO_4^- \rightleftharpoons H^+ + HPO_4^{2-}$$
$$HPO_4^{2-} \rightleftharpoons H^+ + PO_4^{3-}$$
$$NH_4^+ \rightleftharpoons H^+ + NH_3$$

1. 从以上关系式可看出酸（HB）给出质子后变成碱（B^-），而碱（B^-）接受质子后便成为酸（HB）。酸与碱的这种相互依存的关系称为共轭关系。这种仅相差 1 个质子的一对酸、碱（HB-B^-）称为共轭酸碱对。HB 是 B^- 的共轭酸，B^- 是 HB 的共轭碱。例如 HCl 是 Cl^- 的共轭酸，Cl^- 是 HCl 的共轭碱。

2. 酸碱质子理论扩大了酸碱范围。酸和碱可以是中性分子，也可以是阴离子或阳离子。如 HCl、HAc 是分子酸，而 NH_4^+ 则是离子酸，Ac^-、CO_3^{2-}、Cl^- 是离子碱。有些物质既可以给出质子又可以接受质子，这类分子或离子称为两性物质，如 H_2O、HCO_3^-、$H_2PO_4^-$ 等都是两性物质。

3. 酸碱质子理论没有盐的概念。酸碱电离理论中的盐，在这里是离子酸或离子碱的加合物。例如 NH_4Cl 中的 NH_4^+ 是离子酸，Cl^- 是离子碱；Na_2CO_3 在阿仑尼乌斯电离理论中称为盐，但在酸碱质子理论中则认为 CO_3^{2-} 是离子碱，Na^+ 既不给出质子也不接受质子，是非酸非碱物质。

4. 在一对共轭酸碱对中，共轭酸的酸性愈强，其共轭碱的碱性愈弱；反之亦然。例如 HCl 是强酸，其共轭碱 Cl^- 就是弱碱；H_2O 是弱酸，其共轭碱 OH^- 就是强碱。

二、酸碱反应的实质

按照酸碱质子理论，酸给出质子和碱接受质子都是不能独立存在的酸碱半反应。酸给出的质子必须由另一种碱所接受，碱接受的质子必须由另一种酸所提供，即酸碱反应必须有两对共轭酸碱对才能实现。例如：

$$HAc + NH_3 \rightleftharpoons NH_4^+ + Ac^-$$

这一酸碱反应包括两个酸碱半反应：

$$HAc \rightleftharpoons H^+ + Ac^-$$
$$NH_3 + H^+ \rightleftharpoons NH_4^+$$

HAc 给出质子变成其共轭碱（Ac^-），NH_3 接受质子变成对应的共轭酸（NH_4^+），质子从 HAc 转移到 NH_3，反应产物仍然是一酸一碱。因此酸碱反应的实质是两个共轭酸碱对间的质子传递，表示如下：

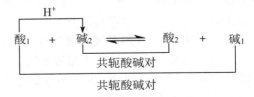

酸碱反应的结果是酸$_1$把质子传递给了碱$_2$自身变为碱$_1$，而碱$_2$从酸$_1$接受质子后变为酸$_2$，酸$_1$是碱$_1$的共轭酸，碱$_2$是酸$_2$的共轭碱。这种质子传递反应，可在水溶液中进行，也可在非水溶液中或气相中进行。例如：

$$HCl + NH_3 \rightleftharpoons NH_4^+ + Cl^-$$

NH_3 和 HCl 的反应,无论在水溶液中、液氨溶液中、苯溶液中或气相中进行,其实质都是一样的,即 HCl 放出质子转变为其共轭碱 Cl^-;NH_3 接受质子转变为其共轭酸 NH_4^+。常见的共轭酸碱对见表 3-1。

表 3-1　常见的共轭酸碱对

共轭酸		共轭碱	
名称	化学式	名称	化学式
盐酸	HCl	氯离子	Cl^-
硫酸	H_2SO_4	硫酸氢根离子	HSO_4^-
硝酸	HNO_3	硝酸根离子	NO_3^-
亚硝酸	HNO_2	亚硝酸根离子	NO_2^-
水合氢离子	H_3O^+	水	H_2O
水	H_2O	氢氧根离子	OH^-
醋酸	HAc	醋酸根离子	Ac^-
碳酸	H_2CO_3	碳酸氢根离子	HCO_3^-
碳酸氢根离子	HCO_3^-	碳酸根离子	CO_3^{2-}
磷酸二氢根离子	$H_2PO_4^-$	磷酸氢根离子	HPO_4^{2-}
磷酸氢根离子	HPO_4^{2-}	磷酸根离子	PO_4^{3-}
氢硫酸	H_2S	硫氢根离子	HS^-
铵根离子	NH_4^+	氨	NH_3

酸碱反应总是由较强的酸和较强的碱作用,向着生成较弱的酸和较弱的碱的方向进行。相互作用的酸和碱越强,反应进行的越完全。例如:

$$HCl + OH^- \longrightarrow H_2O + Cl^-$$

HCl 的酸性比 H_2O 强,OH^- 的碱性比 Cl^- 强,反应强烈向右进行。

$$HAc + NH_3 \rightleftharpoons Ac^- + NH_4^+$$

HAc 的酸性稍强于 NH_4^+,NH_3 的碱性稍强于 Ac^-,上述反应向右进行,但反应不完全,体系中存在较多的 HAc 和 NH_3。

酸碱质子理论不仅扩大了酸和碱的范围,还可以把电离理论中的电离作用、中和作用、水解作用等统统包括在酸碱反应的范围之内,都可以看作是质子传递的酸碱反应。

1. 电离作用　根据质子理论,电离作用就是水与分子酸碱的质子传递反应。
例如:

$$\begin{array}{cccc} & \overset{\displaystyle H^+}{\overbrace{}} & & \\ HCl & + \quad H_2O & \longrightarrow H_3O^+ & + \ Cl^- \\ 强酸_1 & 强碱_2 & 弱酸_2 & 弱碱_1 \end{array}$$

HCl 将质子传递给水,生成 H_3O^+ 并产生共轭碱 Cl^-。HCl 是强酸,给出质子的能力很强。其共轭碱 Cl^- 碱性极弱,几乎不能结合质子,因此反应几乎完全进行(相当于电离理论的全部电离)。

$$HAc + H_2O \rightleftharpoons H_3O^+ + Ac^-$$
$$弱酸_1 \quad 弱碱_2 \qquad 强酸_2 \quad 强碱_1$$

HAc 是弱酸,给出质子的能力较弱,其共轭碱则较强。因此,反应不能进行完全,为可逆反应(相

27

当于电离理论的部分电离）。

$$NH_3 + H_2O \rightleftharpoons NH_4^+ + OH^-$$
弱碱2　弱酸1　　强酸2　强碱1

NH_3 和 H_2O 反应时，H_2O 给出质子，由于 H_2O 是弱酸，所以反应也进行得很不完全，是可逆反应（相当于 NH_3 在水中的电离过程）。

2. 水解反应　质子理论中没有盐的概念，因此也没有盐的水解反应。电离理论中的水解反应相当于质子理论中水与离子酸、离子碱的质子传递反应。

例如：

$$H_2O + Ac^- \rightleftharpoons HAc + OH^-$$
弱酸1　弱碱2　　强酸2　强碱1

路易斯酸碱理论

1923 年，美国物理化学家路易斯提出了著名的路易斯酸碱理论。该理论认为：凡是能给出电子对的分子、离子或原子团都称为碱；凡是能接受电子对的任何分子、离子或原子团都称为酸。酸碱反应的实质是电子对由碱向酸转移，形成配位键并生成酸碱配合物。因此路易斯理论又称为酸碱电子理论。可用下式表示：

$$A + :B \Longrightarrow A:B$$
$$HCl + :NH_3 \Longrightarrow NH_4Cl$$
$$Cu^{2+} + 4:NH_3 \Longrightarrow [Cu(NH_3)_4]^{2+}$$

酸碱电子理论包含的酸碱范围很广，但是由于电子理论对酸碱的认识过于笼统且对确定酸碱的相对强弱没有统一的标度，对酸碱的反应方向难以判断。

酸碱电子理论在有机化学和配位化学反应中应用较为广泛。

第二节　溶液的酸碱平衡

一、水的质子自递平衡和溶液的酸碱性

按照酸碱质子理论，水是两性物质，水分子之间可以发生质子的传递反应，此反应称为水的质子自递反应。在一定温度下，水的质子自递反应达到平衡，称为水的质子自递平衡，又称为水的解离平衡。

$$H_2O(l) + H_2O(l) \rightleftharpoons H_3O^+(aq) + OH^-(aq)$$

根据化学平衡原理

$$K_i = \frac{[H_3O^+][OH^-]}{[H_2O]^2} \tag{3-1}$$

K_i 为水的质子自递平衡常数。在纯水或稀溶液中，一般将 $[H_2O]$ 视为常数，与 K_i 合并成一个新常数 K_w，则：

$$K_w = [H_3O^+][OH^-] \tag{3-2}$$

水是极弱电解质，水的质子自递倾向非常弱。实验测得 298K 时，纯水中 $[H_3O^+] = [OH^-] = 1.0 \times 10^{-7}$ mol/L，$[H_3O^+]$ 常简写为 $[H^+]$，则：

$$K_w = [H^+][OH^-] = 1.0 \times 10^{-14}$$

K_w 称为水的质子自递平衡常数,又称为水的离子积。

水的质子自递反应是吸热反应,温度升高,K_w 增大(表3-2),但在22℃左右均可认为 $K_w = 1.0 \times 10^{-14}$。

表3-2 水的离子积常数与温度的关系

温度/K	K_w	温度/K	K_w
273	1.1×10^{-15}	298	1.27×10^{-14}
293	6.8×10^{-15}	323	5.6×10^{-14}
295	1.00×10^{-14}	373	7.4×10^{-13}

水的离子积不仅适用于纯水,也适用于所有稀水溶液。往纯水中加入酸或碱,只能使水的质子自递平衡发生移动,不能终止水的质子自递。因此无论是酸性或碱性水溶液都同时存在 H^+ 和 OH^- 离子,只不过它们的相对浓度不同而已。据此,溶液的酸碱性可统一用 H^+ 浓度来表示。由于许多化学反应和几乎全部的生理现象都是在[H^+]较少的溶液中进行,计算和使用很不方便,因此常用 pH 表示溶液的酸碱性。

$$pH = -lg \frac{[H^+]}{c^\ominus} \quad 或者简写为:pH = -lg[H^+] \tag{3-3}$$

室温时,中性溶液　　pH = 7.0

　　　　　酸性溶液　　pH < 7.0

　　　　　碱性溶液　　pH > 7.0

[H^+]每改变10倍,相当于 pH 改变一个单位。

同理,有:

$$pOH = -lg[OH^-] \tag{3-4}$$

$$pK_w = -lg K_w \tag{3-5}$$

室温下,同一溶液应有:

$$pH + pOH = pK_w = 14.0 \tag{3-6}$$

表3-3 列出 pH、pOH、[H^+]、[OH^-]与溶液酸碱性之间的关系。人体各种体液的 pH 见表3-4。

表3-3 pH、pOH、[H^+]、[OH^-]与溶液酸碱性之间的关系

	←酸性增强				中性	碱性增强→			
pH	0	2	4	6	7	8	10	12	14
[H^+]	10^0	10^{-2}	10^{-4}	10^{-6}	10^{-7}	10^{-8}	10^{-10}	10^{-12}	10^{-14}
[OH^-]	10^{-14}	10^{-12}	10^{-10}	10^{-8}	10^{-7}	10^{-6}	10^{-4}	10^{-2}	10^0
pOH	14	12	10	8	7	6	4	2	0

表3-4 人体各种体液的 pH

体液	pH	体液	pH
血清	7.35~7.45	泪水	~7.4
唾液	6.35~6.85	脑脊液	7.35~7.45
胰液	7.5~8.0	成人胃液	0.9~1.5
小肠液	~7.6	婴儿胃液	5.0
大肠液	8.3~8.4	尿液	4.8~7.5
乳汁	6.0~6.9		

pH 使用范围一般在 0~14。对于[H⁺]>1mol/L 的溶液,用物质的量浓度表示反而更方便。

例 3-1 计算室温时,0.01mol/L 的 HCl 溶液的 pH 和 pOH。

解 因为在水溶液中 HCl 是强酸,完全给出 H⁺,则[H⁺]=0.01mol/L

所以
$$pH = -\lg[H^+] = -\lg0.01 = 2.0$$
$$pOH = 14.0 - 2.0 = 12.0$$

例 3-2 已知某婴儿胃液的 pH 为 5,试计算该胃液的[H⁺]和[OH⁻]各为多少?

解 已知 pH=5,则[H⁺]=$1.0×10^{-5}$mol/L

因为
$$[H^+][OH^-] = 1.0×10^{-14}$$

所以
$$[OH^-] = \frac{1.0×10^{-14}}{1.0×10^{-5}} = 1.0×10^{-9}(mol/L)$$

二、一元弱酸(弱碱)溶液

电解质根据其在水溶液中是否完全解离分为强电解质和弱电解质。强电解质在水溶液中几乎完全解离,如 NaCl、HCl 等物质,其解离是不可逆的,不存在解离平衡。弱电解质在水溶液中只有少部分分子解离成离子,这些离子又互相吸引,一部分重新结合成分子,因而解离是可逆的,未解离的弱电解质分子与已解离的离子之间存在着解离平衡。弱电解质的解离程度可以用解离度大小来衡量。解离度是指在一定温度下当达到解离平衡时,已解离的弱电解质分子数占弱电解质分子总数的百分数,用符号 α 表示。例如,室温时,0.10mol/L 的 HAc 溶液的 $\alpha=1.34\%$,表示在溶液中每 10 000 个 HAc 分子中有约 134 个分子解离成 H⁺ 和 Ac⁻。

$$\alpha = \frac{已解离的弱电解质分子数}{弱电解质分子总数} × 100\% \tag{3-7}$$

(一)一元弱酸(弱碱)溶液的解离平衡

从酸碱质子理论来看,弱电解质的解离过程实质上是弱电解质与溶剂水分子间的质子传递过程,使溶液呈现酸性或碱性。以 HB 代表一元弱酸,在水溶液中 HB 与水的质子传递反应平衡,可用下式表示:

$$HB(aq) + H_2O(l) \Longleftrightarrow B^-(aq) + H_3O^+(aq)$$

根据化学平衡原理,其平衡常数 K_i 表示为:

$$K_i = \frac{[H_3O^+][B^-]}{[HB][H_2O]}$$

式中[H₃O⁺]、[B⁻]表示 H₃O⁺ 和 B⁻ 的平衡浓度,[HB]表示平衡时未发生质子传递反应的一元弱酸的分子浓度。在稀溶液中,[H₂O]可看成是常数,上式简化为:

$$K_i = \frac{[H^+][B^-]}{[HB]}$$

通常,弱酸的平衡常数用 K_a 表示,弱碱的平衡常数用 K_b 表示,则上式表示为:

$$K_a = \frac{[H^+][B^-]}{[HB]} \tag{3-8}$$

不同的弱电解质其解离常数不同,解离常数的大小与弱电解质的本性及温度有关,与浓度无关。常见弱酸弱碱的解离常数如表 3-5 所示(表中 K_{a1}、K_{a2}、K_{a3} 分别是多元酸的一级解离常数、二级解离常数和三级解离常数)。

表 3-5 常见弱酸弱碱的解离常数（298.15K）

名称	K_i	名称	K_i
HAc（醋酸）	1.76×10^{-5}	$H_2C_2O_4$（草酸）	$5.9\times10^{-2}(K_{a1})$
HCOOH（甲酸）	$1.77\times10^{-4}(20℃)$		$6.4\times10^{-5}(K_{a2})$
HCN（氢氰酸）	4.93×10^{-10}	H_3PO_4（磷酸）	$7.52\times10^{-3}(K_{a1})$
H_2CO_3（碳酸）	$4.30\times10^{-7}(K_{a1})$		$6.23\times10^{-8}(K_{a2})$
	$5.61\times10^{-11}(K_{a2})$		$2.2\times10^{-13}(K_{a3})$
H_2S（氢硫酸）	$1.3\times10^{-7}(K_{a1})$	NH_3（氨）	1.76×10^{-5}
	$7.2\times10^{-15}(K_{a2})$	$C_6H_5NH_2$（苯胺）	4.67×10^{-10}

视频：共轭
酸碱对的 K_a
与 K_b 的关系

（二）一元弱酸（弱碱）共轭酸碱对的 K_a 与 K_b 的关系

共轭酸碱对因得失质子而相互转换，相互依存，其 K_a、K_b 之间有一定的联系。例如，某一元弱酸 HB 在水中的质子传递反应平衡式为：

$$HB(aq)+H_2O(l) \Longrightarrow B^-(aq)+H_3O^+(aq)$$

$$K_a=\frac{[H^+][B^-]}{[HB]}$$

其共轭碱 B^- 在水中的质子传递反应平衡式为：

$$B^-(aq)+H_2O(l) \Longrightarrow HB(aq)+OH^-(aq)$$

$$K_b=\frac{[HB][OH^-]}{[B^-]} \tag{3-9}$$

将 K_a 与 K_b 两式相乘，得如下关系：

$$K_a\cdot K_b=\frac{[H^+][B^-]}{[HB]}\cdot\frac{[HB][OH^-]}{[B^-]}=[H^+][OH^-]=K_w=1.0\times10^{-14}$$

$$K_a\cdot K_b=K_w \tag{3-10}$$

上式表明，共轭酸碱对的 K_a 和 K_b 成反比，已知酸的解离常数 K_a 就可计算出其共轭碱的 K_b，反之亦然。同时表明，酸给出质子的能力愈强，其共轭碱接受质子的能力愈弱；反之，碱接受质子的能力愈强，其共轭酸给出质子的能力愈弱。

例 3-3 已知 25℃ 时，HCN 的 $K_a=4.93\times10^{-10}$，计算 CN^- 的 K_b。

解 CN^- 是 HCN 的共轭碱，根据公式 $K_a\cdot K_b=K_w$ 可知：

$$K_b=\frac{K_w}{K_a}=\frac{1.0\times10^{-14}}{4.93\times10^{-10}}=2.03\times10^{-5}$$

例 3-4 已知 25℃ 时，NH_3 的 $K_b=1.76\times10^{-5}$，求 NH_4^+ 的 K_a。

解 NH_4^+ 是 NH_3 的共轭酸，根据公式 $K_a\cdot K_b=K_w$ 可知：

$$K_a=\frac{K_w}{K_b}=\frac{1.0\times10^{-14}}{1.76\times10^{-5}}=5.68\times10^{-10}$$

K_a 和 K_b 常为负指数，使用不大方便，常用负对数表示，即：$pK_a=-\lg K_a$，$pK_b=-\lg K_b$
一对共轭酸碱对室温下有：

$$pK_a+pK_b=14 \tag{3-11}$$

在化学文献或一些手册中，物质的酸碱性常用 K_a 或 pK_a 值代表。如表 3-6 所示。

笔记

表 3-6 常见共轭酸碱对 K_a 和 pK_a 值（25℃）

	共轭酸（HB）	K_a（mol/L）	pK_a（在水中）	共轭碱（B⁻）	
	H_3O^+			H_2O	
	$H_2C_2O_4$	5.40×10^{-2}	1.27	$HC_2O_4^-$	
	H_2SO_3	1.54×10^{-2}	1.81	HSO_3^-	
	H_3PO_4	7.51×10^{-3}	2.12	$H_2PO_4^-$	
酸	HCOOH	1.77×10^{-4}	3.75	$HCOO^-$	碱
性	HAc	1.76×10^{-5}	4.75	Ac^-	性
	H_2CO_3	4.30×10^{-7}	6.37	HCO_3^-	
增	H_2S	8.91×10^{-8}	7.05	HS^-	增
强	$H_2PO_4^-$	6.23×10^{-8}	7.21	HPO_4^{2-}	强
	NH_4^+	5.68×10^{-10}	9.25	NH_3	
	HCN	4.93×10^{-10}	9.31	CN^-	
	HCO_3^-	5.61×10^{-11}	10.25	CO_3^{2-}	
	H_2O_2	2.4×10^{-12}	11.62	HO_2^-	
	HS^-	1.10×10^{-12}	11.96	S^{2-}	
	H_2O			OH^-	

物质的酸性越强（K_a 越大），其共轭碱的碱性就越弱（K_b 越小）。如 HAc 是弱酸，其共轭碱 Ac^- 在水溶液里显示出较强的碱性。

 知识拓展

二元弱酸 H_2CO_3 和二元弱碱 CO_3^{2-} 的解离平衡

H_2CO_3 是二元弱酸，其解离分两步进行，每一步都有相应的质子传递平衡及平衡常数。

第一步：$H_2CO_3(aq)+H_2O(l)\rightleftharpoons HCO_3^-(aq)+H_3O^+(aq)$

$$K_{a1}=\frac{[H^+][HCO_3^-]}{[H_2CO_3]}=4.3\times10^{-7}$$

第二步：$HCO_3^-(aq)+H_2O(l)\rightleftharpoons CO_3^{2-}(aq)+H_3O^+(aq)$

$$K_{a2}=\frac{[H^+][CO_3^{2-}]}{[HCO_3^-]}=5.61\times10^{-11}$$

CO_3^{2-} 是二元弱碱，其质子传递同样分两步进行。

第一步：$CO_3^{2-}(aq)+H_2O(l)\rightleftharpoons HCO_3^-(aq)+OH^-(aq)$

由于 CO_3^{2-} 是 HCO_3^- 的共轭碱，所以

$$K_{b1}=\frac{K_w}{K_{a2}}=\frac{1.0\times10^{-14}}{5.61\times10^{-11}}=1.78\times10^{-4}$$

第二步：$HCO_3^-(aq)+H_2O(l)\rightleftharpoons H_2CO_3(aq)+OH^-(aq)$

由于 HCO_3^- 是 H_2CO_3 的共轭碱，所以

$$K_{b2}=\frac{K_w}{K_{a1}}=\frac{1.0\times10^{-14}}{4.3\times10^{-7}}=2.23\times10^{-8}$$

其他多元弱酸、弱碱的 K_a 与 K_b 之间同样存在着这样的关系。

三、同离子效应和盐效应

弱电解质的解离平衡和其他化学平衡一样是暂时的、相对稳定的动态平衡。当外界条件改变时，将发生平衡的移动，直到建立新的平衡。促使平衡移动的主要因素是离子浓度的变化，其中同离子效应和盐效应对弱电解质解离度的影响显著。

（一）同离子效应

在弱电解质溶液中，加入一种与弱电解质具有相同离子的某一可溶性强电解质，可使弱电解质解离度降低，这种现象称为同离子效应。例如，在 HAc 溶液中，存在下列质子传递平衡：

$$HAc(aq)+H_2O(l) \Longrightarrow Ac^-(aq)+H_3O^+(aq)$$
$$NaAc(s) \Longrightarrow Na^+(aq)+Ac^-(aq)$$

当加入少量 NaAc(s) 时，由于 NaAc 是强电解质，全部解离为 Na$^+$ 和 Ac$^-$，溶液中 [Ac$^-$] 增大，促使 HAc 在水中的质子传递平衡向左移动，从而降低了 HAc 的解离度。建立新平衡后，[H$^+$] 减少，溶液酸性减弱。实验证明，0.10mol/L 的 HAc 溶液中加入 0.10mol/L 的 NaAc 溶液后，HAc 的解离度由 1.33% 下降为 0.017 6%。同理，在 NH$_3$·H$_2$O 中，若加入固体 NH$_4$Cl 或 NaOH 亦会导致 NH$_3$·H$_2$O 的解离度下降。

（二）盐效应

实验发现，如果在 0.10mol/L 的 HAc 溶液中加入 NaCl 使其浓度为 0.10mol/L 时，HAc 的解离度将由 1.33% 增至 1.68%。这种在弱电解质溶液中加入与弱电解质不含相同离子的某一可溶性强电解质盐类，使弱电解质的解离度增加的现象称为盐效应。盐效应的产生是由于加入强电解质后，溶液的总离子浓度增大，离子间相互牵制作用增强，离子结合为分子的机会减少，从而使弱电解质质子传递平衡向右移动。当建立新平衡时，弱电解质的解离度略有增大。

需要指出的是，同离子效应产生的同时必然伴随有盐效应，但同离子效应的影响比盐效应要大得多。所以，一般情况下，同离子效应伴随下的盐效应对解离平衡的影响常忽略不考虑。

四、一元弱酸或一元弱碱溶液 pH 近似计算

（一）一元弱酸溶液 pH 的近似计算

一元弱酸溶液 pH 的计算，在误差允许范围内，可采用近似计算公式。下面以 HB 为例来推导一元弱酸 pH 近似计算公式。

设一元弱酸 HB 溶液的总浓度为 c，其质子传递平衡表达式为：

$$HB(aq)+H_2O(l) \Longrightarrow H_3O^+(aq)+B^-(aq)$$

平衡浓度（mol/L）　　　　　　　c-[H$^+$]　　　[H$^+$]　　　[B$^-$]

平衡常数表达式　　　　　　$K_a = \dfrac{[H^+][B^-]}{[HB]} = \dfrac{[H^+]^2}{c-[H^+]}$

当 $K_a·c \geqslant 20K_w$ 时，可忽略溶液中 H$_2$O 的质子自递平衡产生的 [H$^+$]。

由于弱电解质的解离度很小，溶液中 [H$^+$] 远小于 HB 的总浓度 c，则 c-[H$^+$]≈c，上式简化为：

$$K_a = \frac{[H^+]^2}{c}$$

则　　　　　　　　　　　　$[H^+] = \sqrt{K_a·c}$ 　　　　　　　　　　（3-12）

本公式是计算一元弱酸溶液中氢离子浓度的简化公式。一般来说，当 $K_a·c \geqslant 20K_w$ 且 $\dfrac{c}{K_a} \geqslant 500$ 时，可采用此简式计算，其误差小于 5%。

例 3-5　计算 25℃ 时，0.10mol/L 的 HAc 溶液的 pH（已知 $K_a = 1.76×10^{-5}$）。

解　因为　　　　　　　　　　$K_a \cdot c = 1.76 \times 10^{-5} \times 0.10 = 1.76 \times 10^{-6} > 20K_w$

且

$$\frac{c}{K_a} = \frac{0.10}{1.76 \times 10^{-5}} > 500$$

所以,可用简化公式计算

$$[H^+] = \sqrt{K_a \cdot c} = \sqrt{1.76 \times 10^{-5} \times 0.10} = 1.33 \times 10^{-5} (mol/L)$$
$$pH = -\lg[H^+] = -\lg 1.33 \times 10^{-3} = 2.88$$

例 3-6　计算 25℃ 时,0.10mol/L NH_4Cl 溶液的 pH(已知 NH_4^+ 的 $K_a = 5.68 \times 10^{-10}$)。

解　NH_4Cl 在水溶液中完全解离为 NH_4^+ 和 Cl^-,则 NH_4^+ 的总浓度 c 为 0.10mol/L。

NH_3 的 $K_b = 1.76 \times 10^{-5}$,$NH_3$ 与 NH_4^+ 是一对共轭酸碱,所以

$$K_a(NH_4^+) = \frac{K_w}{K_b(NH_3)} = \frac{1.0 \times 10^{-14}}{1.76 \times 10^{-5}} = 5.68 \times 10^{-10}$$

因为　　　　　　　　　　$K_a \cdot c = 0.10 \times 5.68 \times 10^{-10} > 20K_w$

且

$$\frac{c}{K_a} = \frac{0.10}{5.68 \times 10^{-10}} > 500$$

所以　　　　　$[H^+] = \sqrt{K_a \cdot c} = \sqrt{5.68 \times 10^{-10} \times 0.10} = 7.5 \times 10^{-6} (mol/L)$

$$pH = -\lg[H^+] = -\lg 7.5 \times 10^{-6} = 5.12$$

此例题表明在酸碱质子理论中没有盐的概念。NH_4Cl 水溶液显酸性,是因为 NH_4^+ 是酸。

（二）一元弱碱溶液 pH 的近似计算

NH_3、Ac^-、CN^- 等皆为一元弱碱。按酸碱质子理论,一元弱碱与水分子间的质子传递反应是水作为酸给出质子,一元弱碱接受其释放出的质子。例如:

$$NH_3(aq) + H_2O(l) \Longrightarrow NH_4^+(aq) + OH^-(aq)$$

其质子传递平衡常数用 K_b 表示,则:

$$K_b = \frac{[NH_4^+][OH^-]}{[NH_3]}$$

按照一元弱酸 pH 近似计算同样的方法,一元弱碱溶液中 $[OH^-]$ 的最简计算公式是:

$$[OH^-] = \sqrt{K_b \cdot c} \tag{3-13}$$

c 为一元弱碱的总浓度。使用此公式的条件也是 $K_b \cdot c \geqslant 20K_w$,且 $\frac{c}{K_b} \geqslant 500$。

例 3-7　计算 25℃ 时,0.10mol/L 的 NH_3 溶液的 pH(已知 NH_3 的 K_b 为 1.76×10^{-5})。

解　因为　　　　　　　　　　$K_b \cdot c = 0.10 \times 1.76 \times 10^{-5} > 20K_w$

且

$$\frac{c}{K_b} = \frac{0.10}{1.76 \times 10^{-5}} > 500$$

所以　　　　　$[OH^-] = \sqrt{K_b \cdot c} = \sqrt{1.76 \times 10^{-5} \times 0.10} = 1.33 \times 10^{-3} (mol/L)$

$$pOH = -\lg[OH^-] = -\lg 1.33 \times 10^{-3} = 2.88$$
$$pH = pK_w - pOH = 14 - 2.88 = 11.12$$

例 3-8　计算 25℃ 时,0.10mol/L NaAc 溶液 pH(已知 HAc 的 K_a 为 1.76×10^{-5})。

解　NaAc 在水溶液中全部解离为 Na^+ 和 Ac^-,Ac^- 是弱碱,其共轭酸是 HAc。

则：Ac^- 的 $K_b = \dfrac{K_w}{K_a} = \dfrac{1.0 \times 10^{-14}}{1.76 \times 10^{-5}} = 5.68 \times 10^{-10}$

由于 $K_b \cdot c = 0.10 \times 5.68 \times 10^{-10} > 20K_w$，且 $\dfrac{c}{K_b} = \dfrac{0.10}{5.68 \times 10^{-10}} > 500$

所以

$$[OH^-] = \sqrt{K_b \cdot c} = \sqrt{5.68 \times 10^{-10} \times 0.10} = 7.54 \times 10^{-6}\,(mol/L)$$

$$pOH = -\lg[OH^-] = -\lg 7.54 \times 10^{-6} = 5.12$$

$$pH = 14 - 5.12 = 8.88$$

第三节　缓冲溶液

溶液的 pH 是影响许多化学反应特别是生物体内发生的化学反应的重要条件之一。如参与生化反应的许多酶需在适宜的 pH 范围内才能保持其活性，如果 pH 偏高或偏低，酶的活性降低甚至失去活性；生物体在代谢过程中不断地产生酸和碱，但正常人体血液的 pH 必须保持在 7.35~7.45 之间，小于 7.35 或大于 7.45 将导致代谢紊乱，严重时甚至造成死亡；药用维生素 C（Vc）溶液配制时用 $NaHCO_3$ 调节其溶液 pH 在 5.5~6.0 之间，以增加 Vc 溶液的稳定性，同时又能避免注射时引起人体局部的疼痛。因此，在实际应用中，如何控制溶液的 pH，使溶液 pH 保持相对稳定，在医药领域具有重要意义，这些问题与本节要讨论的缓冲溶液有关。

一、缓冲溶液的概念和组成

（一）缓冲溶液的概念

请观察下面实验：在室温条件下，取 50ml 纯水、50ml 0.10mol/L NaCl 溶液、50ml 含有浓度均为 0.10mol/L HAc 与 0.10mol/L NaAc 的混合溶液，分别加入等量的浓度为 1mol/L 的 HCl 和 NaOH 前后的溶液的 pH。

纯水、NaCl 溶液、HAc 与 NaAc 混合溶液分别加入 HCl 和 NaOH 前后的 pH 变化见表 3-7。

表 3-7　加酸或加碱后溶液 pH 的变化

pH	溶　　液		
	纯水	0.10mol/L NaCl	0.10mol/L HAc 和 0.10mol/L NaAc
溶液本身 pH	7.00	7.00	4.75
加入 0.05ml HCl 后 pH	3.00	3.00	4.74
加入 0.05ml NaOH 后 pH	11.00	11.00	4.76

表 3-7 内的数据说明，三种溶液中加入等量的 HCl 和 NaOH 后，pH 变化是不同的；在纯水中和 NaCl 溶液中加入少量 HCl 和 NaOH 后 pH 均改变了 4 个单位；而 HAc 和 NaAc 混合溶液的 pH 几乎不发生变化。这说明后者有抵御外来酸或碱的能力，而前两者没有。若对 HAc 和 NaAc 混合溶液加水作适当稀释，其 pH 也几乎不变。这种能够抵抗外加少量强酸、强碱或稀释而保持溶液 pH 基本不变的作用称为缓冲作用，具有缓冲作用的溶液称为缓冲溶液。

（二）缓冲溶液的组成

缓冲溶液之所以具有缓冲作用，是由于缓冲溶液中同时含有两种成分：一种是能与酸作用的碱性物质，称为抗酸成分；另一种是能与碱作用的酸性物质，称为抗碱成分。抗酸成分和抗碱成分合称为缓冲系或缓冲对。

缓冲对通常由弱酸及其对应的强碱盐、弱碱及其对应的强酸盐、多元酸的酸式盐及其对应的次级盐所组成。按照酸碱质子理论，缓冲对本质上是一对共轭酸碱对，其抗酸成分为共轭碱，抗碱成分为共轭酸。一些常见的缓冲对列于表 3-8 内。

表 3-8 常见的缓冲对

缓冲对	弱酸	共轭碱	质子传递平衡	$pK_a(25℃)$
HAc-NaAc	HAc	Ac^-	$HAc+H_2O \rightleftharpoons Ac^-+H_3O^+$	4.75
H_2CO_3-$NaHCO_3$	H_2CO_3	HCO_3^-	$H_2CO_3+H_2O \rightleftharpoons HCO_3^-+H_3O^+$	6.35
H_3PO_4-NaH_2PO_4	H_3PO_4	$H_2PO_4^-$	$H_3PO_4+H_2O \rightleftharpoons H_2PO_4^-+H_3O^+$	2.16
$H_2C_8H_4O_4$-$KHC_8H_4O_4$	$H_2C_8H_4O_4$	$HC_8H_4O_4^-$	$H_2C_8H_4O_4+H_2O \rightleftharpoons HC_8H_4O_4^-+H_3O^+$	2.92
$NaHCO_3$-Na_2CO_3	HCO_3^-	CO_3^{2-}	$HCO_3^-+H_2O \rightleftharpoons CO_3^{2-}+H_3O^+$	10.25
NaH_2PO_4-Na_2HPO_4	$H_2PO_4^-$	HPO_4^{2-}	$H_2PO_4^-+H_2O \rightleftharpoons HPO_4^{2-}+H_3O^+$	7.21
Na_2HPO_4-Na_3PO_4	HPO_4^{2-}	PO_4^{3-}	$HPO_4^{2-}+H_2O \rightleftharpoons PO_4^{3-}+H_3O^+$	12.67
NH_4Cl-NH_3	NH_4^+	NH_3	$NH_4^++H_2O \rightleftharpoons NH_3+H_3O^+$	9.25
$CH_3NH_3^+Cl^-$-CH_3NH_2	$CH_3NH_3^+$	CH_3NH_2	$CH_3NH_3^++H_2O \rightleftharpoons CH_3NH_2+H_3O^+$	10.7

缓冲作用原理

缓冲溶液之所以具有抗酸、抗碱、抗稀释的能力,现以 HAc-NaAc 组成的缓冲溶液为例加以说明。

HAc-NaAc 组成的缓冲溶液中,HAc 的解离度很小,又因 Ac^- 的同离子效应,抑制 HAc 的解离,HAc 的解离度更小,绝大多数以分子的状态存在于溶液中,因此体系中存在大量的 HAc 和 Ac^-。

按照酸碱质子理论,在溶液中,存在以下质子转移平衡:

$$HAc(aq)+H_2O(1) \rightleftharpoons Ac^-(aq)+H_3O^+(aq)$$

当向体系中加入少量强酸(H^+)时,溶液中足够浓度的共轭碱 Ac^- 立即与少量 H^+ 结合生成 HAc,消耗了少量的 Ac^-,生成了少量的 HAc 和 H_2O,质子传递平衡向左移动,当达到新的平衡时,混合体系中 H^+ 离子浓度不会显著增加,溶液 pH 不会明显下降。Ac^- 在此起到抵抗酸的作用,称为缓冲溶液的抗酸成分。

当向体系中加入少量强碱(OH^-)时,体系中的 H_3O^+ 立即与 OH^- 生成 H_2O,促使溶液中足够浓度的共轭酸 HAc 继续给出质子,质子传递平衡向右移动,以补充抵抗碱所消耗的那部分 H_3O^+,当达到新的平衡时,溶液中的 H_3O^+ 也几乎保持不变,因而溶液中的 pH 也几乎不变。HAc 在此起抵抗碱的作用,称为缓冲溶液的抗碱成分。

由此可见,缓冲溶液是通过缓冲对的质子传递平衡移动来调节溶液的 pH,从而维持溶液 pH 相对稳定的。因此,缓冲溶液必须含有足够浓度的缓冲对。

显然,加入大量的强酸、强碱或稀释,溶液中足够浓度的共轭酸、共轭碱将消耗尽,就不再具有缓冲能力了。所以缓冲溶液的缓冲能力是有限度的。

二、缓冲溶液的 pH 计算

每一种缓冲溶液都有一定的 pH,根据缓冲对的质子传递平衡,可以近似地计算其 pH。设组成缓冲溶液的弱酸(HB)的浓度为 c_a,共轭碱(B^-)的浓度为 c_b,在水溶液中存在质子传递平衡为:

$$HB(aq)+H_2O(1) \rightleftharpoons B^-(aq)+H_3O^+(aq)$$

HB 的平衡常数表达式为:

$$K_a = \frac{[H^+][B^-]}{[HB]}$$

$$[H^+] = K_a \frac{[HB]}{[B^-]}$$

等式两边各取负对数得：

$$pH = pK_a + \lg\frac{[B^-]}{[HB]} \tag{3-14}$$

式(3-14)即为计算缓冲溶液 pH 的 Henderson-Hasselbalch 方程式。式中[HB]、[B⁻]皆指溶液中共轭酸碱对的平衡浓度，$\frac{[B^-]}{[HB]}$称为缓冲比。由于 B⁻ 对 HB 具有同离子效应，使弱酸 HB 的解离度变得更小。因此，可近似地认为：$[B^-] = c_b$，$[HB] = c_a$，式(3-14)可近似为：

$$pH = pK_a + \lg\frac{c_b}{c_a} \tag{3-15}$$

例 3-9 用 0.10mol/L 的 HAc 溶液和 0.20mol/L 的 NaAc 溶液等体积混合配成 50ml 缓冲溶液。已知 HAc 的 $pK_a = 4.75$，求此缓冲溶液的 pH。

解 因为

$$pH = pK_a + \lg\frac{c_b}{c_a}$$

所以

$$pH = 4.75 + \lg\frac{\dfrac{0.20}{2}}{\dfrac{0.10}{2}}$$

$$= 5.05$$

例 3-10 计算含 0.15mol/L NH₄Cl 及 0.30mol/L NH₃ 缓冲溶液的 pH(已知 NH₃ 的 $K_b = 1.76 \times 10^{-5}$)。

解 根据 NH₃ 的 $K_b = 1.76 \times 10^{-5}$，可以求出 NH_4^+ 的 K_a

因为

$$K_a = \frac{K_w}{K_b}$$

NH_4^+ 的 $K_a = \dfrac{1.0 \times 10^{-14}}{1.76 \times 10^{-5}} = 5.68 \times 10^{-10}$

NH_4^+ 的 $pK_a = -\lg 5.68 \times 10^{-5} = 9.25$

所以

$$pH = pK_a + \lg\frac{[NH_3]}{[NH_4^+]}$$

$$= 9.25 + \lg\frac{0.30}{0.15}$$

$$= 9.55$$

例 3-11 计算在浓度为 0.10mol/L 的 HAc 溶液 100ml 中加入 NaOH 固体 100mg 后溶液的 pH(已知 HAc 的 $pK_a = 4.75$，不考虑体积效应)。

解 已知 $m(NaOH) = 0.10g$，溶液体积为 0.10L。

$$n(NaOH) = \frac{0.10}{40} = 2.5 \times 10^{-3}(mol)$$

$$n(HAc) = 0.10 \times 0.10 = 0.01(mol)$$

加入的 NaOH 与 HAc 反应：

$$HAc(aq) + NaOH(aq) \Longrightarrow NaAc(aq) + H_2O(l)$$

因为 HAc 过量,反应后溶液中剩余的 HAc 与生成的 NaAc 组成缓冲溶液。则

$$c = \frac{n(Ac^-)}{V} = \frac{n(NaOH)}{V} = \frac{2.5 \times 10^{-3}}{0.1} = 2.5 \times 10^{-2}(mol/L)$$

$$c(HAc) = \frac{n(HAc) - n(NaOH)}{V} = \frac{0.01 - 2.5 \times 10^{-3}}{0.1} = 7.5 \times 10^{-2}(mol/L)$$

$$pH = pK_a + \lg \frac{c_{Ac^-}}{c_{HAc}} = 4.75 + \lg \frac{2.5 \times 10^{-2}}{7.5 \times 10^{-2}} = 4.27$$

从以上计算可得出,缓冲溶液 pH 主要决定于缓冲系中共轭酸 HB 的 K_a 值和缓冲比;对于同一缓冲系,K_a 为一定值,溶液的 pH 主要决定于缓冲比。当缓冲比等于 1 时,$pH = pK_a$。

缓冲溶液缓冲能力的大小决定于以下两个因素:

(1) 总浓度($c_b + c_a$):当 $\frac{c_b}{c_a}$ 比值固定时,总浓度越大,外加相同的强酸、强碱或稀释后比值变化越小,缓冲能力越强。

(2) 缓冲比$\left(\frac{c_b}{c_a}\right)$:当总浓度固定时,$\frac{c_b}{c_a}$ 比值为 1,缓冲能力最大。

一般缓冲比应控制在 0.1~10 之间,则 pH 在 $pK_a \pm 1$ 之间,否则缓冲能力太小起不到缓冲作用。

三、缓冲溶液的选择和配制

缓冲溶液是根据实际需要而配制的,常用来控制溶液的酸度,一般应按下列原则和步骤进行配制:

第一,选用合适的缓冲对。选择缓冲对要考虑两个因素。首先使缓冲对中共轭酸的 pK_a 尽可能与所配缓冲溶液的 pH 相等或接近,以保证缓冲系在总浓度一定时,具有较大的缓冲能力。如配制 pH 为 4.8 的缓冲溶液可选择 HAc-Ac$^-$ 缓冲系,因 HAc 的 pK_a 为 4.75。配制 pH 为 7 的缓冲溶液可选择 $H_2PO_4^-$-HPO_4^{2-} 缓冲系,因 H_3PO_4 的 $pK_{a2} = 7.21$。另外,还应注意组成缓冲对的物质应稳定、无毒、不参与化学反应等。例如,硼酸-硼酸盐缓冲系有毒,不能用于培养细菌或用作注射液或口服液的缓冲对。在加温灭菌和储存期内为保持稳定不能用易分解的 H_2CO_3-HCO_3^- 缓冲对。

第二,要有适当的总浓度。一般情况下,缓冲溶液的总浓度宜选在 0.05~0.50mol/L 之间。实际工作中常用相同浓度的共轭酸和共轭碱按一定比例配制。

例 3-12　如何配制 pH = 5.0 的缓冲溶液 500ml?

解　(1) HAc 的 $pK_a = 4.75$,接近所配制缓冲溶液 pH,故选用 HAc-Ac$^-$ 缓冲对。

(2) 选择 0.10mol/L 的 HAc 和 0.10mol/L 的 NaAc 溶液。设缓冲溶液总体积为 V,则 $V = V_{HAc} + V_{Ac^-}$,该缓冲溶液的 pH 为:

$$pH = pK_a + \lg \frac{\dfrac{c_{Ac^-} \cdot V_{Ac^-}}{V}}{\dfrac{c_{HAc} \cdot V_{HAc}}{V}} = pK_a + \lg \frac{V_{Ac^-}}{V_{HAc}}$$

因为

$$V_{HAc} + V_{Ac^-} = 500ml$$

所以

$$pH = pK_a + \lg \frac{V_{Ac^-}}{500 - V_{Ac^-}}$$

$$500 = 4.75 + \lg \frac{V_{Ac^-}}{500 - V_{Ac^-}}$$

$$\lg \frac{V_{Ac^-}}{500 - V_{Ac^-}} = 0.25$$

$$\frac{V_{Ac^-}}{500-V_{Ac^-}}=1.78$$

$V_{Ac^-}=320(ml)$，则 $V_{HAc}=500-320=180(ml)$

量取 0.10mol/L 的 NaAc 溶液 320ml 和 0.10mol/L 的 HAc 溶液 180ml 混合可配制成 pH=5.0 的缓冲溶液 500ml。

另外，也常在一定量的弱酸（或弱碱）溶液中，加入少量强碱（或强酸）进行缓冲溶液的配制。

例 3-13　计算配制 pH=7.0 的磷酸盐缓冲溶液，需在 200ml 0.1mol/L 的 NaH_2PO_4 溶液中加入 0.1mol/L NaOH 溶液多少毫升（已知 H_3PO_4 的 $pK_{a2}=7.21$）？

解　设需加入 0.1mol/L NaOH $x$ml，缓冲溶液总体积为（200+x）ml

$$H_2PO_4^- + OH^- \rightleftharpoons HPO_4^{2-} + H_3O^+$$

反应前　　　　　　 0.1×200　　 $0.1x$

反应后　　　　　　 $0.1(200-x)$　 $0.1x$

生成的 HPO_4^{2-} 和剩余的 $H_2PO_4^-$ 组成缓冲对。

$$pH=pK_{a2}+\lg\frac{\left[HPO_4^{2-}\right]}{\left[H_2PO_4^-\right]}$$

$$\left[H_2PO_4^-\right]=\frac{0.1(200-x)}{200+x},\quad\left[HPO_4^{2-}\right]=\frac{0.1x}{200+x}$$

$$\frac{\left[HPO_4^{2-}\right]}{\left[H_2PO_4^-\right]}=\frac{\dfrac{0.1x}{200+x}}{\dfrac{0.1(200-x)}{200+x}}=\frac{x}{200-x}$$

$$7.0=7.21+\lg\frac{x}{200-x}$$

$$x=76.3(ml)$$

在 200ml 0.1mol/L 的 NaH_2PO_4 溶液中加入 0.1mol/L NaOH 溶液 76.3ml 可配得 pH 为 7.0 的缓冲溶液。

用上述方法配制的缓冲溶液，由于没有考虑溶液中离子的相互影响，其 pH 与实际要求的有一定偏差，在实际工作中，准确而又方便地配制具有一定 pH 的缓冲溶液，可以查阅手册，按标准配方配制。最后用 pH 计进行校正和测定其 pH。

四、缓冲溶液在医学上的意义

缓冲溶液在医学上有着重要的意义。人体代谢过程中会不断产生酸性、碱性物质。如有机食物被完全氧化可产生碳酸，嘌呤被氧化可产生尿酸。蔬菜、果类、豆类等食物中含有较多的碱性盐类等。这些酸、碱性物质的产生并没有使血液的 [H^+] 升高或降低，血液的 pH 仍维持在 7.35~7.45 之间。说明血液具有足够的缓冲能力。实验证明，人体血液中的主要缓冲对是由 H_2CO_3-HCO_3^- 组成。H_2CO_3-HCO_3^- 缓冲对的浓度在血液中最高，缓冲能力最强，是决定血液正常 pH 的主要因素，存在下列质子传递平衡：

$$H_2CO_3(aq)+H_2O(l)\rightleftharpoons HCO_3^-(aq)+H_3O^+(aq)$$

当某种因素导致酸性物质进入血液，引起 H^+ 浓度增加时，平衡向左移动，消耗掉部分 HCO_3^-，形成更多的 H_2CO_3，H_2CO_3 不稳定，分解成二氧化碳和水：

$$H_2CO_3(aq)\rightleftharpoons H_2O(l)+CO_2(g)\uparrow$$

形成的二氧化碳由肺部呼出，消耗掉的 HCO_3^- 可通过肾脏的调节得以补偿，这样就能抑制酸度的变化，使血液的 pH 维持在正常范围。高热、气喘、摄入过多的碱性物质或严重呕吐等，都会引起血液的碱性物质增加,身体的补偿机制则通过降低肺部二氧化碳的排出量和通过肾脏增加对 HCO_3^- 的排泄来配合缓冲系统,使 pH 维持正常。

H_2CO_3 发挥其抗碱作用,HCO_3^- 发挥其抗酸作用,从而使血液的 pH 保持稳定。

在研究人体生理机制、体液中酸碱平衡、水盐代谢、微生物的培养、组织切片、细菌的染色、蛋白质的分离和纯化、核酸及遗传基因及临床上常做的许多检验等方面的工作都需在一定的缓冲溶液中进行,学习并掌握缓冲溶液的基本原理及配制方法是十分必要的。

本章小结

1. 酸是质子的给予体,碱是质子的接受体。二者是一对共轭酸碱对。酸碱反应的实质是两对共轭酸碱对间的质子传递反应。

2. 水是两性物质。在 25℃ 时,水的离子积 K_w 为 $1.0×10^{-14}$。溶液的酸碱性可统一用 $[H^+]$ 或 pH 表示。

3. 弱酸或弱碱的解离平衡实质上是弱电解质与水分子间的质子传递平衡。其平衡常数分别为 K_a 或 K_b,影响弱电解质质子传递平衡的因素主要有同离子效应和盐效应。

4. 缓冲溶液是能对抗外来的少量强酸、强碱或稀释而保持溶液的 pH 基本不变的溶液。由足够浓度、比例恰当的共轭酸碱对组成,其中共轭酸为抗碱成分,共轭碱为抗酸成分。

5. 配制缓冲溶液应首先选择缓冲系的共轭酸的 pK_a 接近或等于所配制缓冲溶液的 pH,并使缓冲系有较大总浓度。然后利用缓冲公式计算所需共轭酸、共轭碱的体积,并用 pH 计加以校正。

（赵桂欣）

扫一扫,测一测

思考题

1. 用酸碱质子理论判断下列分子或离子在水溶液中哪些是酸？哪些是碱？哪些是两性物质？
HS^-,CO_3^{2-},H_2O,$H_2PO_4^-$,H_2S,HCl,Ac^-,H_3O^+

2. 从下列物质中选出所有的共轭酸碱对。
H_3O^+,H_2O,NH_4^+,NH_3,OH^-,H_2SO_4,$H_3SO_4^+$,SO_4^{2-},H_2S,HS^-,S^{2-},HSO_4^-

3. 计算成人胃液(pH=1.0)的氢离子浓度为婴儿胃液(pH=5.0)的多少倍？

4. 制备 200ml pH=8.0 的缓冲溶液,应取 0.50mol/L NH_4Cl 和 0.50mol/L NH_3 各多少毫升(已知 NH_4^+ 的 $pK_a=9.25$)？

学习目标

1. 掌握:难溶强电解质的溶度积及溶度积常数的表达式;应用溶度积规则判断沉淀的生成、溶解;分步沉淀和沉淀的转化。
2. 熟悉:溶度积常数与溶解度的相互关系;同离子效应对沉淀-溶解平衡的影响。
3. 了解:沉淀-溶解平衡在医学上的意义。

通常将在一定温度下100g水中的溶解度小于0.01g的物质称为难溶物。根据溶解度的大小,可将电解质大致分为易溶电解质和难溶电解质。有一类物质,如$AgCl$、$CaCO_3$、PbS等,它们在水中的溶解度很小,但溶解的部分能够全部解离,这类电解质称为难溶强电解质。难溶强电解质在水溶液中存在沉淀-溶解平衡,这是常见的化学现象,反应过程中总是伴随着物相的形成或消失。一些生理和病理现象也涉及溶解与沉淀,生物体内结石的形成、骨骼的形成与龋齿的发生等都与沉淀的生成或溶解有关。在实际工作中也经常利用沉淀-溶解平衡理论来进行定性或定量分析。

第一节　溶度积和溶度积原理

一、溶度积常数

在一定温度下,难溶强电解质固体$BaSO_4$在水中虽然难溶,或多或少仍有所溶解。在水分子的作用下,固体表面的一部分Ba^{2+}和SO_4^{2-}成为自由移动的水合离子进入溶液,这个过程就是溶解。与此同时,在溶液中不断运动着的水合Ba^{2+}和SO_4^{2-}在接近固体时,受到固体表面离子的吸引,会重新回到固体表面生成$BaSO_4$,这个过程就是沉淀。由此可见,难溶强电解质的溶解和沉淀是两个同时发生的可逆过程。在一定条件下,当沉淀与溶解的速率相等时,$BaSO_4$与溶液中相应离子间达到的多相动态平衡,称为沉淀-溶解平衡,这时的溶液为饱和溶液。$BaSO_4$沉淀与溶液中的Ba^{2+}和SO_4^{2-}之间的平衡表示为:

$$BaSO_4(s) \underset{沉淀}{\overset{溶解}{\rightleftharpoons}} Ba^{2+}(aq) + SO_4^{2-}(aq)$$

根据化学平衡原理,沉淀-溶解平衡与解离平衡一样,也有自己的平衡常数:

$$K = \frac{[Ba^{2+}][SO_4^{2-}]}{[BaSO_4]}$$

纯的固态物质浓度作常数处理,因此得到:

$$[Ba^{2+}][SO_4^{2-}] = K \cdot [BaSO_4] = K_{sp}$$

K_{sp} 表示沉淀-溶解平衡常数,称为溶度积常数,简称溶度积。溶度积常数反映了物质的溶解能力。对于一般难溶强电解质 $A_m B_n$,其溶解平衡通式可表示为:

$$A_m B_n(s) \Longrightarrow mA^{n+}(aq) + nB^{m-}(aq)$$

$$K_{sp} = [A^{n+}]^m \cdot [B^{m-}]^n \tag{4-1}$$

式(4-1)表示:一定温度下,在难溶强电解质的饱和溶液中,各离子浓度幂的乘积为一个常数,而与难溶强电解质沉淀的量及溶液中离子浓度的变化无关。K_{sp} 反映了难溶强电解质在水中的溶解能力和生成沉淀的难易。K_{sp} 越大,表示难溶电解质在水中溶解能力越强,反之,则越弱。一些常见难溶强电解质的 K_{sp} 列于附录五中。

溶度积常数仅适用于难溶强电解质的饱和溶液。

二、溶度积与溶解度的关系

溶度积和溶解度均反映难溶电解质在水中的溶解能力的大小,根据溶度积常数关系式,难溶电解质的溶度积和溶解度之间可以互相换算。换算时应注意溶度积表达式中,离子的浓度单位用 mol/L 表示,而溶解度常以 g/(100g H_2O) 表示。所以由溶解度求算溶度积时,先要把溶解度单位换算成 mol/L。

对于溶解度为 s 的 $A_m B_n$ 型难溶强电解质:

$$A_m B_n(s) \Longrightarrow mA^{n+}(aq) + nB^{m-}(aq)$$

$[A^{n+}] = ms$,$[B^{m-}] = ns$,则有:$K_{sp} = [A^{n+}]^m [B^{m-}]^n = (ms)^m (ns)^n = m^m n^n s^{m+n}$,整理可得:

$$s = \sqrt[(m+n)]{\frac{K_{sp}}{m^m n^n}} \tag{4-2}$$

例4-1 已知室温下 $Mn(OH)_2$ 的溶解度为 3.6×10^{-5} mol/L,试求该温度下 $Mn(OH)_2$ 在水中的溶度积。

解 $Mn(OH)_2$ 为 AB_2 型化合物,达到溶解平衡时溶液中已溶解的 $c(OH^-)$ 是 $c(Mn^{2+})$ 的 2 倍,因此:

$$c(Mn^{2+}) = 3.6 \times 10^{-5} \text{ mol/L}$$

$$c(OH^-) = 7.2 \times 10^{-5} \text{ mol/L}$$

$$K_{sp}[Mn(OH)_2] = c(Mn^{2+})c(OH^-)^2 = 3.6 \times 10^{-5} \times (7.2 \times 10^{-5})^2 = 1.9 \times 10^{-13}$$

例4-2 已知在 25℃ 时,$BaSO_4$ 的溶度积为 1.08×10^{-10},试计算此温度下 $BaSO_4$ 在水中的溶解度

解 $BaSO_4$ 为 AB 型化合物,根据式(4-2),溶解度与溶度积的关系为:

$$s = \sqrt{K_{sp}} = \sqrt{1.08 \times 10^{-10}} = 1.04 \times 10^{-5} \text{ (mol/L)}$$

例4-3 已知室温下 Ag_2CrO_4 的溶度积为 1.12×10^{-12},试计算该温度下 Ag_2CrO_4 在水中的溶解度。

解 Ag_2CrO_4 为 A_2B 型化合物,根据式(4-2),溶解度与溶度积的关系为:

$$s = \sqrt[3]{\frac{K_{sp}}{4}} = \sqrt[3]{\frac{1.12 \times 10^{-12}}{4}} = 6.54 \times 10^{-5} \text{ (mol/L)}$$

上述三道例题的计算结果列于表4-1。

计算结果表明,对于相同类型的难溶强电解质,溶度积越小,溶解度也越小。对于不同类型的难溶强电解质,不能用溶度积直接比较溶解度的大小,必须通过计算溶解度才可比较。虽然 Ag_2CrO_4 的溶度积常数小于 $BaSO_4$,但 Ag_2CrO_4 的溶解度却大于 $BaSO_4$,这是由于二者溶度积的表示式不同。

表 4-1　几种不同类型的难溶强电解质的溶解度与溶度积常数的比较

电解质类型	难溶强电解质	$s/(mol \cdot L^{-1})$	K_{sp}
AB	$BaSO_4$	1.04×10^{-5}	1.08×10^{-10}
AB_2	$Mn(OH)_2$	3.6×10^{-5}	1.9×10^{-13}
A_2B	Ag_2CrO_4	6.5×10^{-5}	1.1×10^{-12}

课堂互动

$CuCO_3$ 和 $ZnCO_3$ 的溶度积常数很接近（分别为 1.4×10^{-10} 和 1.46×10^{-10}）。两者饱和溶液中 Cu^{2+} 和 Zn^{2+} 的浓度是否也很接近？为什么？

三、溶度积规则

在实际工作中,应用沉淀-溶解平衡可以判断沉淀-溶解反应进行的方向。在难溶电解质溶液中任一状态下离子浓度幂的乘积,定义为离子积 Q。对于难溶强电解质,例如 $A_mB_n(s) \rightleftharpoons mA^{n+}(aq) + nB^{m-}(aq)$,则有:

$$Q = c^m(A^{n+})c^n(B^{m-})$$

Q 与 K_{sp} 虽然表达形式相似,但含义不同。K_{sp} 表示难溶强电解质在沉淀-溶解平衡状态下的离子浓度幂的乘积,是某一温度下的一个定值。Q 则表示任一状态下离子浓度幂的乘积,随着沉淀-溶解的持续进行是可变的。K_{sp} 仅是 Q 的一个特例。只有在饱和溶液中 Q 和 K_{sp} 才相等。下面以 $CaCO_3$ 为例予以说明。

在一定温度下,把过量的 $CaCO_3$ 放入纯水中,当其溶解达平衡时,成为 $CaCO_3$ 饱和溶液,此时 $c_{eq}(Ca^{2+}) = c_{eq}(CO_3^{2-})$,$K_{sp}(CaCO_3) = c_{eq}(Ca^{2+}) \cdot c_{eq}(CO_3^{2-})$。

$$CaCO_3(s) \rightleftharpoons Ca^{2+}(aq) + CO_3^{2-}(aq)$$

如果向 $CaCO_3$ 饱和溶液中加入 Ca^{2+} 或 CO_3^{2-},$c(Ca^{2+}) \cdot c(CO_3^{2-}) > K_{sp}$,沉淀-平衡被破坏,平衡向生成 $CaCO_3$ 方向移动,故有 $CaCO_3$ 析出。与此同时,溶液中 Ca^{2+} 或 CO_3^{2-} 浓度不断减少,直至 $c(Ca^{2+}) \cdot c(CO_3^{2-}) = K_{sp}$ 为止,又达成新的平衡,此时溶液中 Ca^{2+} 和 CO_3^{2-} 浓度不相等。

如果设法降低 $CaCO_3$ 饱和溶液中 Ca^{2+} 或 CO_3^{2-} 的浓度,或者使两者都降低,则 $c(Ca^{2+}) \cdot c(CO_3^{2-}) < K_{sp}$,平衡向溶解方向移动。与此同时,溶液中 Ca^{2+} 或 CO_3^{2-} 浓度不断升高,直至 $c(Ca^{2+}) \cdot c(CO_3^{2-}) = K_{sp}$ 为止,又达成新的平衡,此时溶液中 Ca^{2+} 和 CO_3^{2-} 浓度也不相等。

根据上述的沉淀与溶解情况,可归纳出沉淀的生成和溶解规律。对于某一给定的难溶强电解质溶液,K_{sp} 与 Q 的关系可能有下列三种情况:

(1) $Q = K_{sp}$,表明溶液为饱和溶液,处于沉淀溶解平衡状态。此时,既无沉淀析出又无沉淀溶解。

(2) $Q > K_{sp}$,表明溶液为过饱和溶液。将有沉淀析出,直至形成饱和溶液。

(3) $Q < K_{sp}$,表明溶液为不饱和溶液。如有固体将溶解,直至全部溶解形成饱和溶液。

以上规律称为溶度积规则,是难溶强电解质溶解与沉淀平衡移动规律的总结,也是判断沉淀生成或溶解的依据。

例 4-4　在 10ml 0.20mol/L $MgSO_4$ 溶液中加入 10ml 0.020mol/L NaOH,是否有 $Mg(OH)_2$ 沉淀生成?

解　两种溶液等体积混合后,体积增大一倍,浓度各自减小至原来的 $\dfrac{1}{2}$。

$$c(Mg^{2+}) = 0.20 \times \frac{1}{2} = 0.10(mol/L)$$

$$c(OH^-) = 0.020 \times \frac{1}{2} = 0.010(mol/L)$$

$Mg(OH)_2$ 的沉淀-平衡为

$$Mg(OH)_2(s) \Longrightarrow Mg^{2+}(aq) + 2OH^-(aq)$$

$$Q[Mg(OH)_2] = c(Mg^{2+}) \cdot c^2(OH^-) = 0.10 \times (0.010)^2 = 1.0 \times 10^{-5}$$

查表得 $K_{sp}[Mg(OH)_2] = 5.61 \times 10^{-12}$，则 $Q > K_{sp}$，故有沉淀生成。

第二节　沉淀-溶解平衡

一、沉淀的生成

根据溶度积规则,当溶液中符合 $Q > K_{sp}$ 时,就会生成沉淀。

例4-5　将等体积的 1.0×10^{-3}mol/L $CaCl_2$ 溶液和 1.2×10^{-4}mol/L Na_2CO_3 混合,能否析出 $CaCO_3$ 沉淀($CaCO_3$ 的 $K_{sp} = 3.36 \times 10^{-9}$)?

解　两种溶液等体积混合后,体积增大一倍,浓度各自减小至原来的 $\frac{1}{2}$。

$$c(Ca^{2+}) = 5.0 \times 10^{-4}mol/L, c(CO_3^{2-}) = 6.0 \times 10^{-5}mol/L$$

$$Q(CaCO_3) = c(Ca^{2+}) \cdot c(CO_3^{2-}) = (5.0 \times 10^{-4}) \times (6.0 \times 10^{-5})$$

$$= 3.0 \times 10^{-8} > K_{sp}(CaCO_3)$$

因此溶液中有 $CaCO_3$ 沉淀析出。

例4-6　向0.5L 0.12mol/L 氨水中加入等体积的 0.60mol/L $MgCl_2$,问:(1)是否有 $Mg(OH)_2$ 沉淀生成?(2)欲控制 $Mg(OH)_2$ 沉淀不生成,问至少需加入多少克固体 NH_4Cl?

解　(1) 两种溶液等体积混合后,体积增大一倍,浓度各自减小至原来的 $\frac{1}{2}$。

$$c(Mg^{2+}) = 0.30mol/L \quad c(NH_3 \cdot H_2O) = 0.060mol/L$$

溶液中 OH^- 由 $NH_3 \cdot H_2O$ 解离产生,查表得 $K_b(NH_3 \cdot H_2O) = 1.8 \times 10^{-5}$:

$$c(OH^-) = \sqrt{c(NH_3 \cdot H_2O)K_b} = \sqrt{0.060 \times 1.8 \times 10^{-5}} = 1.0 \times 10^{-3}(mol/L)$$

$$Q = c(Mg^{2+}) \cdot c^2(OH^-) = 0.30 \times (1.0 \times 10^{-3})^2 = 3 \times 10^{-7}$$

查表知 $K_{sp}[Mg(OH)_2] = 5.61 \times 10^{-12}$，则 $Q > K_{sp}$,故有沉淀析出。

(2) 在氨水中加入氯化铵,使 OH^- 的浓度下降,可控制沉淀不产生。此时溶液中同时存在两个平衡:

$$Mg(OH)_2(s) \Longrightarrow Mg^{2+}(aq) + 2OH^-(aq) \quad K_{sp}[Mg(OH)_2] = c(Mg^{2+}) \cdot c(OH^-)^2 \tag{4-3}$$

$$NH_3 \cdot H_2O(aq) \Longrightarrow NH_4^+(aq) + 2OH^-(aq) \quad K_b(NH_3 \cdot H_2O) = \frac{c(NH_4^+) \cdot c(OH^-)}{c(NH_3 \cdot H_2O)} \tag{4-4}$$

最大 OH^- 浓度可根据式(4-3)计算:

$$c(OH^-) = \sqrt{\frac{K_{sp}[Mg(OH_2)]}{c(Mg^{2+})}} = \sqrt{\frac{5.61 \times 10^{-12}}{0.30}} = 4.3 \times 10^{-6}(mol/L)$$

需加入 NH_4^+ 的最低浓度可以根据式(4-4)计算：

$$c(NH_4^+) = \frac{K_b(NH_3 \cdot H_2O) \cdot c(NH_3 \cdot H_2O)}{c(OH^-)} = \frac{1.8 \times 10^{-5} \times 0.060}{4.3 \times 10^{-6}} = 0.25(mol/L)$$

$M(NH_4Cl) = 53.5g/mol$，溶液总体积为 $1.0L$，则至少需要加入氯化铵的质量为：

$$m(NH_4Cl) = 1.0 \times 0.25 \times 53.5 = 13.4(g)$$

溶液中沉淀-溶解平衡总是存在，一定温度下，K_{sp} 是常数，所谓"沉淀完全"并不是说溶液中某种离子完全不存在，而是其含量极低。通常认为残留在溶液中的离子浓度小于 $1 \times 10^{-5}mol/L$ 时，沉淀完全。因此，当要求溶液中析出沉淀或某种离子沉淀完全时，就必须创造条件使 $Q > K_{sp}$。以下介绍几种使沉淀完全的方法。

1. 同离子效应

例 4-7 分别计算 25℃ Ag_2CrO_4：（1）在 $0.10mol/L$ $AgNO_3$ 溶液中的溶解度；（2）在 $0.10mol/L$ Na_2CrO_4 溶液中的溶解度。已知 25℃ $K_{sp}(Ag_2CrO_4) = 1.1 \times 10^{-12}$。

解 设 Ag_2CrO_4 在溶液中的溶解度为 s_1：

（1）在有 Ag^+ 存在的溶液中，沉淀-溶解达到平衡时：

$$Ag_2CrO_4(s) \Longleftrightarrow 2Ag^+(aq) + CrO_4^{2-}(aq)$$

平衡时(mol/L)　　　　　　　　　　Ag^+(mol/L)　$2s_1 + 0.10 \approx 0.10$　s_1

$$s_1 = [CrO_4^{2-}] = \frac{K_{sp}(Ag_2CrO_4)}{[c(Ag^+)]^2} = \frac{1.12 \times 10^{-12}}{0.10^2} = 1.12 \times 10^{-10}(mol/L)$$

即在 $0.10mol/L$ $AgNO_3$ 溶液中，Ag_2CrO_4 的溶解度为 $1.12 \times 10^{-12}mol/L$，比在纯水中（$6.54 \times 10^{-5}mol/L$，例 4-3）小得多。

（2）在有 CrO_4^{2-} 存在的溶液中，沉淀-溶解达到平衡时：

$$Ag_2CrO_4(s) \Longleftrightarrow 2Ag^+(aq) + CrO_4^{2-}(aq)$$

平衡时(mol/L)　　　　　　　　$2s_2$　　　　$s_2 + 0.10 \approx 0.10$

$$K_{sp}(Ag_2CrO_4) = [Ag^+]^2[CrO_4^{2-}] = (2s_2)^2 \times 0.10 = 0.40s_2^2$$

$$s_2 = \sqrt{\frac{K_{sp}}{0.40}} = \sqrt{\frac{1.12 \times 10^{-12}}{0.40}} = 1.67 \times 10^{-6}(mol/L)$$

计算表明，Ag_2CrO_4 的溶解度比在纯水中降低了近 40 倍。

以上计算结果表明：在 Ag_2CrO_4 的沉淀-溶解平衡系统中，若加入含有与沉淀组成有相同离子 Ag^+ 或 CrO_4^{2-} 的试剂后，都会有更多的 Ag_2CrO_4 沉淀生成，致使 Ag_2CrO_4 溶解度降低。这种因加入含有与沉淀组成有相同离子的易溶强电解质，而使难溶强电解质的溶解度降低的效应，称为沉淀-溶解平衡中的同离子效应。在生产上欲使某种离子沉淀完全，可将另一种离子（即沉淀剂）过量。例如，由硝酸银和盐酸为原料生产 AgCl，由于硝酸银含有 Ag^+，价格昂贵，需充分利用。因此，常通过加入过量的盐酸的方法，促使 Ag^+ 沉淀完全。

2. 盐效应

实验证明，如果在难溶强电解质的饱和溶液中，加入不含有共同离子的另一可溶性强电解质时，就会使难溶强电解质的溶解度比纯水中增大，这种现象称为盐效应。例如，在 $BaSO_4$ 饱和溶液中加入 KNO_3 时，可促进固体 $BaSO_4$ 溶解。产生盐效应的原因是由于可溶性强电解质的存在，使得溶液中阴、阳离子的浓度大大增加，离子间的相互牵制作用加强，引起 Ba^{2+} 和 SO_4^{2-} 活动性降低。单位时间内，离子与沉淀表面的碰撞次数减少，使得沉淀过程变慢，从而使难溶强电解质的溶解度增大。

加入不含有共同离子的可溶性强电解质能产生盐效应，加入具有共同离子的可溶性强电解质在产生同离子效应的同时，也产生盐效应。因此，利用同离子效应，加入的沉淀剂不要过量太多，否则反而会使溶解度升高。表 4-2 列出了 $PbSO_4$ 在 Na_2SO_4 溶液中的溶解度。

表 4-2　PbSO₄ 在 Na₂SO₄ 溶液中的溶解度

$c(Na_2SO_4)/(mol/L)$	0	0.01	0.02	0.04	0.10
$s(PbSO_4)/(mol/L)$	$1.5×10^{-4}$	$1.6×10^{-5}$	$1.4×10^{-5}$	$1.3×10^{-5}$	$1.5×10^{-5}$

从表 4-2 可以看出,在 PbSO₄ 的饱和溶液中,加入过量的沉淀剂 Na₂SO₄,开始时 Na₂SO₄ 对 PbSO₄ 产生同离子效应,使 PbSO₄ 的溶解度减小,但当 Na₂SO₄ 的浓度超过 0.04mol/L 时,由于盐效应的作用,使得 PbSO₄ 的溶解度又有所增加。在实际工作中,沉淀剂的用量一般以过量 20%~50% 为宜。一般而言,在有同离子效应的计算中,由于同离子效应影响比盐效应大得多,当没有特别指出要考虑盐效应的影响时,在计算中可以忽略它。

在进行某种离子的沉淀时,为了使沉淀完全往往加入过量的沉淀剂。是不是加入的沉淀剂越多越好?

在药品质量标准的控制上,很多检测手段巧妙地运用了加入沉淀剂产生沉淀反应的原理。例如药品中重金属(铅、银、铜、钴、镍、锡等)离子的检测,是利用铅离子能生成 PbS 的沉淀反应进行的。在药品的生产过程中,遇到铅的机会最多,而且铅离子易造成积蓄中毒,故检查时常以铅为代表。

沉淀-溶解平衡在医学中的实例有不少,如尿结石的形成就涉及一些与沉淀-溶解平衡有关的原理。在人体内,尿液形成的第一步是进入肾脏的血通过肾小球过滤,把蛋白质、细胞等高分子和"有形物质"滤掉,出来的滤液就是原始的尿。这些尿液经过一段细小管道进入膀胱,这一段尿液含有 Ca^{2+}、Mg^{2+}、NH_4^+、$C_2O_4^{2-}$、PO_4^{3-}、H^+、OH^- 等离子。这些离子互相之间部分会生成沉淀,这些物质就会构成尿结石。血液通过肾小球前通常对 CaC_2O_4 是过饱和的,但由于血液中含有蛋白质等结晶抑制剂,CaC_2O_4 难以形成沉淀。经过肾小球过滤后,蛋白质等物质被过滤,因此滤液在肾小管内会形成 CaC_2O_4 结晶,这种现象在一些人的尿中也有发生,只是形成小结石不会堵塞通道,停留时间短,容易随尿液排出。但有些人的尿中成石抑制物浓度太低,或肾功能不好,滤液流动速率太慢,停留时间长,这些因素都容易形成尿结石。因此,医学上常用加快排尿速率(即降低滤液停留时间)、加大尿量(减少 Ca^{2+}、$C_2O_4^{2-}$ 的浓度)等防治尿结石。生活中多饮水,也是防治尿结石的一种方法。

二、沉淀的溶解

根据溶度积规则,要使沉淀溶解,就必须降低该难溶强电解质饱和溶液中某一离子的浓度,使离子积小于溶度积,即 $Q < K_{sp}$。为了达到这个目的,减少离子浓度的方法通常有下列几种:

1. 生成弱电解质使沉淀溶解　利用酸与难溶电解质的组分离子结合成可溶性弱电解质。

(1) 金属氢氧化物沉淀的溶解:难溶氢氧化物中的 OH^- 与强酸反应生成难解离的水。有些氢氧化物甚至可溶于铵盐溶液,生成难解离的弱碱,降低了 OH^- 的浓度,使平衡向右移动。例如 $Cu(OH)_2$ 可溶于 HCl,$Mg(OH)_2$ 可溶于氯化铵水溶液。

$$Cu(OH)_2(s) \rightleftharpoons Cu^{2+}(aq) + 2OH^-(aq)$$

平衡移动方向　　　　　　　　+

$$2H^+(aq) + 2Cl^-(aq) \longleftarrow 2HCl(aq)$$

$$2H_2O(l)$$

加入 HCl 后,生成 H_2O,$[OH^-]$ 降低,使 $Q < K_{sp}$,于是沉淀溶解。只要加入足量的 HCl,$Cu(OH)_2$ 就会全部溶解。

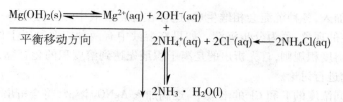

（2）碳酸盐、亚硫酸盐、某些金属硫化物等沉淀的溶解：这些难溶盐与酸作用都能生成可溶性弱电解质，平衡向沉淀溶解的方向移动，使沉淀溶解。例如，$CaCO_3$ 可溶于 HCl 中。

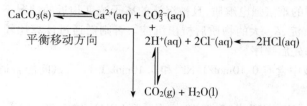

加入 HCl 后，H^+ 与溶液中的 CO_3^{2-} 反应生成 CO_2 气体和水，使溶液中的 CO_3^{2-} 浓度降低，导致 $Q < K_{sp}$，故沉淀溶解。若加入足够量的 HCl，$CaCO_3$ 可以全部溶解。

某些难溶金属硫化物，如 FeS、MnS、ZnS 等 K_{sp} 值较大，能溶于稀酸中。在 ZnS 沉淀中，加入 HCl，由于 H^+ 与 S^{2-} 结合生成 H_2S 气体，使 ZnS 的 $Q < K_{sp}$，沉淀溶解。实验室中常利用这两个反应制取 CO_2 和 H_2S。

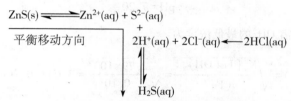

2. **发生氧化还原反应使沉淀溶解**　由于金属硫化物的 K_{sp} 值相差很大，故其溶解情况大不相同。一般而言，难溶弱酸盐的 K_{sp} 越大，对应弱酸的 K_a 越小，难溶弱酸盐越容易被酸溶解。像 HgS、CuS 等 K_{sp} 值很小的金属硫化物就不能溶于盐酸。在这种情况下，只能利用氧化还原反应，使某一离子发生氧化还原反应而降低其浓度，达到溶解的目的。例如 CuS 不能溶于盐酸，但可溶于 HNO_3，反应如下：

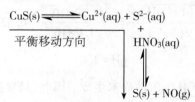

总反应式为：$3CuS + 8HNO_3 \rightleftharpoons 3Cu(NO_3)_2 + 3S \downarrow + 2NO \uparrow + 4H_2O$，即 S^{2-} 被 HNO_3 氧化为单质硫，从而降低了 S^{2-} 的浓度，使 $Q < K_{sp}$，导致 CuS 沉淀的溶解。

3. **生成难解离的配合物离子使沉淀溶解**　对于一些能够发生配位反应的难溶强电解质，加入适当配位剂则可使其溶解，如氯化银沉淀可溶于氨水。

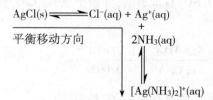

由于 NH_3 与 Ag^+ 形成难解离的配位离子，降低了溶液中 Ag^+ 浓度，从而达到 $Q < K_{sp}$ 的目的，使氯化银沉淀溶解。沉淀溶解生成配合物的反应将在第八章配位化合物中详细介绍。

三、分步沉淀

以上讨论的是溶液中只有一种离子发生沉淀反应的情况，在实际工作中，溶液中有多种离子同时存在,随着沉淀剂的加入,各种沉淀会相继生成,这种在混合溶液中,逐滴加入一种试剂,使不同离子按先后顺序析出沉淀的现象,称为分步沉淀。如果在溶液中有两种或两种以上的离子可与同一试剂反应产生沉淀,根据溶度积规则,首先析出的是离子积最先达到溶度积的化合物,后达到的就后沉淀。下面运用溶度积理论进行讨论。

例如,在含有相同浓度的 I^- 和 Cl^- 的溶液中,逐滴加入 $AgNO_3$ 溶液,将会析出 $AgCl$ 白色沉淀和 AgI 黄色沉淀,这两种沉淀是同时析出还是先后析出? 由于 AgI 的溶度积比 $AgCl$ 小很多,前者的 Q 先达到 K_{sp},故最先看到的是淡黄色的 AgI 沉淀,至加到一定量 $AgNO_3$ 溶液后,才生成白色的 $AgCl$ 沉淀。必须指出,只有对同一类型的难溶强电解质,且被沉淀的离子浓度相近的情况下,逐滴加入沉淀剂时,才是 K_{sp} 小的物质先析出沉淀,K_{sp} 大的物质后析出沉淀。否则需通过计算比较各物质沉淀时所需沉淀剂的量,才能确定沉淀的先后顺序。

例 4-8 已知某溶液中含有 $0.10mol/L$ Ni^{2+} 和 $0.10mol/L$ Fe^{3+},试问能否通过控制 pH 的方法达到分离二者的目的?

解 查附录五得 $K_{sp}[Ni(OH)_2] = 2.0×10^{-15}$,$K_{sp}[Fe(OH)_3] = 2.79×10^{-39}$,欲使 Ni^{2+} 沉淀所需 OH^- 最低浓度为

$$c_1(OH^-) = \sqrt{\frac{K_{sp}[Ni(OH)_2]}{c(Ni^{2+})}} = \sqrt{\frac{2.0×10^{-15}}{0.10}} = 1.4×10^{-7}(mol/L)$$

$$pH = 7.20$$

欲使 Fe^{3+} 沉淀所需 OH^- 的最低浓度为

$$c_2(OH^-) = \sqrt[3]{\frac{K_{sp}[Fe(OH)_3]}{c(Fe^{3+})}} = \sqrt[3]{\frac{2.79×10^{-39}}{0.10}} = 3.03×10^{-13}(mol/L)$$

$$pH = 1.48$$

可见当混合液中加入 OH^- 时,$Fe(OH)_3$ 溶度积小,故 Fe^{3+} 首先沉淀。

设当 Fe^{3+} 的浓度降为 $1.0×10^{-5}mol/L$ 时,已被沉淀完全,此时溶液中的 OH^- 的浓度为

$$c_3(OH^-) = \sqrt[3]{\frac{K_{sp}[Fe(OH)_3]}{c(Fe^{3+})}} = \sqrt[3]{\frac{2.79×10^{-39}}{1.0×10^{-5}}} = 6.53×10^{-12}(mol/L)$$

$$pH = 2.81$$

当溶液 $pH = 2.81$ 时,$Ni(OH)_2$ 沉淀尚未生成。因此,只要控制 $2.81 < pH < 7.20$,就能使两种离子分离。

例 4-9 银量法测定溶液中 Cl^- 含量时,以 K_2CrO_4 为指示剂,$AgNO_3$ 标准溶液为滴定剂。在某被测溶液中 Cl^- 浓度为 $0.01mol/L$,CrO_4^{2-} 浓度为 $5.0×10^{-3}mol/L$。当用 $0.01mol/L$ 的 $AgNO_3$ 标准溶液进行滴定时,哪种沉淀首先析出? 当对第二种沉淀溶液进行滴定时,第一种离子是否已被沉淀完全?

解 滴定过程中,逐滴加入 $AgNO_3$ 标准溶液,开始生成 Ag_2CrO_4 沉淀和 $AgCl$ 沉淀时,所需的 Ag^+ 浓度分别为:

$$c_1(Ag^+) > \frac{K_{sp}(AgCl)}{c(Cl^-)} = \frac{1.77×10^{-10}}{0.005} = 3.54×10^{-8}(mol/L)$$

$$c_2(Ag^+) > \sqrt{\frac{K_{sp}(Ag_2CrO_4)}{c(CrO_4^{2-})}} = \sqrt{\frac{1.12×10^{-12}}{2.5×10^{-3}}} = 2.11×10^{-5}(mol/L)$$

$AgCl$ 开始沉淀时,需要的 $c_1(Ag^+)$ 低,故 $AgCl$ 首先沉淀出来。即离子积先达到溶度积的物质先析出沉淀。

当 CrO_4^{2-} 开始沉淀时,此时溶液中 $c_2(Ag^+)$ 为 $2.11×10^{-5}mol/L$,则溶液中 $c(Cl^-)$ 为:

$$c(Cl^-) > \frac{K_{sp}(AgCl)}{c(Ag^+)} = \frac{1.77 \times 10^{-10}}{2.11 \times 10^{-5}} \approx 8.39 \times 10^{-6}(mol/L)$$

可见,当 CrO_4^{2-} 开始沉淀时,$c(Cl^-) \leqslant 10^{-5}mol/L$,说明 Cl^- 已经沉淀完全,达到测定的目的。从上面两个例子可以看出:当几种离子共存的混合溶液中加入同一种沉淀剂时,生成沉淀所需试剂离子浓度最小者先沉淀。即离子积首先达到其溶度积的难溶物先沉淀,这就是分步沉淀的基本原理。

掌握了分步沉淀的规律,根据具体情况,适当地控制条件,就可以达到分离离子的目的。例如难溶氢氧化物的分离,可以用缓冲溶液来控制溶液的酸度,使不同的金属离子在不同的 pH 下生成氢氧化物沉淀,以达到分离的目的。

知识拓展

钡餐的制备

X 射线不能透过 Ba^{2+},因此临床上可用钡盐作 X 光造影剂,诊断胃肠道疾病。然而 Ba^{2+} 对人体有毒害,所以能溶于水及胃酸的钡盐不能作 X 光造影剂。硫酸钡既难溶于水,也难溶于酸,是一种较理想的 X 光造影剂。临床上使用的钡餐就是硫酸钡造影剂。钡餐的制备首先是以 $BaCl_2$ 和 Na_2SO_4 为原料,在适当的稀氯化钡热溶液中,缓慢加入硫酸钠,当沉淀析出后,将沉淀和溶液放置一段时间,使沉淀的颗粒变大,过滤得纯净的硫酸钡晶体,然后加适当的分散剂及矫味剂制成干的混悬剂即得。使用时,临时加水调制成适当浓度的混悬剂口服或灌肠。

四、沉淀的转化

在含有某种沉淀的溶液中,加入适当的试剂,可以将其转化为另一种更难溶的沉淀,这种过程称为沉淀的转化。例如,在盛有白色 $BaCO_3$ 粉末的试管中加入浅黄色 K_2CrO_4 溶液并不断搅拌,沉淀将变为浅黄色的 $BaCrO_4$。此过程可表示为:

$$BaCO_3(s,白色) \rightleftharpoons CO_3^{2-}(aq) + Ba^{2+}(aq)$$
$$+$$
$$K_2CrO_4 = 2K^+ + CrO_4^{2-}$$
$$\parallel$$
$$BaCrO_4(s,淡黄色)$$

反应进行的原因是 $BaCrO_4$ 的 $K_{sp}(1.17 \times 10^{-10})$ 小于 $BaCO_3$ 的 $K_{sp}(2.58 \times 10^{-9})$。当向 $BaCO_3$ 的饱和溶液中加入 K_2CrO_4 溶液时,CrO_4^{2-} 与 Ba^{2+} 生成 $BaCrO_4$ 沉淀,使溶液中 Ba^{2+} 浓度降低。$BaCO_3$ 的沉淀-溶解平衡向右移动,发生沉淀的转化。

可见,对同种类型的难溶强电解质,沉淀转化的方向是由 K_{sp} 大的转化为 K_{sp} 小的。K_{sp} 相差越大,转化反应就越完全;对不同类型的难溶强电解质,沉淀的转化的方向是由溶解度大的转化为溶解度小的。溶解度相差越大,沉淀转化越完全。

视频:沉淀的转化演示实验

课堂互动

锅炉水垢的主要成分为 $CaCO_3$、$CaSO_4$、$Mg(OH)_2$ 等,水垢的导热能力很小,阻碍传热,浪费燃料,还存在着安全隐患。$CaCO_3$、$Mg(OH)_2$ 易溶于酸,容易除去,$CaSO_4$ 难溶于水,也难溶于酸溶液,很难除去。因此锅炉水垢通常处理方法是,先加入饱和 Na_2CO_3 溶液浸泡,然后再加入稀 HCl 溶液,除去水垢。请你利用沉淀-溶解平衡原理解释为什么?

本章小结

1. 在难溶强电解质溶液中存在沉淀-溶解平衡,平衡常数为溶度积 K_{sp},表示在一定温度下,难溶电解质的饱和溶液中,各离子浓度幂的乘积为一个常数。对于相同类型的难溶电解质,在同温度下,其溶解度越大,溶度积越大。对于不同类型的难溶电解质,应通过计算来比较。

2. 溶度积规则:

(1) $Q=K_{sp}$,表明溶液为饱和溶液,处于沉淀溶解平衡状态。此时,既无沉淀析出又无沉淀溶解。

(2) $Q>K_{sp}$,表明溶液为过饱和溶液。将有沉淀析出,直至形成饱和溶液。

(3) $Q<K_{sp}$,表明溶液为不饱和溶液。如有固体将溶解,直至全部溶解形成饱和溶液。

3. 溶度积规则的应用:

判断沉淀的生成或溶解:难溶电解质沉淀生成的必要条件是 $Q>K_{sp}$;沉淀溶解的必要条件是 $Q<K_{sp}$。

分步沉淀:溶液中有两种或两种以上的离子可与同一试剂反应生成沉淀,离子积先达到溶度积的就先沉淀,后达到的就后沉淀。

沉淀的转化:对同种类型的难溶电解质,沉淀转化的方向是由溶度积大的转化为溶度积小的;对不同类型的难溶电解质,沉淀转化的方向是由溶解度大的转化为溶解度小的。

(谢小雪)

扫一扫,测一测

思考题

1. 为什么 $Mg(OH)_2$ 可溶于 HCl,也可以溶解于 NH_4Cl 溶液中?

2. 为什么 H_2S 通入 $ZnSO_4$ 溶液中,ZnS 沉淀很不完全,但是在 $ZnSO_4$ 溶液中先加入若干 NaAc,再通入 H_2S 气体,ZnS 几乎完全沉淀出来?

3. 已知 $K_{sp}[Mg(OH)_2]=5.6\times10^{-12}$,把 0.01mol/L 的 $MgCl_2$ 固体加入 1L pH=5 的酸性溶液中,试通过计算说明有无 $Mg(OH)_2$ 沉淀生成。

4. 大约 50% 的肾结石是由 $Ca_3(PO_4)_2$ 组成的。正常人每天排尿量为 1.4L,其中约含 0.10g Ca^{2+}。为了不使尿中形成 $Ca_3(PO_4)_2$ 沉淀,其中 PO_4^{3-} 的最高浓度为多少?对肾结石患者来说,医生总让其多饮水,试简单加以解释原因。

第五章 氧化还原反应与电极电势

 学习目标

1. 掌握：原电池的组成；电极反应、电池反应和原电池的表示方法；标准电极电势判断氧化还原反应方向；电极电势的 Nernst 方程及有关计算；通过标准电动势计算氧化还原反应的平衡常数。

2. 熟悉：氧化数的概念和氧化还原反应的定义，熟练计算元素氧化数；原电池的结构及正负极反应的特征；电极电势的影响因素；氧化剂和还原剂的强弱和氧化还原反应方向的判断。

3. 了解：电极电势产生的原因；标准电极电势的测定方法。

氧化还原反应是一类重要的化学反应。人类的日常生活、工业生产、医药学研究都离不开氧化还原反应。人体内营养物质的代谢过程实际上就是氧化还原过程，许多临床检验诊断、评估疾病进程和治疗疾病的工作也都涉及氧化还原反应。

第一节 氧化还原反应的基本概念

一、氧化数

氧化数又称为氧化值，是指在单质或化合物中，假设将成键电子对指定给成键原子中电负性较大的一方，这样所得的某元素一个原子的电荷数就是该元素的氧化数。可见，氧化数是有一定人为性、经验性的概念，是按一定规则指定了的数字，用来表征元素在化合状态时的形式电荷数（或表观电荷数）。例如，在 HCl 中，Cl 的电负性比 H 大，因此 Cl 的氧化数为-1，H 的氧化数为$+1$。

根据氧化数的定义，确定氧化数的方法及规则总结如下：

1. 单质中元素的氧化数为零。

2. H 在化合物中的氧化数一般为$+1$，在活泼金属的氢化物（如 KH、CaH$_2$ 等）中，氢原子的氧化数为-1。

3. 在化合物中，氧原子的氧化数一般为-2，但在过氧化物（如 Na$_2$O$_2$、H$_2$O$_2$）中氧的氧化数为-1，在超氧化物中为$-\frac{1}{2}$，在 OF$_2$ 中为$+2$。

4. 由单原子构成的离子的电荷等于其氧化数。复杂离子的电荷等于其中各原子的氧化数的代数和。电中性共价分子中各原子的氧化数的代数和为零。

5. 所有氟化物中，氟原子的氧化数为-1。

由上述规则,可以计算各种化合物中原子的氧化数。

例5-1 试计算 CO_2 与 $C_2O_4^{2-}$ 中 C 的氧化数,Fe_2O_3 及 Fe_3O_4 中 Fe 的氧化数。

解 CO_2 中 C 的氧化数为 x,O 的氧化数为 -2,则 $x+2\times(-2)=0$,$x=+4$;

$C_2O_4^{2-}$ 中 C 的氧化数为 x,O 的氧化数为 -2,则 $2x+4\times(-2)=-2$,$x=+3$;

Fe_2O_3 中 Fe 的氧化数为 x,O 的氧化数为 -2,则 $2x+3\times(-2)=0$,$x=+3$;

Fe_3O_4 中 Fe 的氧化数为 x,O 的氧化数为 -2,则 $3x+4\times(-2)=0$,$x=+\dfrac{8}{3}$。

知识拓展

氧化数和化合价既有联系,又有区别。对于离子化合物,化合价和氧化数在数值上相同;对于共价化合物,平均氧化数可以是整数也可以是分数,而化合价只能是整数;同一物质中同种元素的氧化数和化合价的数值不一定相同,例如:Fe_3O_4 中 Fe 的化合价为一个 $+2$ 价,两个 $+3$ 价,而 Fe 的平均氧化数是 $+\dfrac{8}{3}$。

注意在书写氧化数时,应写在该原子的元素符号的正上方,正负号写于数值之前,如 $\overset{+4}{C}O_2$,$\overset{+3}{C_2}O_4^{2-}$。而离子的电荷,则应将正负号写于数值之后,如 Mn^{2+}、Fe^{3+} 等。

二、氧化还原反应的概念

根据氧化数的概念,氧化还原反应是指某些元素的原子的氧化数发生改变的反应。氧化反应是指氧化数增高的过程,还原反应是指氧化数降低的过程。氧化与还原反应总是同时发生。在氧化还原反应物中,氧化数升高的物质称为还原剂,其反应产物称为氧化产物;氧化数降低的物质称为氧化剂,其反应产物称为还原产物。

例如:氧化还原反应

$$2KMnO_4+10FeSO_4+8H_2SO_4 \Longrightarrow 2MnSO_4+5Fe_2(SO_4)_3+K_2SO_4+8H_2O$$

$KMnO_4$ 为氧化剂,发生了还原反应,其还原产物为 $MnSO_4$;$FeSO_4$ 是还原剂,发生了氧化反应,$Fe_2(SO_4)_3$ 是氧化产物。

氧化还原反应一般可看作由两个半反应构成,这两个半反应分别是氧化半反应和还原半反应,两者相互依存,同时存在于同一反应中。例如氧化还原反应:$Zn(s)+Cu^{2+}(aq) \Longrightarrow Zn^{2+}(aq)+Cu(s)$,可看作由锌的氧化半反应 $Zn(s)-2e^- \Longrightarrow Zn^{2+}(aq)$ 和铜离子的还原半反应 $Cu^{2+}(aq)+2e^- \Longrightarrow Cu(s)$ 构成的。由此可见,氧化反应是指还原性物质(即还原剂)失去电子的过程,还原反应是指氧化性物质(即氧化剂)接受电子的过程。在氧化还原反应中,还原剂失去电子被氧化,氧化剂得到电子被还原,氧化剂与还原剂之间得失电子数相等。每一个半反应中的氧化型物质和还原型物质成对出现,称为氧化还原电对,通常表示为:氧化型/还原型(Ox/Red),如锌电对是 Zn^{2+}/Zn;铜电对是 Cu^{2+}/Cu。氧化还原半反应的通式可以写成

$$氧化型+ne^- \Longrightarrow 还原型$$

或

$$a\text{Ox}+ne^- \Longrightarrow b\text{Red}$$

式中 n 为配平后的半反应中电子转移的数目。

在氧化还原电对中,氧化型物质的氧化能力与还原型物质的还原能力是相对的。氧化型物质的氧化能力越强,对应的还原型物质的还原能力就越弱;反之,氧化型物质的氧化能力越弱,对应的还原型物质的还原能力就越强。例如:电对 F_2/F^- 中,F_2 是强氧化剂,则 F^- 是弱还原剂;电对 Na^+/Na 中,Na 是强还原剂,则 Na^+ 是弱氧化剂。

知识拓展

当溶液中的介质参与氧化还原半反应时,虽然这些物质在反应中未得失电子,但为了维持反应中原子种类和数目的守恒,也应写入半反应中。例如半反应

$$MnO_4^-(aq)+8H^+(aq)+5e^- \rightleftharpoons Mn^{2+}(aq)+4H_2O(l)$$

氧化还原电对表示为:$MnO_4^-,H^+/Mn^{2+}$。

在离子化合物之间进行的氧化还原反应,电子转移的方向和数目是容易判断的。而在共价化合物间进行的氧化还原反应,只发生了电子对的偏移,电子转移的方向和数目不易判断。例如:

乙醇的氧化　　$2CH_3CH_2OH+O_2 \longrightarrow 2CH_3CHO+2H_2O$

葡萄糖的氧化　　$C_6H_{12}O_6+6O_2 \longrightarrow 6CO_2+6H_2O$

因此,化学上常以反应前后元素的氧化数的改变作为判别氧化、还原的依据。

三、氧化还原反应方程式的配平

氧化还原反应体系一般较为复杂,除氧化剂和还原剂外还有介质参与,给氧化还原反应的配平造成了很大的困难。氧化还原反应常用的配平法有氧化数法和离子-电子法。

（一）氧化数法

1. 配平原则

（1）元素原子氧化数升高的总数等于元素原子的氧化数降低的总数。

（2）反应前后各元素的原子总数相等。

2. 配平步骤

（1）写出反应物和产物的化学式,标出发生氧化反应和还原反应的元素反应前后的氧化数。如:

$$\overset{0}{C} + H\overset{+5}{N}O_3 \longrightarrow \overset{+4}{N}O_2 + \overset{+4}{C}O_2 + H_2O$$

（2）标出反应前后元素氧化数的变化。如:

氧化数升高4

$$\overset{0}{C} + H\overset{+5}{N}O_3 \longrightarrow \overset{+4}{N}O_2 + \overset{+4}{C}O_2 + H_2O$$

氧化数降低1

（3）依据电子守恒,使氧化数升高和降低的总数相等。如:

氧化数升高4×1

$$\overset{0}{C} + H\overset{+5}{N}O_3 \longrightarrow \overset{+4}{N}O_2 + \overset{+4}{C}O_2 + H_2O$$

氧化数降低1×4

（4）配系数:用观察法配平其他物质的化学计量数,配平后,把单线改成等号。

$$C+4HNO_3 \Longrightarrow 4NO_2\uparrow +CO_2\uparrow +2H_2O$$

氧化数法简便、快速,既适用于水溶液中的氧化还原反应,也适用于非水体系的氧化还原反应。

（二）离子-电子法

离子-电子法配平氧化还原反应方程式首先要明确氧化还原的两个半反应,再根据物料守恒和电荷守恒原则进行配平。现以在酸性条件下,高锰酸钾与硫酸亚铁的反应方程式的配平为例。

1. 根据实验事实写出相应的离子方程式

$$Fe^{2+}(aq)+MnO_4^-(aq)+H^+(aq)\longrightarrow Mn^{2+}(aq)+Fe^{3+}(aq)+H_2O(l)$$

2. 将离子方程式拆分为两个氧化还原半反应

$$氧化反应:Fe^{2+}(aq)\longrightarrow Fe^{3+}(aq)$$

$$还原反应:MnO_4^-(aq)\longrightarrow Mn^{2+}(aq)$$

3. 分别配平半反应式,使半反应两边原子数目和电荷数均相等　如果反应是在酸性或碱性介质中进行的,在配平半反应时,根据反应所处的介质条件,需要添加 H^+、OH^- 或 H_2O 进行配平。

$$氧化反应:Fe^{2+}(aq)-e^-\Longrightarrow Fe^{3+}(aq) \tag{1}$$

$$还原反应:MnO_4^-(aq)+8H^+(aq)+5e^-\Longrightarrow Mn^{2+}(aq)+4H_2O(l) \tag{2}$$

4. 配平离子方程式　根据氧化剂和还原剂得失电子数相等的原则,两个半反应分别乘以得失电子的最小公倍数,再两式相加,得到配平的离子方程式。

$$(1)\times10:Fe^{2+}(aq)-e^-\Longrightarrow Fe^{3+}(aq)$$

$$+\quad (2)\times2:MnO_4^-(aq)+8H^+(aq)+5e^-\Longrightarrow Mn^{2+}(aq)+4H_2O(l)$$

$$\overline{10Fe^{2+}(aq)+2MnO_4^-(aq)+16H^+(aq)\Longrightarrow 10Fe^{3+}(aq)+2Mn^{2+}(aq)+8H_2O(l)}$$

5. 配平氧化还原反应方程式　最后添加不参与氧化还原反应的离子,按照物料守恒的原则,观察确定其他物质的系数。

$$10FeSO_4+2KMnO_4+8H_2SO_4\Longrightarrow 2MnSO_4+5Fe_2(SO_4)_3+K_2SO_4+8H_2O$$

离子-电子法的特点是不需要计算元素的氧化数,但此法仅适用于水溶液中进行的反应,而且要特别注意有含氧酸根参与的半反应在不同介质中的配平方法的差异。

第二节　电极电势

一、原电池

在手机应用繁多的今天,如果没有更好的电力支持、是不能为用户带来更好的智能时代体验。从镍镉电池到镍氢电池再到锂离子以及今天的聚合物锂离子电池。电池的发展一直都在向着更加环保、续航能力更强的路线前进着。目前来看,手机用的电池主要以锂离子电池为主。锂电池的充电、放电的原理是什么?锂电池为什么可以将化学能转化为电能,又可以将电能转化为化学能?

原电池是利用氧化还原反应,将化学能转变为电能的装置。铜锌电池是一种常见的原电池(图5-1)。

（一）原电池的基本概念

从图5-1可以看出,锌片和铜片分别插入 $ZnSO_4$ 和 $CuSO_4$ 溶液,氧化还原反应的两个半反应在不同容器中进行,两种溶液用盐桥连接起来。盐桥通常为 U 形管,内盛饱和 KCl 溶液的琼脂凝胶。当两个金属片用导线连接时,就有电流通过。电子由 Zn 片经导线流向 Cu 片。Zn 片为负极,Cu 片为正极。两个电极间的电势差是产生电流的原因。当电路中电流趋近零时,两个电极间电势差值最大,称为电池的电动势,用符号 $E_{池}$ 表示,单位为伏特(V)。正负电极的电势称为电极电势,用符号 $\varphi(M^{n+}/M)$ 表

文本:案例
讨论分析

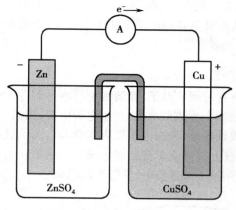

图 5-1　铜锌电池的示意图

示。电池电动势 $E_{池}$ 为正负电极的电极电势之差。原电池的电动势可以用电位计测量,原电池的电动势为正值。

$$E = \varphi_+ - \varphi_- \qquad (5-1)$$

原电池由两个半电池组成。半电池中的电子导体称为电极,流出电子的电极称为负极,接受电子的电极称为正极。负极失去电子,发生氧化反应;正极得到电子,发生还原反应。在铜-锌原电池中,正负极上分别发生如下反应:

负极反应　$Zn(s) - 2e^- \rightleftharpoons Zn^{2+}(aq)$　（氧化反应）

正极反应　$Cu^{2+}(aq) + 2e^- \rightleftharpoons Cu(s)$　（还原反应）

因为上述反应分别发生于一个电极上,故称为电极反应,或称为半电池反应,可统一表示为:氧化型 $+ ne^- \longrightarrow$ 还原型。

由正极反应和负极反应构成的总的氧化还原反应,称为电池反应。铜-锌原电池的电池反应式为:

$$Zn(s) + Cu^{2+}(aq) \rightleftharpoons Zn^{2+}(aq) + Cu(s)$$

视频:盐桥的作用

（二）原电池的符号

原电池的组成可以用电池组成式(也称为电池符号)表示。铜锌电池的电池符号是

$$(-)Zn(s) \mid Zn^{2+}(aq) \parallel Cu^{2+}(aq) \mid Cu(s)(+)$$

书写原电池的符号方法如下:

1. 负极写在左,正极写在右,用符号(-)、(+)表示。用双竖线"∥"表示盐桥。

2. 用单竖线"∣"表示不同相物质间的相界面,同一相中不同物质间用逗号","隔开。溶液的浓度、气体的压力也应标明。

3. 半电池中的溶液紧靠盐桥,电极导体远离盐桥,固体、气体物质紧靠电极导体。如果电极中没有电极导体,应外加一个惰性电极导体,惰性电极不参与电极反应,如:金属铂(Pt)或石墨。

4. 各物质的状态、溶液中溶质的浓度、气体的分压和温度用括号在后面注明。当溶质浓度为 1mol/L,气体分压为 100kPa,温度为 298.15K 时可不标注。

例 5-2　将下列自发进行的氧化还原反应设计成原电池,写出电极反应及原电池的电池符号。

$$10I^-(aq) + 2MnO_4^-(aq) + 16H^+(aq) \rightleftharpoons 5I_2(s) + 2Mn^{2+}(aq) + 8H_2O(l)$$

解　此原电池的电极反应为:

负极反应　　　　　$2I^-(aq) - 2e^- \rightleftharpoons I_2(s)$　　　　　　　　（氧化反应）

正极反应　$MnO_4^-(aq) + 8H^+(aq) + 5e^- \rightleftharpoons Mn^{2+}(aq) + 4H_2O(l)$　（还原反应）

电池的符号为

$$(-)Pt(s) \mid I_2(s) \mid I^-(c_1) \parallel H^+(c_2), Mn^{2+}(c_3), MnO_4^-(c_4) \mid Pt(s)(+)$$

因为电池反应物质中没有可作电极导体的,需加入惰性电极 Pt 作为导体。I_2 为固体,写在 Pt 电极一侧。

文本:电极类型

二、电极电势的产生与标准氢电极

（一）电极电势的产生

如同水的流动是由于存在着水位差一样,铜锌电池中,电流能从 Cu 片经外电路流向 Zn 片,说明在两电极之间存在着一定的电势差,即 Cu 电极的电极电势高于 Zn 电极的电极电势。为何不同电极具有不同的电势?1889 年能斯特用双电层理论对此作了说明。

在 Zn 与 $ZnSO_4$ 溶液组成的半电池中,由于受溶液中水分子的作用,Zn 原子将失去电子变为水合 Zn^{2+} 离子进入溶液。同时,溶液中的水合 Zn^{2+} 离子也可以从电极上获得电子沉积于电极上,于是在电极与溶液间存在如下平衡:

$$Zn(s) \Longleftrightarrow Zn^{2+}(aq) + 2e^-$$

由于 Zn 活泼,易于失去电子而进入溶液,Zn 电极上将有过剩的电子,而溶液中将有过剩的正电荷。带有负电的电极将吸引溶液中过剩的正电荷,在电极表面上形成双电层,产生电极电势,见图 5-2(a)。而在 Cu 与 $CuSO_4$ 溶液组成的半电池中,由于 Cu 活泼性较差,失去电子变为水合 Cu^{2+} 离子进入溶液的倾向较小,而溶液中的水合 Cu^{2+} 离子则较易于从电极上获得电子沉积于电极上。结果在电极与溶液的界面上也会产生双电层,不过电极一侧带正电,而溶液一侧带负电,见图 5-2(b)。

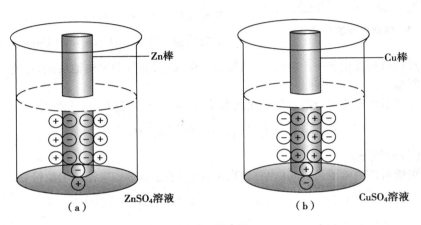

图 5-2　双电层

双电层电势差的存在将阻止金属原子继续进入溶液,或阻止金属的水合离子继续在电极上沉积,电极与溶液间可很快达到溶解沉积平衡。当两个半电池用导线和盐桥连接起来时,这种平衡状态就被破坏。在铜锌原电池中,Zn 片上过剩的电子从外电路流向正电荷过剩的 Cu 片,产生电流,同时伴有 Zn 的不断溶解和 Cu^{2+} 的不断沉积。

在电极与溶液界面双电层的电势差,称为电极电势,用 $\varphi(M^{n+}/M)$ 表示,单位为伏特(V)。电极电势的高低与金属的活泼性有关,也与溶液中金属离子的浓度以及温度等因素有关。用电位计可测定原电池中两个电极的电势之差,即电池的电动势,并能确定原电池的正负极,但是不能确定各电极的电极电势的绝对数值。

(二)标准氢电极

尽管电极电势的绝对值无法测得,但实际上只要有电极电势的相对值即可。而测量电极电势需要选定一个共同标准。IUPAC 选定标准氢电极作为电极电势的比较标准,以确定各种电极的相对电极电势值。

标准氢电极的组成见图 5-3。将镀有一层疏松多孔的铂黑的铂片浸入 H^+ 浓度为 1.0mol/L(实际上是 H^+ 活度为 1)的酸溶液中,在指定温度下,不断地向电极表面通入纯 H_2 流,使其压力为 100kPa。电极反应为 $2H^+(1.0mol/L) + 2e^- \Longleftrightarrow H_2(100kPa)$

这时,电极与溶液界面上产生的电势差,就是标准氢电极的电极电势。IUPAC 规定,在 298.15K 时,标准氢电极的电极电势为零,即 $\varphi^{\ominus}(H^+/H_2) = 0.000\ 0V$,电极符号为:$Pt \mid H_2(100kPa) \mid H^+(1.0mol/L)$。

标准氢电极虽然稳定,但操作麻烦,所以普通实验室常用重现性好又比较稳定的甘汞电极作为比较标准,见图 5-4。甘汞电极是由金属汞和 Hg_2Cl_2 及 KCl 溶液组成的电极。电极反应式为:$Hg_2Cl_2(s) + 2e^- \Longleftrightarrow 2Hg(l) + 2Cl^-(aq)$,电极符号为:$Pt \mid Hg(l) \mid Hg_2Cl_2(s) \mid KCl(aq 饱和)$。此电极的电极电势只与其内部氯离子浓度有关,经常使用的是氯化钾饱和溶液,所以又称为饱和甘汞电极,298.15K 时饱和甘汞电极的电极电势为 0.241 2V。

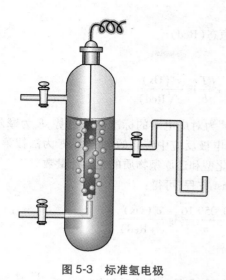

图 5-3　标准氢电极

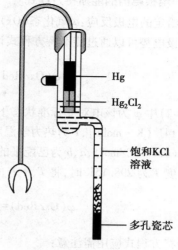

图 5-4　饱和甘汞电极

Hg
Hg_2Cl_2
饱和KCl溶液
多孔瓷芯

三、标准电极电势

按照化学热力学标准态的规定,当组成电极的各物质的浓度为 1.0mol/L(严格说是活度为 1),若有气体参与反应,气体的分压为 100kPa,电极处于标准状态,称为标准电极。电极在标准状态下的电极电势,称为标准电极电势,用符号 $\varphi^{\ominus}(Ox/Red)$ 表示。

根据 IUPAC 的建议,定义任何电极的标准电极电势为以下电池的标准电动势:

$$(-)Pt(s)\mid H_2(100kPa)\mid H^+(c=1mol/L)\parallel M^{n+}(c=1mol/L)\mid M(s)(+)$$

规定电子从外电路由标准氢电极流向待测电极的电极电势为正号,电子通过外电路由待测电极流向标准氢电极的电极电势为负号。

例如,标准氢电极与铜电极组成原电池,当 Cu^{2+} 浓度为 1mol/L 时,测得电池电动势 $E=0.314\,9V$,铜电极为正极,氢电极为负极。因此铜电极的标准电极电势为 0.341 9V,即 $\varphi^{\ominus}(Cu^{2+}/Cu)=0.341\,9V$。其他电极的标准电极电势也可以用类似方法测定。

将标准电极的电极电势由高到低的顺序排列,即得标准电极电势表,见附录六或某些物理化学手册。标准电极电势越高,标准状态下,电对中氧化态的氧化性越强;标准电极电势越低,标准状态下,电对中还原态的还原性越强。

使用标准电极电势表应注意:

(1) 标准电极电势是在标准态下的水溶液中测定的,对非水溶液或高温下的固相反应不适用。

(2) 标准电极电势的数值和符号,不因电极反应的书写方式而改变。例如,不管电极反应是按 $Cu^{2+}(aq)+2e^-\rightleftharpoons Cu(s)$ 还是按 $Cu(s)-2e^-\rightleftharpoons Cu^{2+}(aq)$ 进行,$\varphi^{\ominus}(Cu^{2+}/Cu)=0.341\,9V$ 不变。

(3) 电极的标准电极电势是强度性质,与物质的量无关,例如,反应 $Br_2(l)+2e^-\rightleftharpoons 2Br^-(aq)$ 和 $\frac{1}{2}Br_2(l)+e^-\rightleftharpoons Br^-(aq)$,$\varphi^{\ominus}(Br_2/Br^-)=1.066V$。

(4) 部分电极电势数值与反应体系酸碱性有关,例如 MnO_4^- 在酸性、中性和碱性条件下的标准电极电势都不同,标准电极电势表有酸表和碱表,注意区分。

四、浓度对电极电势的影响——能斯特方程

电极电势的大小除了与电对的本性有关外,还与溶液的温度、浓度及 pH 等因素有关。标准电极电势只表示在标准状态下,各种氧化剂和还原剂的相对强弱。在非标准状态下,不能仅从 $\varphi^{\ominus}$ 值的大小判断氧化剂和还原剂的强弱,还应考虑其他因素对氧化和还原能力的影响。德国化学家能斯特(Nernst)推导出电极电势与反应温度、浓度之间的定量关系。

笔记

（一）电极电势的能斯特方程式

对于给定的电极反应：a 氧化态（Ox）$+ne^- \rightleftharpoons b$ 还原态（Red）

其电极电势可以通过能斯特方程式计算：

$$\varphi(\text{Ox/Red}) = \varphi^{\ominus}(\text{Ox/Red}) + \frac{RT}{nF}\ln\frac{c^a(\text{Ox})}{c^b(\text{Red})} \tag{5-2}$$

式（5-2）中 φ 为该电对非标准状态下的电极电势，$\varphi^{\ominus}$ 为对应电对的标准电极电势，R 为摩尔气体常数 $[8.314\text{J}/(\text{K}\cdot\text{mol})]$，$T$ 为热力学温度，单位 K，n 为电极反应中转移的电子数，F 为法拉第（Faraday）常数（96 485C/mol），a、b 为已配平的电极反应中氧化型和还原型物质的化学计量数。

当温度 T 为 298.15K 时，将 T、R、F 的数值代入 Nernst 方程，可得：

$$\varphi(\text{Ox/Red}) = \varphi^{\ominus}(\text{Ox/Red}) + \frac{0.059\,16}{n}\lg\frac{c^a(\text{Ox})}{c^b(\text{Red})} \tag{5-3}$$

能斯特方程式应用需注意：

（1）能斯特方程式中的离子浓度是用相对浓度 $\dfrac{c}{c^{\ominus}}$ 表示，若是气体物质用相对分压 $\dfrac{p}{p^{\ominus}}$ 表示。

（2）纯固体、纯液体不写入方程式。

（3）电极反应中的介质如 H^+、OH^- 等参与反应，其浓度也要写在方程式中。

例 5-3　写出下列电极反应式在 298.15K 时对应的能斯特方程式。

（1）$Zn^{2+}(aq)+2e^- \rightleftharpoons Zn(s)$

（2）$O_2(g)+4H^+(aq)+4e^- \rightleftharpoons 2H_2O(l)$

解　根据公式（5-2）可得：

（1）$Zn^{2+}(aq)+2e^- \rightleftharpoons Zn(s)$　　$\varphi(Zn^{2+}/Zn) = \varphi^{\ominus}(Zn^{2+}/Zn) + \dfrac{0.059\,16}{2}\lg c(Zn^{2+})$

（2）$O_2(g)+4H^+(aq)+4e^- \rightleftharpoons 2H_2O(l)$

$$\varphi(O_2/H_2O) = \varphi^{\ominus}(O_2/H_2O) + \frac{0.059\,16}{4}\lg\frac{\dfrac{p(O_2)}{p^{\ominus}}\cdot c^4(H^+)}{1}$$

（二）影响电极电势的因素

1. 浓度对电极电势的影响　从能斯特方程式可知，电极电势取决于电对的标准电极电势，即取决于电对的本性，同时还与温度、电子转移数以及氧化态和还原态的浓度等因素有关。增加氧化态的浓度或减小还原态的浓度，电极反应向右移动，电极电势增高；增加还原态的浓度或减小氧化态的浓度，电极反应向左移动，电极电势降低。

例 5-4　计算 298.15K 时，Fe^{3+} 浓度为 0.01mol/L，Fe^{2+} 浓度为 1.0mol/L，电对 Fe^{3+}/Fe^{2+} 的电极电势。

解　查表知 $\varphi^{\ominus}(Fe^{3+}/Fe^{2+}) = 0.771V$

$$\varphi(Fe^{3+}/Fe^{2+}) = \varphi^{\ominus}(Fe^{3+}/Fe^{2+}) + \frac{0.059\,16}{1}\lg\frac{c(Fe^{3+})}{c(Fe^{2+})}$$

$$= 0.771 + \frac{0.059\,16}{1}\lg(0.01) = 0.653(V)$$

结果表明，当氧化态物质 Fe^{3+} 的浓度由 1mol/L 减小到 0.01mol/L，电极电势由 0.771V 降低到 0.653V，Fe^{3+} 的氧化性减弱。

2. 酸度对电极电势的影响　对于有 H^+ 或 OH^- 等介质参与的电极反应，电对的电极电势除了受氧化态和还原态物质的浓度影响外，还与溶液的酸度有关。

例 5-5　计算 298.15K 电极反应 $Cr_2O_7^{2-}(aq)+14H^+(aq)+6e^- \rightleftharpoons 2Cr^{3+}(aq)+7H_2O(l)$，在 pH = 5

时此电极的电极电势（其他物质均为标准态）。

解 查表知 $\varphi^{\ominus}(Cr_2O_7^{2-}/Cr^{3+}) = 1.232V$

$$\varphi(Cr_2O_7^{2-}/Cr^{3+}) = \varphi^{\ominus}(Cr_2O_7^{2-}/Cr^{3+}) + \frac{0.059\,16}{6}\lg\frac{c(Cr_2O_7^{2-}) \cdot c^{14}(H^+)}{c^2(Cr^{3+})}$$

$$= 1.232 + \frac{0.059\,16}{6}\lg(10^{-5})^{14} = 0.542(V)$$

结果表明，当溶液 pH 越大，电对 $Cr_2O_7^{2-}/Cr^{3+}$ 的电极电势越小，$Cr_2O_7^{2-}$ 氧化性越弱；反之，溶液 pH 越小，电对 $Cr_2O_7^{2-}/Cr^{3+}$ 的电极电势越大，$Cr_2O_7^{2-}$ 的氧化性越强。

（三）电池电动势的能斯特方程式

由电极电势的能斯特方程式可以推导出电池电动势的能斯特方程式。例如，在 298.15K 时，铜锌电池中

电池反应式：$Cu^{2+}(aq) + Zn(s) \Longrightarrow Cu(s) + Zn^{2+}(aq)$

正极反应式：$Cu^{2+}(aq) + 2e^- \Longrightarrow Cu(s)$

$$\varphi(Cu^{2+}/Cu) = \varphi^{\ominus}(Cu^{2+}/Cu) + \frac{0.059\,16}{2}\lg c(Cu^{2+})$$

负极反应式：$Zn^{2+}(aq) + 2e^- \Longrightarrow Zn(s)$

$$\varphi(Zn^{2+}/Zn) = \varphi^{\ominus}(Zn^{2+}/Zn) + \frac{0.059\,16}{2}\lg c(Zn^{2+})$$

$$E = \varphi_+ - \varphi_-$$

$$= \varphi^{\ominus}(Cu^{2+}/Cu) + \frac{0.059\,16}{2}\lg c(Cu^{2+}) - \left[\varphi^{\ominus}(Zn^{2+}/Zn) + \frac{0.059\,16}{2}\lg c(Zn^{2+})\right]$$

$$= \left[\varphi^{\ominus}(Cu^{2+}/Cu) - \varphi^{\ominus}(Zn^{2+}/Zn)\right] - \frac{0.059\,16}{2}\lg\frac{c(Zn^{2+})}{c(Cu^{2+})}$$

$$= E^{\ominus} - \frac{0.059\,16}{2}\lg\frac{c(Zn^{2+})}{c(Cu^{2+})}$$

电池电动势的大小，取决于标准电池电动势 $E^{\ominus}$，也取决于电池反应的浓度商 Q。

对于溶液中的氧化还原反应 $aA(aq) + bB(aq) \Longrightarrow dD(aq) + eE(aq)$ 将其设计成原电池。其电池电动势的能斯特方程式为

$$E = E^{\ominus} - \frac{RT}{nF}\ln\frac{c^d(D) \cdot c^e(E)}{c^a(A) \cdot c^b(B)} \tag{5-4}$$

在 298.15K 时，其原电池的电动势的能斯特方程式为：

$$E = E^{\ominus} - \frac{0.059\,16}{n}\lg\frac{c^d(D) \cdot c^e(E)}{c^a(A) \cdot c^b(B)}$$

即：$$E = E^{\ominus} - \frac{0.591\,6}{n}\lg Q \tag{5-5}$$

例 5-6 将下列氧化还原反应设计成原电池，并写出 298.15K 时，电池电动势的能斯特方程表达式。

$$2MnO_4^-(aq) + 16H^+(aq) + 10Cl^-(aq) \Longrightarrow 5Cl_2(g) + 2Mn^{2+}(aq) + 8H_2O(l)$$

解 电对 MnO_4^-/Mn^{2+} 为原电池正极，电对 Cl_2/Cl^- 为负极。

$$E = E^{\ominus} - \frac{0.059\,16}{n}\lg Q = E^{\ominus} - \frac{0.059\,16}{10}\lg\frac{c^2(\text{Mn}^{2+})\cdot\left[\dfrac{p(\text{Cl}_2)}{100}\right]^5}{c^2(\text{MnO}_4^-)\cdot c^{16}(\text{H}^+)\cdot c^{10}(\text{Cl}^-)}$$

$$= \left[\varphi^{\ominus}(\text{MnO}_4^-/\text{Mn}^{2+}) - \varphi^{\ominus}(\text{Cl}_2/\text{Cl}^-)\right] - \frac{0.591\,6}{10}\lg\frac{c^2(\text{Mn}^{2+})\cdot\left[\dfrac{p(\text{Cl}_2)}{100}\right]^5}{c^2(\text{MnO}_4^-)\,c^{16}(\text{H}^+)\,c^{10}(\text{Cl}^-)}$$

第三节　电极电势的应用

一、判断氧化剂和还原剂的相对强弱

电极电势的大小反映了氧化还原电对中氧化型及还原型物质氧化还原能力的强弱。电极电势愈高,氧化还原电对中氧化型物质得电子能力愈强,是较强的氧化剂;电极电位愈低,电对中还原型物质失电子能力愈强,是较强的还原剂。根据标准电极电势可以直接判断标准状态下氧化剂和还原剂的相对强弱,当电对处于非标准状态时,根据 Nernst 方程计算电对的电极电势,然后再进行比较。

较强氧化剂其电对中对应的还原型物质的还原能力较弱,较强还原剂其电对中对应的氧化型物质的氧化能力较弱。例如标准状态下,$\varphi^{\ominus}(\text{MnO}_4^-/\text{Mn}^{2+}) = 1.507\text{V}$,$\varphi^{\ominus}(\text{Cr}_2\text{O}_7^{2-}/\text{Cr}^{3+}) = 1.232\text{V}$,因此标准状态下 MnO_4^- 的氧化能力比 $\text{Cr}_2\text{O}_7^{2-}$ 强,而 Mn^{2+} 的还原能力比 Cr^{3+} 弱。

例 5-7　比较在水溶液中下列电对的氧化型的氧化能力和还原型的还原能力的大小。

$$\text{Pb}^{2+}(0.01\text{mol/L})/\text{Pb}\,;\text{Fe}^{3+}(0.01\text{mol/L})/\text{Fe}^{2+}(0.10\text{mol/L})\,;\text{H}_2\text{O}_2,\text{H}^+(0.10\text{mol/L})/\text{H}_2\text{O}_\circ$$

解　查表得 $\varphi^{\ominus}(\text{Pb}^{2+}/\text{Pb}) = -0.126\,4\text{V}$;$\varphi^{\ominus}(\text{Fe}^{3+}/\text{Fe}^{2+}) = 0.771\text{V}$;$\varphi^{\ominus}(\text{H}_2\text{O}_2,\text{H}^+/\text{H}_2\text{O}) = 1.776\text{V}_\circ$

$$\varphi(\text{Pb}^{2+}/\text{Pb}) = \varphi^{\ominus}(\text{Pb}^{2+}/\text{Pb}) + \frac{0.059\,16}{2}\lg\frac{c(\text{Pb}^{2+})}{1} = -0.126\,4 + \frac{0.059\,16}{2}\lg\frac{0.01}{1} = -0.186(\text{V})$$

$$\varphi(\text{Fe}^{3+}/\text{Fe}^{2+}) = \varphi^{\ominus}(\text{Fe}^{3+}/\text{Fe}^{2+}) + \frac{0.059\,16}{1}\lg\frac{c(\text{Fe}^{3+})}{c(\text{Fe}^{2+})} = 0.771 + \frac{0.059\,16}{1}\lg\frac{0.01}{0.10} = 0.712(\text{V})$$

$$\varphi(\text{H}_2\text{O}_2,\text{H}^+/\text{H}_2\text{O}) = \varphi^{\ominus}(\text{H}_2\text{O}_2,\text{H}^+/\text{H}_2\text{O}) + \frac{0.059\,16}{2}\lg\frac{c(\text{H}_2\text{O}_2)\,c^2(\text{H}^+)}{c^2(\text{H}_2\text{O})}$$

$$= 1.776 + \frac{0.059\,16}{2}\lg\frac{0.10^2}{1^2} = 1.717(\text{V})$$

因为 $\varphi(\text{H}_2\text{O}_2,\text{H}^+/\text{H}_2\text{O}) > \varphi(\text{Fe}^{3+}/\text{Fe}^{2+}) > \varphi(\text{Pb}^{2+}/\text{Pb})$,所以氧化型氧化能力为 $\text{H}_2\text{O}_2 > \text{Fe}^{3+} > \text{Pb}^{2+}$,还原型还原能力为 $\text{H}_2\text{O} < \text{Fe}^{2+} < \text{Pb}_\circ$

二、判断氧化还原反应进行的方向

任何自发进行的氧化还原反应,原则上都可组成原电池。原电池的电动势是产生电流的原因,也是电池反应进行的推动力。在研究氧化还原反应时,可将反应假想组成原电池,氧化剂电对做正极,还原剂电对做负极,根据电池的电动势 $E = \varphi_+ - \varphi_-$ 判断氧化还原反应的方向。

当 $E > 0$ 时,正向反应自发进行;

当 $E = 0$ 时,处于平衡状态;

当 $E < 0$ 时,正向反应不能自发进行,而逆向反应可自发进行。

例 5-8　在 298.15K 时,判断下列条件时氧化还原反应进行的方向。已知 $\varphi^{\ominus}(\text{Hg}^{2+}/\text{Hg}) = 0.851\text{V}$,$\varphi^{\ominus}(\text{Ag}^+/\text{Ag}) = 0.799\,6\text{V}$。

$$\text{Hg}^{2+}(\text{aq}) + 2\text{Ag}(\text{s}) \Longrightarrow \text{Hg}(\text{l}) + 2\text{Ag}^+(\text{aq})$$

（1）$c(\text{Hg}^{2+}) = c(\text{Ag}^+) = 1.0\text{mol/L}_\circ$

（2）$c(\text{Hg}^{2+}) = 0.001\,0\text{mol/L}$,$c(\text{Ag}^+) = 1.0\text{mol/L}_\circ$

解　（1）根据反应方程式，Hg^{2+}/Hg 作正极，Ag^+/Ag 作负极，在标准状态下有

$$E^{\ominus} = \varphi^{\ominus}(Hg^{2+}/Hg) - \varphi^{\ominus}(Ag^+/Ag) = 0.851 - 0.800 = 0.051(V) > 0$$

因为 $E > 0$，因此，在标准状态下，正向反应自发进行。

（2）非标准状态下自发反应的方向，需要用电池电动势的能斯特方程式求出电池的电动势 E，根据其正负判断自发反应的方向。

$$E = E^{\ominus} - \frac{0.591\,6}{2} \lg \frac{c^2(Ag^+)}{c(Hg^{2+})} = 0.051 - \frac{0.591\,6}{2} \lg \frac{1^2}{0.001\,0} = -0.038(V)$$

因为 $E < 0$，因此，正向反应不能自发进行。与（1）相比，反应物 Hg^{2+} 浓度降低 1 000 倍后，氧化还原反应的方向发生改变。

从电池电动势的能斯特方程式可看出，由于反应商需取对数再乘以 $\frac{0.059\,16}{n}$，因此浓度的改变对电池电动势影响较小。通常，当氧化还原反应的两个电对的 $\varphi^{\ominus}$ 相差较大时（一般大于 0.3V），浓度的改变一般不会改变电池电动势 E 的符号，所以可以直接应用 $E^{\ominus}$ 来判断氧化还原反应进行的方向。当 E 值在 -0.3V 与 0.3V 之间时，不可忽略浓度对电动势的影响，要根据能斯特方程式计算电池电动势 E，并根据其的符号判断自发反应的方向。

三、判断氧化还原反应进行的限度

与其他类型的化学反应一样，氧化还原反应进行的限度（或程度）的理论标志是平衡常数 $K^{\ominus}$。$K^{\ominus}$ 值越大，正向反应进行程度越大；$K^{\ominus}$ 值越小，正向反应进行程度越小，而逆向反应进行的程度越大。

当电池反应达到平衡时，电池电动势 E 等于零，两个半电池电对的电极电势相等。由电池电动势的能斯特方程式，

$$E = E^{\ominus} - \frac{RT}{nF} \ln Q$$

当反应达到平衡时 $E = 0$，且反应商等于平衡常数，即 $Q = K^{\ominus}$，

$$0 = E^{\ominus} - \frac{RT}{nF} \ln K^{\ominus}$$

$$\ln K^{\ominus} = \frac{nFE^{\ominus}}{RT} \tag{5-6}$$

在 298.15K 时，将 $R = 8.314 J/(K \cdot mol)$，$F = 96\,485 C/mol$ 代入得：

$$\lg K^{\ominus} = \frac{nE^{\ominus}_{\text{池}}}{0.059\,16} \tag{5-7}$$

式中 n 表示配平的氧化还原反应中转移的电子数。

氧化还原反应标准平衡常数 $K^{\ominus}$ 的大小与两电对的标准电极电势有关，而与反应物或产物的浓度无关。两电对的标准电极电势相差越大，$K^{\ominus}$ 值越大，反应进行的越完全。

例 5-9　计算 298.15K 时，$Cu^{2+}(aq) + Fe(s) \rightleftharpoons Fe^{2+}(aq) + Cu(s)$ 反应的平衡常数 $K^{\ominus}$。

解　查表得：$\varphi^{\ominus}(Cu^{2+}/Cu) = +0.341\,7V$，$\varphi^{\ominus}(Fe^{2+}/Fe) = -0.447V$。

$$\lg K^{\ominus} = \frac{nE^{\ominus}}{0.059\,16} = \frac{n(\varphi^{\ominus}_+ - \varphi^{\ominus}_-)}{0.059\,16} = \frac{2 \times [0.341\,7 - (-0.447)]}{0.059\,16} = 26.66$$

$$K^{\ominus} = 4.57 \times 10^{26}$$

平衡常数值很大，说明正向反应进行得很完全。

在氧化还原反应中，由于加入沉淀剂、配体或改变溶液的 pH，可引起电池电动势的改变。因此，通过测定电池电动势或利用有关电对的标准电极电势，还可以计算弱酸（或弱碱）的解离常数 K_a（或

K_b）、水的离子积 K_w、配离子的稳定常数 K_s，以及难溶性强电解质的溶度积常数 K_{sp} 等。

例 5-10　根据标准电极电势，计算 298.15K 时，AgCl 的溶度积 K_{sp}。

解　查表得：$Ag^+(aq)+e^- \Longrightarrow Ag(s)$，　　$\varphi^{\ominus}(Ag^+/Ag)=0.7996V$

$AgCl(s)+e^- \Longrightarrow Ag(s)+Cl^-(aq)$，　　$\varphi^{\ominus}(AgCl/Ag)=0.2223V$

根据这两个电极反应组成一原电池

电池反应式为：$Ag^+(aq)+Ag(s)+Cl^-(aq) \Longrightarrow AgCl(s)+Ag(s)$

即：$Ag^+(aq)+Cl^-(aq) \Longrightarrow AgCl(s)$

其电动势为：$E^{\ominus}=\varphi^{\ominus}(Ag^+/Ag)-\varphi^{\ominus}(AgCl/Ag)=0.7996-0.2223=0.5773(V)$

$$\lg K^{\ominus}=\frac{nE^{\ominus}}{0.05916}=\frac{0.5773}{0.05916}=9.76$$

得　　　　　　　　　　　　　　$K^{\ominus}=5.75\times10^9$

AgCl 的溶度积常数 K_{sp}：$K_{sp}=\dfrac{1}{K^{\ominus}}=\dfrac{1}{5.75\times10^9}=1.74\times10^{-10}$

上例中，电池反应中氧化剂和还原剂根据 $\varphi^{\ominus}(Ox/Red)$ 值的高低确定。$\varphi^{\ominus}(Ox/Red)$ 值高的电对的氧化型为氧化剂，$\varphi^{\ominus}(Ox/Red)$ 值低的电对的还原型为还原剂。电池反应式可以由相应的两电极反应式相减直接得到。

本章小结

1. 反应前后有元素的氧化数发生了变化的化学反应为氧化还原反应；其中元素氧化数升高的物质是还原剂，元素氧化数降低的物质是氧化剂。

2. 化学能转变为电能的装置称为原电池。原电池的负极发生氧化反应；正极发生还原反应。原电池中两个电极之间存在的电势差称为电池电动势，用 E 表示。

3. 电极电势产生的双电层理论；IUPAC 规定氢电极的电极电势为零，待测电极与之比较，得到各电极的标准电极电势的相对值。

4. 电对电极电势的大小标志着金属原子或离子得失电子能力的大小。电极的本性、温度、浓度对电极电势的影响遵循能斯特方程。

5. 电极电势的应用：（1）比较氧化剂和还原剂的相对强弱：电极电势越高，氧化型的氧化能力越强，相应还原型的还原能力越弱；（2）判断氧化还原反应进行的方向：电池电动势 $E>0$，正向自发进行；$E<0$，逆向自发进行；$E=0$，氧化还原反应处于平衡状态；（3）判断氧化还原反应进行的限度：$\ln K^{\ominus}=\dfrac{nFE^{\ominus}}{RT}$，原电池的标准电动势 E 越大，则平衡常数越大，反应进行得越完全。

（胡密霞）

扫一扫，测一测

思考题

1. 用离子电子法配平下列方程式

$$K_2Cr_2O_7(aq)+KI(aq)+H_2SO_4(aq) \longrightarrow K_2SO_4(aq)+Cr_2(SO_4)_3(aq)+I_2(s)+H_2O(l)$$

2. 随着溶液 pH 的升高,下列物质的氧化性有何变化?

$$MnO_4^-, Cr_2O_7^{2-}, Cu^{2+}, H_2O_2, Cl_2$$

3. 根据下列电对的电极电势,判断哪个是最强的氧化剂? 哪个是最强的还原剂?

$$Fe^{3+}(aq) + e^- \Longrightarrow Fe^{2+}(aq) \qquad \varphi^\ominus(Fe^{3+}/Fe^{2+}) = 0.771V;$$

$$Cl_2(g) + 2e^- \Longrightarrow 2Cl^-(aq) \qquad \varphi^\ominus(Cl_2/Cl^-) = 1.358V;$$

$$Fe^{2+}(aq) + 2e^- \Longrightarrow Fe(s) \qquad \varphi^\ominus(Fe^{2+}/Fe) = -0.447V;$$

$$Ag^+(aq) + e^- \Longrightarrow Ag(s) \qquad \varphi^\ominus(Ag^+/Ag) = 0.7994V;$$

$$MnO_4^-(aq) + 8H^+(aq) + 5e^- \Longrightarrow Mn^{2+}(aq) + 4H_2O(l) \qquad \varphi^\ominus(MnO_4^-, H^+/Mn^{2+}) = 1.507V_\circ$$

4. 判断下列反应自发进行的方向,并写出电池组成式

（1）$I_2(s) + Fe^{2+}(c^\ominus) \Longrightarrow 2Fe^{3+}(c^\ominus) + 2I^-(c^\ominus)$

（2）$Cu(s) + 2Ag^+(0.10mol/L) \Longrightarrow Cu^{2+}(0.010mol/L) + 2Ag(s)$

5. 将氧化还原反应 $Pb(s) + Sn^{2+}(aq) \Longrightarrow Pb^{2+}(aq) + Sn(s)$ 设计成原电池,并判断标准态下电池的正极和负极,写出电极反应和电池符号。

6. 已知 $\varphi^\ominus(MnO_2/Mn^{2+}) = 1.224V$, $\varphi^\ominus(Cl_2/Cl^-) = 1.358V$,试求反应:

$$MnO_2(s) + 2Cl^-(aq) + 4H^+(aq) \Longrightarrow Mn^{2+}(aq) + Cl_2(g) + 2H_2O(l)$$

（1）标准状态时反应自发进行的方向。

（2）当使用浓盐酸 $[H^+] = [Cl^-] = 12mol/L$, $[Mn^{2+}] = 1mol/L$, $p_{Cl_2} = 100kPa$ 时,反应自发进行的方向。

表 6-2　溶胶与高分子溶液性质比较

性质	溶胶	高分子溶液
分散系	非均匀、多相	均匀、单相
分散相	分子、原子或离子聚集体	单个高分子
溶解性	不溶	可溶
热力学稳定性	不稳定(粒子自动聚集)	稳定(粒子不自动聚集)
形成条件	需稳定剂	自动形成
对电解质敏感性	敏感	不敏感
扩散速率	很慢	很慢
透过性	透过滤纸、不透过半透膜	透过滤纸、不透过半透膜
光学现象	丁达尔现象明显	丁达尔现象弱
黏度	小	大

在无菌、溶剂不蒸发的情况下,高分子溶液可长期放置而不沉淀。其稳定性与真溶液相似。原因是分子中含有许多亲水基团例如—OH、—COOH、—NH$_2$ 等,这些基团有很强的亲水能力,高分子表面能通过氢键与水形成一层牢固的溶剂化膜,因而比溶胶稳定,这也是高分子溶液稳定的主要原因。

只有加入大量的电解质才能破坏溶剂化膜,使高分子化合物失去稳定因素,导致分子相互聚集,从溶液中沉淀析出,像这种加入大量的电解质,使高分子化合物从溶液中沉淀析出的过程称为盐析。利用这一性质可分离蛋白质,例如在血清中分别加入浓度为 2.0mol/L、3.5mol/L 的(NH$_4$)$_2$SO$_4$(称为盐析剂),可使血清中球蛋白、清蛋白分步沉淀而分离。

(三) 高分子化合物溶液的黏度

高分子化合物溶液有大的黏度是因为高分子化合物有线状或分枝状结构,在溶液中能牵引介质使得其运动困难。

影响高分子黏度的因素有:

1. 浓度　浓度增大可以使支链间距离缩短,相互吸引形成网状结构,介质充满网眼导致介质流动困难,黏度增大。

2. 压力　增加压力可以破坏网状结构,黏度降低。压力增大到一定程度后,网状结构完全破坏,黏度就不再随压力的变化而变化。

3. 温度　温度上升,粒子运动加剧,网状结构逐渐破坏,因而造成黏度急剧下降。高分子化合物溶液的黏度下降要比真溶液快很多。

4. 时间　高浓度高分子化合物溶液的黏度随时间的延长逐渐增大。

三、高分子化合物对溶胶的保护作用

在溶胶中加入一定量的高分子溶液,能显著地提高溶胶对电解质的稳定性,这种现象称为高分子溶液对溶胶的保护作用。例如在含有明胶的硝酸银溶液中加入适量的氯化钠溶液,可形成氯化银胶体溶液,而不是沉淀;医用防腐剂蛋白银就是蛋白质保护的银溶胶;医用胃肠道造影的硫酸钡合剂是阿拉伯胶保护的硫酸钡溶胶;医药用的乳剂,一般也是加入高分子溶液来提高其稳定性。

高分子溶液对溶胶的保护作用,是由于加入的高分子化合物被吸附在胶粒的表面,将整个胶粒包裹起来,形成一个保护层。因高分子化合物有很强的溶剂化能力,相当于在胶粒外面又增加了一层溶剂化膜,从而能更有效地阻止胶粒的聚集,大大增强了溶胶的稳定性。

高分子溶液对溶胶的保护作用在人体的生理过程中有着重要的意义。血液中的碳酸钙、磷酸钙等微溶的无机盐类,都是以溶胶形式存在,尽管这些物质的溶解度比在水中提高了近五倍,但仍能稳定存在而不聚沉,原因就是血液中的蛋白质溶液对这些微溶盐起到了保护作用。但当某些肝、肾等疾病使血液中的蛋白质减少时,蛋白质分子的保护作用就会减弱,微溶盐就有可能沉积在肝、肾等器官

图片:高分子化合物对溶胶的保护作用

笔记

中,形成各种结石。

知识拓展

图片:造影
图片

钡餐透视

钡餐的主要成分是硫酸钡($BaSO_4$),还含有一定量的阿拉伯胶等,是一种常用的造影剂,常用于消化道疾病的检查,如胃溃疡等,使用钡餐时,要将其调制成 $BaSO_4$ 胶浆,其成分中的高分子化合物阿拉伯胶对 $BaSO_4$ 胶体起保护作用,使胶浆均匀,有利于造影。

本章小结

1. 表面现象　物质在界面上所产生的物理和化学现象称为表面现象。溶胶的许多性质都与表面现象有关。液体表面存在着一种抵抗扩张的力称为表面张力。表层分子比内层分子多出的能量称为表面能。凡是能降低溶液的表面张力、产生正吸附的物质称为表面活性物质或表面活性剂。表面活性剂在结构上具有亲水和疏水两种基团。

2. 溶胶　溶胶的共同特征是多相、高分散、聚集不稳定性,是热力学不稳定体系。

(1) 光学性质——丁达尔现象:这是溶胶区别于其他分散系的实验事实,是胶粒对光的散射作用形成的。灯检是此性质在医学上的应用。

(2) 动力学性质——布朗运动:是分子热运动的结果。临床上,利用此原理制作人工肾,对尿毒症患者进行血透疗法,除去有害物质。

(3) 电学性质——电泳:在电场中,胶粒在介质中定向移动的现象称为电泳。在临床上,电泳技术用来分离和鉴定各种氨基酸、蛋白质和核酸等物质,为疾病的诊断提供依据。

(4) 胶团结构:①胶团具有双电层结构;②胶核与吸附层构成胶粒,胶粒与扩散层构成胶团;③胶团是电中性的,其分散在液体介质中便形成溶胶。

(5) 溶胶的稳定性和聚沉:溶胶的稳定性是相对的,去除稳定因素后,胶粒就会相互聚集而沉降并析出沉淀,这种现象称为聚沉。引起溶胶聚沉的因素有:加入少量电解质、加入带相反电荷的溶胶和加热。

(6) 凝胶:亲水胶体溶液在温热条件下为黏稠性流动的液体,呈链状分散的高分子形成网状结构,在降低温度时,分散介质水被全部包含在网状结构之中,形成了不流动的半固体状物,此过程称为胶凝。形成的不流动的半固体状物称为凝胶。

3. 高分子溶液　高分子溶液形成时,须经过特有的溶胀过程,溶解过程是可逆的。高分子溶液属于胶体分散系,本质上是真溶液,是均相的热力学稳定体系。高分子中含有—OH、—COOH、—NH$_2$等亲水基团,在表面形成一层牢固的溶剂化膜,是高分子溶液稳定的主要原因。加入大量的电解质才能破坏高分子表面牢固的溶剂化膜,使之失去稳定因素,从溶液中聚沉析出的过程称为盐析。在溶胶中加入一定量的高分子溶液,能将整个胶粒包裹起来,显著地提高溶胶对电解质的稳定性的现象称为高分子溶液对溶胶的保护作用。

(王金铃)

扫一扫,测一测

笔记

思考题

1. 什么是表面活性剂？试从其结构特点说明它能降低溶剂表面张力的原因。

2. 为什么说溶胶是不稳定体系，而实际上又常能相对稳定存在？

3. 硅酸溶胶的胶粒是由硅酸聚合而成。胶核为 SiO_2 分子的聚集体，其表面的 H_2SiO_3 分子可以离解成 SiO_4^{2-} 和 H^+。

$$H_2SiO_3 \rightleftharpoons 2H^+ + SiO_4^{2-}$$

H^+ 离子扩散到介质中去。写出硅胶结构式，指出硅胶的双电层结构及胶粒的电性。

4. 溶胶和高分子溶液同属胶体分散系，它们具有稳定性的原因是什么？用什么方法可以分别破坏它们的稳定性？

5. 将 10ml 0.002mol/L $AgNO_3$ 溶液和 100ml 0.000 5mol/L NaI 溶液混合制备 AgI 溶胶。写出该溶胶的胶团结构，并指出胶粒的电泳方向。

6. 将 0.01mol/L 的 KCl 溶液 12ml 和 0.05mol/L 的 $AgNO_3$ 溶液 100ml 混合以制备 AgCl 溶胶，试写出此溶胶胶团式。现将 $MgSO_4$、$K_3[Fe(CN)_6]$ 及 $AlCl_3$ 等三种电解质的同浓度等体积溶液分别滴加入上述溶胶后，试写出三种电解质对溶胶聚沉能力的大小顺序。

第七章　物质结构基础

学习目标

1. 掌握：四个量子数的取值规律及其意义；多电子原子基态原子核外电子排布和价电子组态；元素电负性；离子键、共价键的特征；sp 型杂化类型及分子空间构型；分子间作用力和氢键的类型及特征。

2. 熟悉：多电子原子基态原子核外电子排布的规律；能级与周期、价电子组态与族、元素分区与电子层结构特征、元素周期律；共价键的基本参数；杂化轨道理论的要点；等性杂化和不等性杂化。

3. 了解：原子核外电子运动的基本特点；离子键、共价键的形成；分子间作用力和氢键对物质某些物理性质的影响。

物质的化学行为归根结底是由其结构决定的，了解物质的性质及其化学反应的规律就需要进一步研究物质结构问题。自然界种类繁多、性质各异的物质都是由分子、原子或离子按一定的成分和比例，以不同方式和一定的空间结构组成的。原子是化学变化中的最小微粒，化学反应的实质是原子的结合和分离，在化学变化过程中原子核并不发生改变，只是原子核外电子的运动状态发生了改变。而分子是由原子组成的，分子内原子间的结合方式及其空间构型是决定分子性质的内在因素。

第一节　核外电子运动状态

一、核外电子运动的特殊性

原子是由原子核和核外电子组成的，而原子核外电子的运动状态及其排布决定了元素的化学性质。

原子核外的电子围绕着原子核不停地高速运动，就像卫星围绕地球的运转。不同的是，宏观物体运动的速度是可以测量的，可根据其运动规律计算出它们在某一时刻所在的位置，并预测出它们的运动轨迹。但是，电子在 1V 电压下的速度达每秒 $5.9 \times 10^5 m/s$，速度极快，而质量非常小，只有 $9.1 \times 10^{-31} kg$。因此，电子在原子内的运动规律与宏观物体的运动规律完全不同，首先，电子运动的能量是不连续的、是分立的，具有量子化特征，所以得到氢原子光谱是线状光谱，不是连续光谱。另外电子的运动不遵循"牛顿力学定律"，没有确定的轨道，不能同时准确地测量或计算出其在某一瞬间所在的位置和速度，而只能知道电子在某一区域内出现概率的大小。而且，核外电子的运动同时具有波粒二象性,类似于光的波粒二象性,光的波粒二象性关系式也适用于电子。这就是核外电子运动的"特殊性"。这种运动的特殊规律也需要用特殊的方式来描述,也就是描述核外电子运动需要用量子力学规律。

下面以最简单的氢原子核外的电子运动为例,说明核外电子的运动状态。假设用一种特殊的照相机,连续不断地拍照一个氢原子,分别在不同时刻给其拍照,每一张照片记录了该时刻核外电子与原子核之间的相对位置(图7-1)。

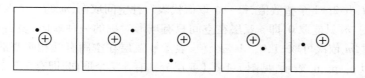

图 7-1　氢原子的瞬间照片

结果显示,每一张照片中电子与原子核之间的相对位置并不相同,电子时而在这里出现,时而在那里出现,毫无规律,好像在氢原子核外做毫无规律的运动。但是,如果将几万张、十几万张甚至几十万张照片叠加起来,可以得到一幅如图7-2的图像。

图中小黑点密集的地方,表示电子在该区域的概率密度大;而小黑点稀疏的地方,表示电子在此区域的概率密度小。电子在核外某一区域内的高速运转,就如同在原子核外蒙上一层带负电的云雾,形象地称为"电子云"。电子云表示了电子在核外空间各区域内的概率密度的大小,是用统计的方法对电子的概率密度的形象化描述。

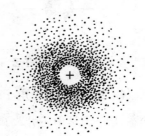

图 7-2　氢原子的电子云

从图7-2中可以看出,氢原子的电子云为球形,离核越近密度越大,离核越远密度越小。表示氢原子核外的电子离核越近,单位体积的空间内出现的概率越多;离核越远,单位体积的空间内出现的概率越少。即氢原子核外的电子主要在一个离核较近的球形空间里运动。

二、核外电子运动状态的描述

电子在核外的一定区域内作高速运动,具有一定的能量。实验证明,核外电子的分层运动是由于能量不同引起的。电子离核的远近,能反映出电子能量的大小,电子离核愈近,能量愈低;离核愈远,能量愈高。量子力学上,说明电子在核外的运动状态用 4 个参数——n、l、m 和 m_s。其中每一个参数反映一个方面的性状,这些参数被称为"量子数"。

1. **主量子数**　用 n 表示,反映了电子在核外空间出现概率最大区域离核的远近,是决定电子能量高低的主要因素。n 可取 1,2,3,4,…任意正整数,n 值越大,电子出现概率最大的区域离核越远,电子的能量也越高。而 n 相同的电子几乎在离核距离相同的空间范围内运动,所以常把 n 相同的电子称为同层电子。根据 $n=1,2,3,4,5,6,7…$,相应称为第一、二、三、四、五、六、七…电子层,也可用 K、L、M、N、O、P、Q…表示(表7-1)。

表 7-1　主量子数和电子层符号

主量子数/n	1	2	3	4	5	6	7	…
电子层	一	二	三	四	五	六	七	…
电子层符号	K	L	M	N	O	P	Q	…

2. **角量子数**　用 l 表示,决定原子轨道的形状,并在多电子原子中与主量子数一起决定电子的能量。l 的取值受 n 的限制,l 可取 $0,1,2,…,(n-1)$,共 n 个整数值,依次用 s、p、d、f…表示。

根据角量子数不同,可将同一电子层分为若干亚层(或称能级),l 的每一个取值对应一个亚层,例如,当 $n=2$,l 可取 0,1,表示在第二电子层上有两个亚层(或两个能级),分别用 2s、2p 表示;当 $n=3$,l 可取 0,1,2,表示在第三电子层上有三个亚层(或三个能级),分别用 3s、3p、3d 表示(表7-2)。

表 7-2 亚层及符号

主量子数/n	1	2	3	4	5	...
角量子数/l	0	0、1	0、1、2	0、1、2、3	0、1、2、3、4	...
电子亚层符号	s	s、p	s、p、d	s、p、d、f	s、p、d、f、g	...

3. **磁量子数** 用 m 表示,反映原子轨道在空间的伸展方向。m 取值受 l 值的限制,可取的数值为 $0,\pm1,\pm2,\pm3,\cdots,\pm l$,共 $2l+1$ 个整数值,每一个取值代表一种空间取向,m 的一个取值就是一个原子轨道。例如,当 $l=0$ 时,m 只能取 0,即 s 亚层在空间只有球形对称的一种取向,表明亚层只有 1 个轨道(图 7-3);当 $l=1$ 时,m 依次可取 $-1,0,+1$ 三个值,表示 p 亚层在空间有互相垂直的 3 个伸展方向,即有 3 个轨道,分别以 p_x、p_y、p_z 表示,见图 7-4;d、f 亚层分别有 5、7 个取向,即有 5、7 个轨道。当 n 和 l 相同时,原子轨道能量相同,称为等价轨道或简并轨道。当量子数 n,l 有确定值时,核外电子运动的亚层就确定了;量子数 n,l 和 m 的合理组合就确定了一个原子轨道。

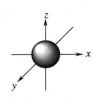

图 7-3 s 电子云

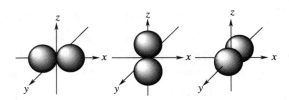

图 7-4 p 电子云形状

4. **自旋量子数** 电子除了绕原子核的高速运动外,还有自旋运动。为描述核外电子"自旋"运动状态,量子力学中还引入了自旋量子数,用 m_s 表示。m_s 的取值只有 $+\frac{1}{2}$ 和 $-\frac{1}{2}$,通常也可分别用"↑"和"↓"表示。2 个电子的自旋处于相同状态称为自旋平行,可用符号"↑↑"和"↓↓"表示;而用"↓↑"或"↑↓"表示电子处于自旋反平行,说明电子的自旋状态相反。

综上所述,原子核外每个电子的运动状态都可用四个量子数(n,l,m,m_s)来描述。n,l 2 个量子数确定亚层;n,l,m 3 个量子数确定了电子在核外的一种空间运动状态,即一个原子轨道;而 n,l,m,m_s 4 个量子数一定时,电子的运动状态就完全确定了。

表 7-3 列出了电子层、电子亚层、原子轨道与 n,l,m 3 个量子数间的关系。

表 7-3 电子层、电子亚层、原子轨道与量子数 n,l,m 之间的关系

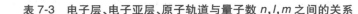

n	电子层	l	电子亚层	m	各状态轨道数	各电子层轨道数	最多容纳电子数
1	K	0	1s	0	1	1	2
2	L	0	2s	0	1	4	8
		1	2p	−1,0,+1	3		
3	M	0	3s	0	1	9	18
		1	3p	−1,0,+1	3		
		2	3d	−2,−1,0,+1,+2	5		
4	N	0	4s	0	1	16	32
		1	4p	−1,0,+1	3		
		2	4d	−2,−1,0,+1,+2	5		
		3	4f	−3,−2,−1,0,+1,+2,+3	7		

例 7-1 推算 $n=3$ 的原子轨道数目,并分别用 3 个量子数 n,l,m 对每个轨道加以描述。

解 $n=3,l$ 有 0,1,2 共 3 种取值:

$l=0,m$ 有一种取值 0;

$l=1,m$ 有三种取值 0,−1,+1;

$l=2,m$ 有五种取值 0,−1,+1,−2,+2。

视频:原子轨道的符号

视频:五个简并 d 轨道

对于每一组 n,l,m 的取值,均对应一个原子轨道,有一个相应的符号表示,表 7-4。

表 7-4 $n=3$ 层 3 个量子数与轨道符号

n	l	m	轨道
3	0	0	3s
		0	$3p_z$
3	1	+1	$3p_x$
		−1	$3p_y$
		+2	$3d_{xy}$
		+1	$3d_{xz}$
3	2	0	$3d_{z^2}$
		−1	$3d_{yz}$
		−2	$3d_{x^2-y^2}$

三、核外电子排布规律

(一)原子轨道的近似能级

多电子原子中各电子层和电子亚层的电子能量是有差异的。将原子中不同的电子层及亚层按能量高低排列成序,像台阶一样,称为能级。

美国化学家鲍林(Pauling)根据光谱实验的结果,总结出多电子原子中轨道能量高低的近似图,称为 Pauling 近似能级图(图 7-5)。

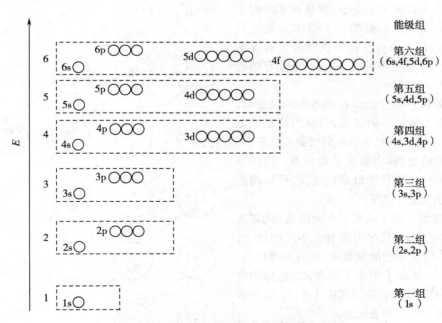

图 7-5 多电子原子轨道的近似能级

图中每个小圆圈代表一个原子轨道,小圆圈位置高低表示能级高低;处在同一水平高度的几个小圆圈,表示能级相同的等价轨道;每个方框代表一个能级组,同一能级组内各能级之间能量相近,不同能级组之间能量相差较大;除第一能级组外,每一能级组都是由 ns 轨道开始并以 np 轨道结束(第一能级组例外,只有 s 轨道),这七个能级组对应周期表中的七个周期。

知识拓展

屏蔽效应和钻穿效应

多电子原子轨道能级与氢原子不同,是由于多电子原子中电子间的排斥所引起的。多电子原子中,外层电子既受到原子核的吸引又受到其余电子的排斥。例如钠原子,其最外层的一个电子,除了受原子核的吸引作用之外,还受到其他电子对它的排斥力作用而削弱核对这个电子的吸引力,相当于抵消了一部分核电荷,这种现象称为屏蔽效应。其中被抵消的核电荷部分称为屏蔽常数 σ。被抵消后剩余部分称为有效核电荷数 Z',$Z' = Z - \sigma$。屏蔽效应使得核对电子的吸引力减弱,电子具有更高的能量。

在 n 相同,l 不同时,l 越小的电子渗入原子内部空间的能力越强,受到的有效核电荷作用更大,越靠近原子核。这种外层电子钻到内层空间,靠近原子核,避开内层电子的屏蔽,使其能量降低的现象称为"钻穿效应"。轨道的钻穿能力通常按 ns、np、nd、nf 的顺序减小,导致主量子数相同的轨道能级按 $E_{ns} < E_{np} < E_{nd} < E_{nf}$ 的顺序分裂。

当 l 相同,n 不同时,n 越大,受到的屏蔽作用越大,轨道的能量越高。即,$E_{1s} < E_{2s} < E_{3s} < E_{4s} < \cdots$;$E_{2p} < E_{3p} < E_{4p} < E_{5p} < \cdots$ 等等。

当 n 和 l 都不同时,还会出现内层轨道的能量高于外层轨道的能量的情况。比如 3d 高于 4s 轨道,4f 高于 6s 轨道等,这种现象称为"能级交错"现象。这是由于屏蔽效应和钻穿效应而造成的。

（二）原子核外电子的排布

多电子原子基态原子核外电子的排布(也称为原子的电子组态)方式遵循以下三规则。

1. 泡利不相容原理　在同一原子中不可能有四个量子数完全相同的两个电子存在,称为泡利不相容原理。或者说在量子数 n、l、m 确定的一个原子轨道上最多可容纳 2 个电子,并且这 2 个电子的自旋方向必须相反。根据这个原理,s 轨道最多可容纳 2 个电子,p、d、f 轨道依次最多可容纳 6、10、14 个电子,并可推知每一电子层可容纳的最多电子数为 $2n^2$。

2. 能量最低原理　电子在进入不同轨道时,总是优先占据能量最低的轨道,只有当能量最低轨道填满后,依次按照原子轨道能级图的次序,填入能量较高的轨道,称为能量最低原理。根据原子轨道的近似能级图和能量最低原理,可以确定出电子填入各轨道的次序(图 7-6)。

3. 洪特规则　电子在能量相同的轨道(即简并轨道)上排布时,总是尽可能分占不同的轨道,且自旋平行以使体系的能量最低,称为洪特规则。

例如,基态 $_7$N 原子的电子排布式(也称为电子组态)为:$1s^2 2s^2 2p_x^1 2p_y^1 2p_z^1$,其中 3 个 2p 电子的运动状态用四个量子数表示为:

$$2,1,0,+\frac{1}{2};\ 2,1,1,+\frac{1}{2};\ 2,1,-1,+\frac{1}{2}$$

基态 $_7$N 原子的轨道表示式为:

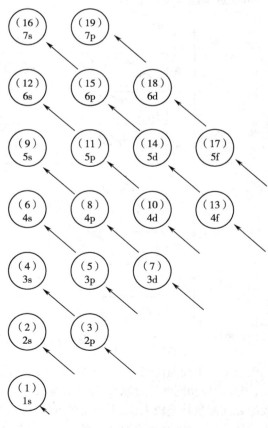

图 7-6　电子排布顺序

	1s	2s	2p		
$_7$N	↑↓	↑↓	↑	↑	↑

笔记

洪特规则特例:在 l 相同的简并轨道上,电子全充满(如 p^6、d^{10}、f^{14}),半充满(如 p^3、d^5、f^7)或全空(如 p^0、d^0、f^0)时,原子的能量低、比较稳定。因此,第四周期中,基态 $_{24}$Cr 原子的电子组态是 $1s^2 2s^2 2p^6 3s^2 3p^6 3d^5 4s^1$,而 $1s^2 2s^2 2p^6 3s^2 3p^6 3d^4 4s^2$ 为非基态;基态 $_{29}$Cu 原子的电子组态是 $1s^2 2s^2 2p^6 3s^2 3p^6 3d^{10} 4s^1$,而 $1s^2 2s^2 2p^6 3s^2 3p^6 3d^9 4s^2$ 为非基态。半充满时,自旋平行的电子数最多。

例 7-2　根据核外电子的排布规则,写出 26 号元素铁的基态电子排布式。

解　根据能量最低原理,将铁的 26 个核外电子从能量最低的 1s 轨道排起,根据泡利不相容原理,每个轨道最多填充 2 个电子,第 3、4 个电子填入 2s 轨道,第 5~10 个电子填入 2p 轨道。再根据能级顺序依次填入 3s、3p 轨道,共填充了 18 个电子。还有 8 个电子,由于能级交错,先在 4s 轨道上填入 2 个电子,剩余的 6 个电子填入 3d 轨道。铁的基态电子排布式为:$1s^2 2s^2 2p^6 3s^2 3p^6 3d^6 4s^2$。

为了避免电子排布式过长,通常可以把内层已达到惰性气体电子层结构的部分写成"原子实"(或"原子芯"),并用这个惰性气体的元素符号加方括号简化表示。如 $_{26}$Fe 的电子排布式可写为 $[Ar]3d^6 4s^2$,$3d^6 4s^2$ 为 Fe 的价层电子构型。$_{29}$Cu 的电子排布式可写为 $[Ar]3d^{10}4s^1$,其价层电子构型为 $3d^{10}4s^1$。

书写离子的电子排布式是在基态原子的电子排布式基础上加上或减去得失的电子数。例如 Fe^{2+}、Fe^{3+} 的电子组态分别为 $[Ar]3d^6$、$[Ar]3d^5$。

第二节　原子的电子层结构与元素周期律

一、原子结构与元素周期律

(一)能级组与周期

具有相同电子层数的元素,按照原子序数递增顺序排列在同一横行,称为一个周期。每一横行称为一个周期,元素周期表共有七个横行,所以共有七个周期(表 7-5)。

表 7-5　能级组与周期的关系

能级组	周期	能级组内原子轨道	元素数目	电子最大容量
I	1	1s	2	2
II	2	2s 2p	8	8
III	3	3s 3p	8	8
IV	4	4s 3d 4p	18	18
V	5	5s 4d 5p	18	18
VI	6	6s 4f 5d 6p	32	32
VII	7	7s 5f 6d 7p	32	32

元素在周期表中所属周期数等于该元素基态原子的电子层数,也等于元素基态原子的最外电子层的主量子数,并且还等于元素基态原子最外电子层所属能级组的组数。

含元素较少的第一、二、三周期称为短周期;含元素较多的第四、五、六、七周期称为长周期。各周期包含元素的数目等于相应能级组中的原子轨道最多容纳的电子总数。比如第七周期对应能级组填满元素后应该为 $7s^2 5d^{10} 6f^{14} 7p^6$,共 32 种元素。

(二)价电子组态与族

在元素周期表中,将基态原子的价层电子组态相似的元素归为一列,称为族,共 18 列,16 族,其中主族、副族各 8 个。主族和副族元素的性质差异与价层电子组态密切相关。

1. **主族**　包括 I A~VIII A 族,其中 VIII A 族又称 0 族。主族元素的内层轨道全充满,最外层电子组态从 ns^1、ns^2 到 $ns^2 np^{1~6}$,最外层同时又是价电子层。最外层电子总数等于族序数,也等于该族元素的最高正氧化数。

2. **副族**　包括 I B~VIII B 族,其中 VIII B 族又称 VIII 族。副族元素的电子结构特征一般是次外层($n-$

1)d 或倒数第三层(n-2)f 轨道上有电子填充,(n-2)f、(n-1)d 和 ns 电子都是副族元素的价层电子。副族的 I B、II B 族由于其(n-1)d 亚层已经填满,所以最外层 ns 亚层上的电子数等于其族数。III B~VIIB 族,族数等于(n-1)d 及 ns 轨道上电子数的总和;VIIIB 族有三列元素,其(n-1)d 及 ns 轨道的电子数之和达到 8~10。第 6、7 周期中的镧系或锕系元素,各有 15 个元素,其电子结构特征是(n-2)f 轨道被填充并最终被填满,(n-1)d 轨道上电子数大多为 1 或 0。

(三)元素分区

元素周期表中的元素除了按周期和族划分外,还可以根据其最后一个电子填充的能级不同划分为 5 个区。各区元素的电子层结构见表 7-6,周期表中元素的 5 个分区的分布见图 7-7。

表 7-6 各区元素的电子层结构

区	价电子层构型	包含的元素
s	$ns^{1\sim2}$	I A~ II A
p	$ns^2np^{1\sim6}$	III A~VIII A
d	$(n-1)d^{1\sim10}ns^{1\sim2}$	III B~VIII B
ds	$(n-1)d^{10}ns^{1\sim2}$	I B~ II B
f	$(n-2)f^{1\sim14}(n-1)d^{0\sim2}ns^2$	La 系和 Ac 系

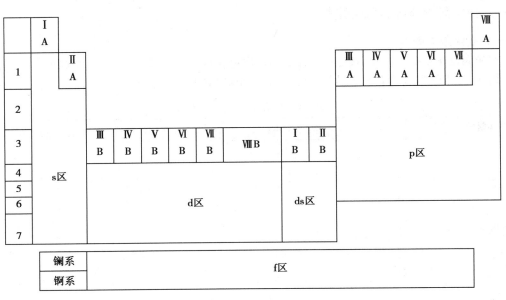

图 7-7 周期表中元素的分区

二、元素基本性质的周期性

(一)原子半径

根据量子力学的观点,原子中的电子在核外运动是呈概率分布的,没有明确的界限,所以严格说来,原子没有固定的半径。通常所说的原子半径,是指处于某种特定环境中,如在晶体、液体、或与其他原子结合成分子时所表现的大小。

原子半径的大小与原子的电子层数、核电荷数等因素有关。通常情况下,同一主族元素从上到下原子半径随着原子电子层数的增加而依次增大。同一副族元素从上到下原子半径总的趋势也增大,但幅度较小。

同一周期从左到右随着原子核电荷数的增多,核对电子的引力增强,故元素的原子半径逐渐减小。由于主族元素的核电荷数增加比过渡元素明显,所以同一周期主族元素的原子半径减小幅度较大。

周期表中各元素的原子半径随原子序数的变化情况见图 7-8。

周期	IA	IIA	IIIB	IVB	VB	VIB	VIIB	VIII			IB	IIB	IIIA	IVA	VA	VIA	VIIA	VIIIA
1	H 30																	He 140
2	Li 152	Be 111.3											B 88	C 77.2	N 70	O 66	F 64	Ne 154
3	Na 186	Mg 160											Al 143.1	Si 117	P 110	S 104	Cl 99	Ar 192
4	K 232	Ca 197	Sc 162	Ti 147	V 134	Cr 128	Mn 127	Fe 126	Co 125	Ni 124	Cu 128	Zu 134	Ga 135	Ge 128	As 121	Se 117	Br 114	Kr 198
5	Rb 248	Sr 215	Y 180	Zr 160	Nb 146	Mo 139	Tc 136	Ru 134	Rh 134	Pd 137	Ag 144	Cd 148.9	In 167	Sn 151	Sb 145	Te 137	I 133	Xe 218
6	Cs 265	Ba 217.3	La 183	Hf 159	Ta 146	W 139	Re 137	Os 135	Ir 135.5	Pt 138.5	Au 144	Hg 151	Tl 170	Pb 175	Bi 154.7	Po 164	At	Rn
7	Fr 270	Ra (220)	Ac															

La 183	Ce 181.8	Pr 182.4	Nd 181.4	Pm 183.4	Sm 180.4	Eu 208.4	Gd 180.4	Tb 177.3	Dy 178.1	Ho 176.2	Er 176.1	Tm 175.9	Yb 193.3	Lu 173.8

注：本表中＝左下部分的金属半径数据摘自 James G. Speight "Lange's Handbook of Chemistry" table 1.31,16th edition 2005。

本表中＝右上部分（除最后一列）的共价半径数据摘自 James G. Speight "Lange's Handbook of Chemistry" table 1.33,16th edition 2005。

本表中最右一列的范德华半径为 Pauling 数据。

图 7-8　原子半径随原子序数的变化

（二）元素电负性

1932 年,鲍林提出元素电负性的概念。元素的电负性是元素的成键原子吸引电子能力大小的量度。常用符号 x 来表示。并指定氟元素的电负性为 4.0,依次算出其他元素的电负性。

元素的电负性越大,表示元素原子在分子中吸引电子的能力越强,非金属性越强;电负性越小,元素原子越倾向于失去电子,金属性越强。电负性在 2.0 以上的元素为非金属元素,在 2.0 以下可元素为金属元素,它们之间没有严格的界限。

同一周期中从左到右元素的电负性逐渐增大,元素的非金属性也逐渐增强;同一主族元素从上至下元素的电负性逐渐减小,元素的金属性逐渐增强。副族元素的电负性变化规律不明显（表 7-7）

表 7-7　元素的电负性(Pauling 值)

IA	IIA	IIIB	IVB	VB	VIB	VIIB	VIII			IB	IIB	IIIA	IVA	VA	VIA	VIIA	VIIIA
H 2.1																	He
Li 1.0	Be 1.5											B 2.0	C 2.5	N 3.0	O 3.5	F 4.0	Ne
Na 0.9	Mg 1.2											Al 1.5	Si 1.8	P 2.1	S 2.5	Cl 3.0	Ar
K 0.8	Ca 1.0	Sc 1.3	Ti 1.5	V 1.6	Cr 1.6	Mn 1.5	Fe 1.8	Co 1.9	Ni 1.9	Cu 1.9	Zn 1.6	Ga 1.6	Ge 1.8	As 2.0	Se 2.4	Br 2.8	Kr
Rb 0.8	Sr 1.0	Y 1.2	Zr 1.4	Nb 1.6	Mo 1.8	Tc 1.9	Ru 2.2	Rh 2.2	Pd 2.2	Ag 1.9	Cd 1.7	In 1.7	Sn 1.8	Sb 1.9	Te 2.1	I 2.5	Xe
Cs 0.7	Ba 0.9	La-Lu 1.0-1.2	Hf 1.3	Ta 1.5	W 1.7	Re 1.9	Os 2.2	Ir 2.2	Pt 2.2	Au 2.4	Hg 1.9	Tl 1.8	Pb 1.9	Bi 1.9	Po 2.0	At 2.2	Rn
Fr 0.7	Ra 0.9	Ac 1.1	Th 1.3	Pa 1.4	U 1.4												

电负性在化学上有比较广泛的应用:①判断化学反应中原子得失电子的能力。当一个电负性大的原子和电负性小的原子发生氧化还原反应时,电负性大的一方获得电子,电负性小的一方失去电子。因此,电负性大的原子氧化能力强,而电负性小的原子还原能力强。②推测与比较元素的金属性强弱。金属元素的电负性小于2,而非金属的电负性则大于2。由此可见,从周期表的左下角到右上角,金属性递减而非金属性递增。显然,在金属和非金属间并没有严格的界限划分。③判断形成化学键的性质。电负性接近的原子,其得失电子的能力接近,因而在反应时倾向于形成共价键。而共价键的极性随电负性差别的增加而增大;对于电负性差别较大的原子进行反应时,则倾向于完全的电子得失,从而形成离子和离子键化合物。对于电负性小的金属元素之间,一般形成金属键。

第三节 分 子 结 构

分子是保持物质化学性质的最小微粒。分子结构对物质的物理性质与化学性质有决定性的作用。分子结构主要研究的是原子间的相互作用和分子的空间构型两方面内容。分子是由原子构成的,原子间以化学键结合形成分子。化学键是指分子(或晶体)中相邻两个或多个原子(或离子)间强烈的相互作用力。化学键包括离子键、共价键和金属键。

一、离子键

(一)离子键的形成

德国物理学家柯塞尔(W. Kossel)在1916年指出,当电负性较小的活泼金属元素的原子与电负性较大的活泼非金属元素的原子相互接近时,金属原子失去最外层电子形成具有8电子(或2电子)惰性结构的带正电荷的阳离子;而非金属原子得到电子形成具有8电子(或2电子)惰性结构的带负电荷的阴离子。阳离子与阴离子之间除了静电相互吸引作用外,还存在电子与电子、原子核与原子核之间的相互排斥作用。当阳离子与阴离子接近到一定距离时,吸引作用和排斥作用达到了平衡,系统的能量降到最低,阳离子与阴离子之间就形成了稳定的化学键,这种阳离子和阴离子之间通过静电作用所形成的化学键称为离子键。以 NaCl 为例,离子键的形成过程可简单表示如下:

$$\left. \begin{array}{l} N\,Na(1s^22s^22p^63s^1) \xrightarrow{-Ne^-} N\,Na^+(1s^22s^22p^6) \\ N\,Cl(1s^22s^22p^63s^23p^5) \xrightarrow{+Ne^-} N\,Cl^-(1s^22s^22p^63s^23p^6) \end{array} \right\} \longrightarrow N\,Na^+Cl^- $$

其中,N 表示原子、离子或电子的数目。

(二)离子键的特征

离子键的特征是既没有方向性,也没有饱和性。

由于离子的电荷分布是球形对称的,它在空间各个方向与带相反电荷的离子的静电作用都是相同的,并不存在某一方向上静电作用更大的问题。因此,阳离子与阴离子可以从各个方向相互接近而形成离子键,所以离子键是没有方向性的。

在形成离子键时,只要空间条件允许,每一个离子可以尽可能多吸引的带相反电荷的离子,并不受离子本身所带电荷的限制,因此离子键是没有饱和性。这并不意味着一个离子周围排列的带相反电荷离子的数目可以是任意的。实际上,在离子晶体中,每一个离子周围排列的相反电荷离子的数目都是固定的。例如,在 NaCl 晶体中,每个 Na^+ 周围有 6 个 Cl^-,每个 Cl^- 周围也有 6 个 Na^+。

形成离子键的必要条件是相互化合的元素原子间的电负性差足够大。元素的电负性差越大,所形成的化学键中离子键成分就越大。一般说来,当两种元素的电负性差大于 1.7 时,它们之间主要形成离子键;当两种元素的电负性差小于 1.7 时,它们之间主要形成共价键。

二、共价键和共价化合物

为了解释当电负性相同或相近的元素的原子相互化合时所形成的化学键的不同,在柯塞尔提出离子键理论的同一年,美国化学家路易斯(G. N. Lewis)指出,当电负性相同或相近的元素的原子相互化合时,原子间并不发生电子的转移,而是由成键原子双方各自提供一个外层的单电子组成共用电子对,形成共价键,分子中参与成键的原子都达到稀有气体原子外层电子组态,这就是经典的共价键理论。

例如 HCl 分子的形成,H 原子与 Cl 原子通过共用一对电子,形成一个共价键,使 H 原子与 Cl 原子都实现了稳定的稀有气体原子外层电子结构;又如 NH_3 分子,N 原子分别与 3 个 H 原子形成 3 对共价键,使 H 原子与 N 原子都实现了稳定的稀有气体原子外层电子结构:

$$:\ddot{O}::\ddot{O}: \qquad H:\ddot{Cl}: \qquad \begin{matrix} H \\ :N:H \\ H \end{matrix}$$

路易斯共价键理论虽然成功解释了电负性相同或相近的元素的原子形成稳定分子的原因,初步揭示了共价键与离子键的区别,但该理论把电子看成是静止不动的负电荷,因而无法解释为什么两个带负电荷的电子不相互排斥反而相互配对成键,也无法回答共价键具有方向性和饱和性以及一些共价分子中有的原子最外层电子数少于 8(如 BF_3 中的 B 为 6 电子)或多于 8(如 PCl_5 中的 P 为 10 电子)仍相当稳定等问题。

(一)氢分子的形成

1927 年,德国化学家海特勒(W. Heitler)和伦敦(F. London)应用量子力学来处理氢分子结构,揭示了共价键的本质。两个氢原子相距较远时,可以看成两个孤立的氢原子。两个氢原子彼此接近时,它们之间的作用渐渐增大,可分两种情况讨论体系能量的变化。第一,当两个具有 $1s^1$ 电子构型的 H 原子相互接近时,如果两个 1s 电子自旋方向相反时,则随着核间距离的减小,两个 H 原子的 1s 轨道发生重叠,在两核间形成电子云密集区。这个电子云密集区相当于一道电子屏障减小了核间正电的排斥力,同时又将两个氢核牢牢地吸引,致使体系能量降低。当两核间的距离 r 达到 74pm 时(理论值 87pm),体系能量最低,处于稳定状态,认为这样的两个氢原子形成氢分子的成键状态,这种状态称为氢分子的基态,见图 7-9a。第二,当两个具有 $1s^1$ 电子构型的 H 原子相互接近时,如果两个 1s 电子自旋方向相同时,则这两个 H 原子相互接近时,核间斥力将增大,两核间的电子云倾向于分布在核的两侧,核间电子云较为稀疏,故体系能量趋于升高而不能成键,这种状态称为氢分子的排斥态,见图 7-9b。

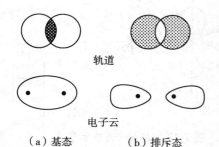

轨道

电子云

(a)基态　　　(b)排斥态

图 7-9 H_2 分子的基态和排斥态

1930 年,鲍林等进一步发展了量子力学对 H_2 分子成键的处理结果,建立了现代价键理论。

(二)价键理论的基本要点

1. 当 2 个原子相互接近时,只有自旋方向相反的 2 个未成对电子可以相互配对,两原子轨道发生重叠,在两原子核之间形成一个电子云密集区域,使体系能量降低,形成稳定的共价键。

2. 1 个成单电子与另一个自旋方向相反的单电子配对成键后就不能再和其他电子配对。1 个原子有几个未成对电子,就能与几个自旋方向相反的未成对电子配对成键。因此,1 个原子所能形成共价键的数目取决于该原子中的未成对电子数目,即共价键具有饱和性。例如,Cl 原子核外有 1 个未成对电子,H 原子核外有 1 个未成对电子,因此,1 个 Cl 原子能与 1 个 H 原子形成 1 个共价键;又如,O 原子核外有 2 个未成对电子,因此,1 个 O 原子能与 2 个 H 原子形成 2 个共价键。

3. 形成共价键时,原子轨道重叠程度越大,核间电子云越密集,形成的共价键越稳定。所以,在形成共价键时,原子轨道的重叠总是尽可能沿着原子轨道最大程度重叠的方向进行,称为原子轨道最大重叠原理。因此共价键具有方向性。

除 s 轨道是球形对称无方向性外,p、d、f 轨道在空间都有一定的伸展方向。因此在形成共价键时,p、d、f 轨道只能在一定方向才能实现最大限度重叠,形成稳定的共价键。例如,H 原子和 Cl 原子形成 HCl 分子时,H 原子的 1s 轨道只有沿着 Cl 原子的含有未成对电子的 $3p_x$ 轨道对称轴方向接近,才能实现原子轨道最大程度的重叠,见图 7-10(a)。其他方向都不能形成稳定的共价键,见图 7-10(b)、图 7-10(c)。

0703
视频:σ 共价
键的形状

0704
视频:π 的
重叠

0705
视频:π 的
特点

图 7-10 HCl 分子成键示意图

（三）共价键的类型

根据成键时原子轨道重叠方式的不同,共价键可分为 σ 键和 π 键两种类型。

1. σ 键 沿键轴方向以"头碰头"的方式进行重叠,重叠后原子轨道沿键轴呈圆柱形对称分布,见图 7-11a,这种共价键称为 σ 键。例如,H_2 分子中的 s-s 重叠,HCl 分子中的 $s-p_x$ 重叠,Cl_2 分子中的 p_x-p_x 重叠都是 σ 键。由于在键轴方向上原子轨道发生最大程度的重叠,因此 σ 键比较稳定,可独立存在于两原子之间。

2. π 键 若两个成键原子中对称轴彼此平行的未成对电子的原子轨道(如 p_y 与 p_y、p_z 与 p_z),沿垂直于键轴方向以"肩并肩"方式进行重叠,重叠部分对通过键轴的某个平面呈镜面反对称分布,见图 7-11b,这样形成的共价键称为 π 键。由于此时原子轨道重叠程度较小,因此 π 键没有 σ 键稳定,不能单独存在,只能与 σ 键共存于双键或叁键的分子中(表 7-8)。

例如,氮原子的电子排布为 $1s^2 2s^2 2p_x^1 2p_y^1 2p_z^1$,3 个 p 电子分别占据 3 个相互垂直的 p 轨道。当 2 个氮原子结合成 N_2 分子时,p_x 轨道沿 x 轴方向以"头碰头"方式重叠形成一个 σ 键,每个氮原子剩下的 2 个成单的 p 电子(p_y 与 p_y 和 p_z 与 p_z)的轨道只能以"肩并肩"的方式重叠,形成 2 个 π 键,见图 7-12。所以,N_2 分子中有 1 个 σ 键和两个 π 键。

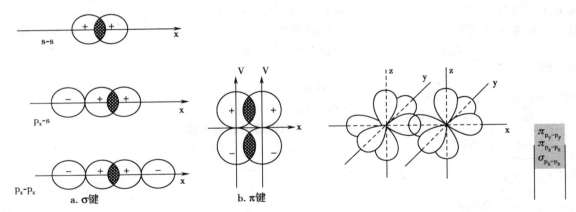

图 7-11 共价键的类型   图 7-12 N_2 分子形成示意图

表 7-8 σ 键和 π 键的特征比较

键类型	σ 键	π 键
原子轨道重叠方式	沿键轴方向相对重叠	沿键轴方向平行重叠
原子轨道重叠部位	两原子核之间,在键轴上	键轴上方和下方
原子轨道重叠程度	较大	较小
键的强度	较大	较小
化学活泼性	不活泼	活泼

（四）正常共价键和配位共价键

根据成键时成键原子的贡献不同,共价键可分为正常共价键和配位共价键两种类型。形成共价键时共用电子对由成键两原子各提供 1 个单电子配对成键的这类共价键称为正常共价键。共用电子对是由某个原子单方面提供的,另一个原子只提供空轨道,这种共价键称为配位共价键,简称配位键。例如,在 CO 分子中,C 原子的 2 个 2p 单电子与 O 原子中 2 个 2p 单电子形成 1 个 σ 键和 1 个 π 键,此外,O 原子中的 1 对 2p 电子还可以进入 C 原子的 1 个 2p 空轨道,形成一个配位键,其结构式可表示为 C≡O。由此可见,要形成配位键必须同时具备两个条件:一个原子的价电子层有孤对电子,另一个原子的价电子层有空轨道。

需要注意的是,配位键和共价键的差别仅仅表现在成键过程中电子对来源不同,成键后,两者就没有差别了。配位键不仅存在于简单分子中,在复杂分子或离子中,特别是在配位化合物中更是普遍存在。

(五)键参数

表征共价键性质的物理量称为键参数。键参数通常指键能、键长、键角和键的极性。

1. 键能 键能是从能量的角度衡量共价键强弱的重要参数。对于双原子分子 AB,键能 E_{A-B} 等于键的解离能 D_{A-B}。单位 kJ/mol。键能一般是指在标准状态下,将 1 摩尔理想气态 AB 分子解离为理想气态 A、B 原子所需的能量。

对于多原子分子,键能和解离能则不同。例如:H_2O 分子中有两个 O—H 键,但每个 O—H 键的解离能是不同的。

$$H—OH(g) \rightarrow H(g) + OH(g) \qquad D_1 = 502 \text{kJ/mol}$$

$$O—H(g) \rightarrow H(g) + O(g) \qquad D_2 = 423.7 \text{kJ/mol}$$

因此 H_2O 分子中的 O—H 键的键能是两个 O—H 键的平均解离能:

$$E = \frac{D_1 + D_2}{2} = \frac{502 + 423.7}{2} = 462.95 (\text{kJ/mol})$$

通常键能越大,键越牢固。表 7-9 是一些双原子分子的键能和某些共价键的平均键能。

表 7-9 一些双原子分子的键能和某些键的平均键能 $E/(\text{kJ/mol})$

分子	键能	分子	键能	共价键	平均值	共价键	平均值
H_2	436	HF	565	C—H	413	N—H	391
F_2	165	HCl	431	C—F	460	N—N	159
Cl_2	247	HBr	366	C—Cl	335	N=N	418
Br_2	193	HI	299	C—Br	289	N≡N	946
I_2	151	NO	286	C—I	230	O—O	143
N_2	946	CO	1071	C—C	346	O=O	495
O_2	493			C=C	610	O—H	463
				C≡C	835		

2. 键长 分子中 2 个成键原子核间的平衡距离称为键长。实验表明,同一类共价键在不同分子中的键长几乎相等。因而可用其平均值即平均键长作为参考。通常键长越短,共价键越牢固。表 7-10 列出了一些共价键的平均键长(pm)。

表 7-10 一些共价键的平均键长/pm

X	C—X	C=X	C≡X	H—X	N—X	N=X
C	154	133	121	109	147	127
N	147	127	115	101	141	124
O	143	121		96	137	122
F	140			92		
Cl	177			128	177	
Br	191			142		
I	212			162		
S	182			135		

　　3. 键角　分子中同一原子形成的2个化学键之间的夹角称为键角。键角是反映分子空间结构的重要参数。例如甲烷分子4个C—H键之间的键角是109°28′,说明甲烷分子的空间构型为正四面体型;CO_2分子2个C—O之间的键角为180°,说明CO_2分子是一个直线形分子。

　　4. 键的极性　键的极性反映了共价键中正、负电荷分布状况,是由于分子中成键原子电负性不同而引起的。根据价键理论,共价键是成键原子间通过共用电子对形成的,当成键原子的电负性相同时,吸引电子的能力相同。因此,核间的电子云密集区域正好在两核的中间位置,此时两个原子核所形成的正电荷重心和所有电子形成的负电荷重心恰好重合,这样的共价键称为非极性共价键。如H_2、O_2、Cl_2分子中的共价键都属于非极性共价键。如果成键原子的电负性不同时,核间的电子云密集区则偏向电负性较大的原子一端,使之带部分负电荷,而电负性较小的原子一端带部分正电荷,此时键的正电荷重心与负电荷重心不会重合,这样的共价键称为极性共价键。如HF、HCl、HBr和HI分子中的共价键都是极性共价键。一般,成键原子的电负性差值越大,键的极性就越大。当成键原子的电负性相差很大时,可以认为成键电子对完全转移到电负性很大的原子上,这时原子转变为离子,形成离子键。因此,从键的极性看,可以认为离子键是最强的极性键,极性共价键是由离子键到非极性共价键之间的一种过渡情况,见表7-11。

表7-11　键型与成键原子电负性差值的关系

物质	NaCl	HF	HCl	HBr	HI	Cl_2
电负性差值	2.1	1.9	0.9	0.7	0.4	0
键型	离子键	极　性　共　价　键				非极性共价键

（六）杂化轨道理论

　　价键理论成功地说明了共价键的形成,解释了共价键的方向性和饱和性,但是不能解释CH_4分子的空间正四面体构型,和H_2O分子中2个O—H键的键角是104°45′而不是90°。为了解释分子的空间构型,美国化学家鲍林在价键理论的基础上提出了杂化轨道理论。杂化轨道理论和价键理论共同构成了现代价键理论,杂化轨道理论在原子成键能力、分子的空间构型等方面更进一步丰富和发展了价键理论,可以对已知空间构型的分子进行合理解释。

　　1. 杂化轨道理论的基本要点

　　（1）在成键的过程中,由于原子间的相互影响,同一原子中几个能量相近、类型不同的原子轨道,可以进行线性组合,重新分配能量和确定空间方向,组成数目等同的新的原子轨道。这种轨道重新组合的过程称为杂化,杂化后形成的新轨道称为杂化轨道。

　　（2）杂化轨道的电子云密集区域在某个方向比杂化前增多,更有利于原子轨道间最大程度的重叠,因而杂化轨道比原来的原子轨道成键能力强。

　　（3）杂化轨道之间在空间取最大夹角分布,使相互之间的排斥能最小,形成的键更稳定。由于不同类型的杂化轨道之间的夹角不同,因此成键后形成的分子具有不同的空间构型。

　　2. 杂化轨道的类型与分子的空间构型　由于参加杂化的原子轨道的种类和数目的不同,可以组成不同类型的杂化轨道。轨道的杂化有s-p和s-p-d两种主要类型。

　　（1）sp杂化:同一个原子中由能量相近的1个ns轨道和1个np轨道参与的杂化,称为sp杂化,所形成的2个轨道称为sp杂化轨道。每个sp杂化轨道各含有$\frac{1}{2}$s轨道成分和$\frac{1}{2}$p轨道成分。2个杂化轨道间的夹角为180°。2个sp杂化轨道的对称轴在同一条直线上,伸展方向相反,见图7-13。因此,当2个sp杂化轨道与其他原子的原子轨道重叠成键时,形成直线型分子。

　　以$BeCl_2$分子的形成为例。基态Be原子的外层电子层结构为$2s^2$,当Be原子与Cl原子接近时,Be原子的外层2s轨道上的1个电子被激发到1个空的2p轨道上形成激发态,电子组态为$2s^1 2p_x^1$,Be原子的1个2s轨道和1个2p轨道进行sp杂化,形成夹角为180°的2个sp杂化轨道。Be原子用2个含有单电子的sp杂化轨道分别与2个Cl原子的$3p_x$轨道重叠,形成2个σ_{sp-p}键。因此,$BeCl_2$是直线

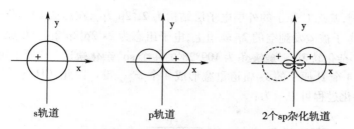

图 7-13 sp 杂化轨道的形成

型分子,见图 7-14。其杂化过程可表示为:

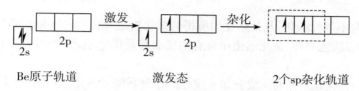

Be原子轨道   激发态   2个sp杂化轨道

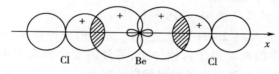

图 7-14 $BeCl_2$ 分子结构

(2)sp^2 杂化:同一个原子中由能量相近的 1 个 ns 轨道和 2 个 np 轨道杂化可组成 3 个 sp^2 杂化轨道。每个 sp^2 杂化轨道含有 $\frac{1}{3}$s 轨道成分,$\frac{2}{3}$p 轨道成分。杂化轨道间的夹角为 120°,3 个 sp^2 杂化轨道呈平面三角形分布,见图 7-15。

以 BF_3 分子的形成为例,基态 B 原子的价电子层结构为 $2s^2 2p_x^1$,在形成 BF_3 分子的过程中,B 原子的 2s 轨道上的 1 个电子被激发到空的 2p 轨道上,电子组态为 $2s^1 2p_x^1 2p_y^1$。B 原子用 1 个 2s 轨道和 2 个 2p 轨道进行 sp^2 杂化,形成夹角为 120°的 3 个 sp^2 杂化轨道。B 原子用 3 个含有单电子的 sp^2 杂化轨道分别与 3 个 F 原子的 $3p_x$ 轨道重叠,形成 3 个 σ_{sp^2-p} 键。所以,BF_3 分子的空间构型是平面三角形,见图 7-16。其杂化过程可表示为

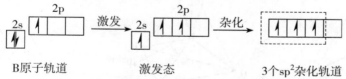

B原子轨道   激发态   3个sp^2杂化轨道

(3)sp^3 杂化:同一个原子中由能量相近的 1 个 ns 轨道和 3 个 np 轨道杂化形成 4 个 sp^3 杂化轨道。每个 sp^3 杂化轨道含有 $\frac{1}{4}$s 轨道成分和 $\frac{3}{4}$p 轨道成分。4 个杂化轨道分别指向正四面体的 4 个顶点,轨道间的夹角均为 109°28′,见图 7-17。

视频:四个 sp^3 杂化轨道

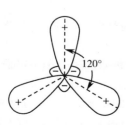

图 7-15 3 个 sp^2 杂化轨道

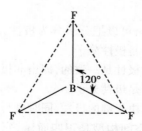

图 7-16 BF_3 分子结构

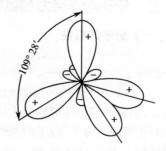

图 7-17 4 个 sp^3 杂化轨道

以 CH_4 分子为例,基态 C 原子的外层电子层结构为 $2s^2 2p_x^1 2p_y^1$,在形成 CH_4 分子的过程中,C 原子的 2s 轨道上的 1 个电子被激发到空的 2p 轨道上,电子组态为 $2s^1 2p_x^1 2p_y^1 2p_z^1$。C 原子的 1 个 2s 轨道和 3 个 2p 轨道进行 sp^3 杂化轨道,形成夹角为 $109°28'$ 的 4 个 sp^3 杂化轨道。C 原子用 4 个含有单电子的 sp^3 杂化轨道分别与 4 个 H 原子的 1s 轨道重叠形成 4 个 σ_{sp^3-s} 键。因此,CH_4 分子的空间构型为正四面体(图 7-18),其杂化过程可表示为:

（4）等性杂化与不等性杂化:凡是杂化后所得的杂化轨道所含 s 成分和 p 成分的比例相同、能量相等、各杂化轨道的形状也一样,杂化轨道中含有的要么都是单电子,要么都未含电子,这类杂化称为等性杂化。

若杂化后所得的杂化轨道所含 s 成分和 p 成分的比例和能量不完全相同,杂化轨道中含有的电子数目也不同,这类杂化称为不等性杂化。

下面用杂化轨道理论解释 H_2O 和 NH_3 的空间构型。

基态 N 的外层电子构型为 $2s^2 2p_x^1 2p_y^1 2p_z^1$,在 NH_3 分子形成过程中,N 采取的是 sp^3 不等性杂化。4 个杂化轨道中被其中的孤对电子占据一个,另外的 3 个未成对电子则分别占据其余的 3 个杂化轨道。由于 sp^3 轨道中的孤对电子对成键电子对有较大的排斥作用,使 N—H 键键角被压缩为 $107°18'$,所以 NH_3 分子中 N—H 键间的夹角为 $107°18'$,NH_3 分子的空间构型为三角锥形,见图 7-19。

同样,在 H_2O 分子中的 O 原子的价电子层构型为 $2s^2 2p_x^2 2p_y^1 2p_z^1$,在形成 H_2O 分子过程中,O 在 H 原子的作用下采取 sp^3 不等性杂化,形成 4 个 sp^3 杂化轨道。其中 2 个杂化轨道各有 1 个单电子,另外 2 个杂化轨道分别被孤对电子所占据。由于孤对电子不参与成键作用,电子云密集于氧原子周围,因此孤对电子对成键电子对所占据的杂化轨道有排斥作用,使 O—H 键键角被压缩,所以 H_2O 分子的键角不是 $109°28'$,而是 $104°45'$。故水分子的空间构型呈 V 形,见图 7-20。

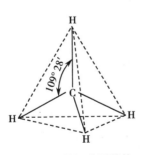

图 7-18 CH_4 分子结构

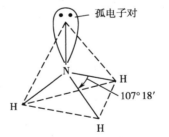

图 7-19 NH_3 分子结构

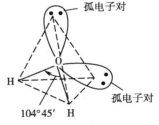

图 7-20 H_2O 分子结构

三、分子间作用力和氢键

（一）分子的极性

根据分子中正、负电荷重心是否重合,可以把分子分为极性分子和非极性分子。正、负电荷重心重合的分子是非极性分子,不重合的分子是极性分子。

对于双原子分子,分子的极性与键的极性是一致的,即由非极性键构成的双原子分子一定是非极性分子,由极性键构成的双原子分子一定是极性分子。

对于多原子分子,分子的极性不仅取决于键的极性,同时也与分子的空间构型有关。例如 CH_4 分子,尽管 C—H 是极性键,但由于 CH_4 的空间构型是正四面体,分子中正、负电荷重心是重合的,因此 CH_4 是非极性分子。而对于三角锥形的 NH_3 分子,由于分子的空间构型是不对称的,此时分子中正、负电荷重心不重合,因此 NH_3 是极性分子。

分子极性的大小可用电偶极矩$(\bar{\mu})$度量,定义为分子中正、负电荷重心间的距离 $\bar{d}$ 与正电荷重心或负电荷重心上所带的电量 q 的乘积

$$\bar{\mu} = q \cdot \bar{d}$$

电偶极矩是一个矢量,它的方向是从正电荷重心指向负电荷重心,单位为 $10^{-30}C \cdot m$。电偶极矩越大表示分子的极性越强,电偶极矩为零的分子是非极性分子。

(二)分子间的作用力

分子间也存在着一种作用力,尽管其作用力比化学键弱,但对物质的许多物理性质如熔点、沸点、溶解度等有重要影响。分子间作用力主要包括范德华力和氢键。

按照分子间作用力产生的原因,可将范德华力分为取向力、诱导力和色散力。

1. **取向力**　极性分子中正、负电荷重心不重合,分子中始终存在一个正极和一个负极,因为它是极性分子所固有,因此把这种偶极称为永久偶极。当两个极性分子相互接近时,因极性分子永久偶极间异极相吸、同极相斥,使分子产生相对旋转,取异极相邻的定向排列,而产生的静电作用称为取向力,见图 7-21。取向力的本质是静电引力,分子间的电偶极矩越大,取向力就愈强。

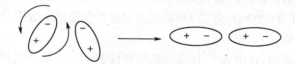

图 7-21　两个极性分子的相互作用示意图

2. **诱导力**　当极性分子与非极性分子相互接近时,极性分子永久偶极产生的电场使非极性分子的电子云变形,非极性分子原来重合的正负电荷重心不再重合而产生诱导偶极,见图 7-22。这种在极性分子的永久偶极与非极性分子的诱导偶极间产生的静电作用称为诱导力。分子越容易变形,它在永久偶极诱导下产生的诱导偶极矩就越大。

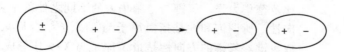

　　非极性分子　　极性分子

图 7-22　极性分子和非极性分子相互作用示意图

除了在极性分子与非极性分子之间存在诱导力外,极性分子与极性分子之间,由于永久偶极间的相互吸引作用,也会产生的诱导偶极,使极性分子的电偶极矩增大,因此极性分子与极性分子之间也存在诱导力。诱导力的本质也是静电引力。

3. **色散力**　对于任何一个分子而言,由于分子中原子核的振动和电子的运动,使分子的正负电荷重心不断地发生瞬间的相对位移,从而产生瞬间偶极。瞬间偶极又可诱导邻近的分子极化,因此每个瞬间偶极必然处于异极相邻状态而相互吸引,见图 7-23。虽然瞬间偶极存在的时间极短,但由于它不断地重复出现,因此分子间作用力始终存在。这种由于瞬间偶极而产生的分子间相互作用力称为色

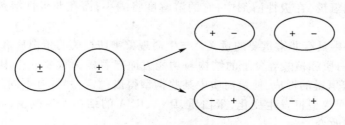

图 7-23　色散力产生示意图

散力。

色散力存在于所有分子之间。通常色散力随分子的变形性增大而增大。

例如,卤素分子是非极性双原子分子,分子间只存在色散力。从 F_2 到 I_2 随着相对分子质量的增大,分子的变形性增大,它们的熔点和沸点也随之而升高。常温下 F_2、Cl_2 是气体,Br_2 是液体,I_2 是固体。

综上所述,取向力、诱导力和色散力都属于范德华力。在非极性分子间只存在色散力;在极性分子和非极性分子之间,既有诱导力也有色散力;而在极性分子之间,取向力、诱导力和色散力都存在。

(三)氢键

根据前面讨论范德华力对物质物理性质的影响,同族元素氢化物的沸点和熔点一般应该随物质相对分子量的增大而升高,但实验测得的结果却表明 HF、H_2O 的沸点和熔点分别比 HCl 和 H_2S 高。这些反常的现象说明在 HF、H_2O 分子之间除了存在范德华力外,还存在另外一种作用力,即氢键。

1. **氢键的形成及特点**　当氢原子与电负性很大、半径很小的原子X(如F、O、N等)形成H—X共价键时,共用电子对强烈偏向 X 原子,使氢原子几乎变成了"裸露"的质子,从而能与另一个分子中的电负性大、半径较小的原子Y(如F、O、N等)中的孤对电子产生定向的吸引作用。这种氢原子与Y原子间的定向吸引力称为氢键。

氢键常用 X—H…Y 表示,其中 X—H 是强极性共价键,H…Y 代表氢键。X 和 Y 可以是同种元素的原子,也可以是不同种元素的原子。

氢键可以分为分子间氢键和分子内氢键两种类型。一个分子的 X—H 与另一个分子的 Y(X 和 Y 可以相同,就是同种分子间的氢键,如水分子间;也可以不同,就是不同分子间的氢键,如氨分子与水分子间)原子相吸引而形成的氢键是分子间氢键;一个分子的 X—H 与分子内部的 Y 原子相吸引而形成的氢键是分子内氢键。邻硝基苯酚分子中都存在分子内氢键,见图 7-24。

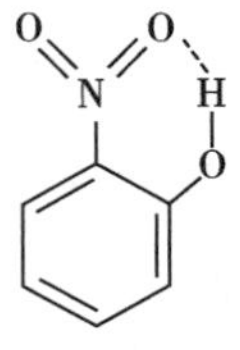

氢键的本质是静电吸引作用。氢键的键能一般要比共价键弱,但比范德华力强。氢键与范德华力的不同之处就是氢键具有饱和性和方向性。所谓饱和性是指氢原子与 X 原子结合后只能与 1 个 Y 原子形成氢键。氢键的方向性是指 Y 原子与 X—H 形成氢键时,以 H 原子为中心的 3 个原子 X—H…Y 应尽可能在同一条直线上,这样可使 X 和 Y 原子之间距离最远,2 个原子的电子云之间的斥力最小,形成的氢键最稳定。

图 7-24　邻硝基苯酚的分子内氢键

2. **氢键对物质性质的影响**

(1)对熔点和沸点的影响:分子间氢键可使物质的熔点和沸点显著升高。这是由于要使固体熔化或液体气化,不仅需要克服分子间的范德华力,需要提供更多的能量才能破坏比范德华力更强的氢键。这就能解释 HF、H_2O 的沸点和熔点分别比 HCl 和 H_2S 高的反常现象了。相反,分子内氢键的形成常使物质的熔点和沸点降低。

(2)对溶解度的影响:在极性溶剂中,若溶质分子和溶剂分子之间可以形成分子间氢键,则溶质的溶解度增大。例如,NH_3 和 H_2O 分子间可形成分子间氢键,故氨在水中的溶解度很大。若溶质分子能够形成分子内氢键,在极性溶剂中,它的溶解度将减小;而在非极性溶剂中,它的溶解度将增大。

氢键在生命过程中具有非常重要的意义。与生命现象密切相关的蛋白质和核酸分子中都存在氢键,氢键在决定蛋白质和核酸等分子的结构与功能方面起着极为重要的作用。如蛋白质分子中(O)N—H…O(N)等氢键的形成,使蛋白质中某些构型得以稳定,并具有不同的生理功能,如果氢键被破坏,分子的空间构型将发生变化,蛋白质、DNA、RNA 的结构发生改变,导致生理功能丧失,导致疾病或遗传基因改变。

本章小结

1. 原子核外电子的运动状态可以用四个量子数来描述。主量子数 n，描述电子所属电子层的参数，确定电子的能量高低和离核远近；角量子数 l，描述原子轨道形状的参数，确定电子所处亚层；磁量子数 m，描述原子轨道伸展方向的参数，确定电子所属原子轨道；自旋量子数 m_s，描述电子自旋状态的参数。

2. 基态原子的电子分布，遵循泡利不相容原理、能量最低原理和洪特规则；原子轨道近似能级图，存在着能级交错现象。

3. 原子的电子层结构存在着周期性，周期表中的周期数就是能级组数；A 族元素的族数与最外层电子总数相等；B 族元素的族数也与价电子层的电子数有关；根据原子中最后一个电子填充的轨道（或亚层）不同，将元素周期表中的元素划分为 5 个区。原子的半径和电负性等元素性质随着原子序数的增大也呈周期性变化。

4. 由于成键原子间的电负性差别的不同、成键的方式不同化学键分为金属键、离子键和共价键；金属原子和非金属原子间形成离子键，离子键无方向性和饱和性；非金属原子间形成共价键，共价键既有方向性，又有饱和性，有 σ 键和 π 键两种类型，可用键能、键长、键角、键的极性 4 个参数表征共价键。

5. 原子在形成共价键时为了达到轨道最大限度的重叠，增加其成键能力采用杂化轨道；杂化轨道是由同一中心原子的能量相近的原子轨道组合而成；杂化轨道的数目等于参与杂化的原来的原子轨道数目；s-p 型杂化轨道包括 sp 杂化、sp^2 杂化与 sp^3 杂化三种类型。

6. 不同分子间存在着不同的分子间作用力，分子间作用力包括取向力、诱导力、色散力；氢键是一种特殊的分子间作用力，具有方向性和饱和性。分子间作用力和氢键影响着物质的熔点、沸点、溶解度等性质。

（王美玲）

扫一扫，测一测

思考题

1. 有无以下的电子运动状态？为什么？

（1）$n=1,l=1,m=1$

（2）$n=2,l=1,m=-2$

（3）$n=3,l=3,m=-3$

（4）$n=4,l=3,m=2$

2. 填充合理的量子数

（1）$n=?,l=1,m=0,m_s=+\dfrac{1}{2}$

（2）$n=3,l=?,m=-1,m_s=-\dfrac{1}{2}$

（3）$n=3,l=0,m=0,m_s=?$

（4）$n=4,l=3,m=?,m_s=+\dfrac{1}{2}$

3. 已知某元素原子的电子具有下列量子数,试排列出各电子能量由低到高的顺序。

(1) $3,0,0,+\dfrac{1}{2}$

(2) $3,2,+1,+\dfrac{1}{2}$

(3) $2,1,+1,-\dfrac{1}{2}$

(4) $3,1,-1,+\dfrac{1}{2}$

(5) $3,1,0,+\dfrac{1}{2}$

(6) $2,0,0,-\dfrac{1}{2}$

4. 写出 6 号元素的元素符号和轨道表示式;写出 26 号元素最外电子层上的电子的四个量子数;写出 29 号元素的电子组态,并指出该元素在元素周期表中的位置。

5. 共价键的本质是什么? 如何理解共价键的方向性和饱和性?

6. 用杂化轨道理论解释为什么 BF_3 的空间构型是平面正三角形而 NH_3 的空间构型却是三角锥形?

7. 指出下列各组分子间存在的分子间作用力的类型:

(1) O_2 和 N_2

(2) NO 和 NO_2

(3) CCl_4 和 H_2O

(4) C_2H_5OH 和 H_2O

8. 试解释为什么 NH_3 易溶于水? 对硝基苯酚在水中的溶解度为什么大于邻硝基苯酚?

第八章　配位化合物

08章 PPT

学习目标

1. 掌握：配位化合物的概念、组成、命名和分类；配位化合物稳定常数的意义。
2. 熟悉：配位化合物稳定常数的应用和有关计算；螯合物的结构和特性；影响配位平衡移动的条件。
3. 了解：配位化合物的顺反异构现象；配位化合物在医药中的应用。

　　配位化合物简称配合物，是一类数量巨大且组成复杂的重要化合物。人们最早使用的配合物都是天然取得的，例如，染料茜素红。直到 1798 年发现钴氨配合物 $[Co(NH_3)_6]Cl_3$，开始对配合物进行研究。研究配合物的结构、性质、制备及其变化规律的化学称为配位化学。1893 年，瑞士化学家维尔纳（A. Werner）首先提出了配位理论，奠定了现代配位化学的基础。配位化学在阐明金属离子在生命过程中所起的作用，以及探索利用金属配合物进行疾病诊断和治疗方面取得了重要的成果。在医学上常用配位化学的原理，引入金属元素以补充体内的不足；用配合物作为药物排除体内过量或有害的元素，或治疗各种金属代谢障碍性疾病。同时，临床生化检验及药物分析等都与配合物的应用密切相关。例如，在人和动物血液中起着输送氧气作用的血红素，是含有 Fe^{2+} 的配合物；人体内各种酶（生物催化剂）几乎都以配合物的形式存在或以配合物的形式发挥生理生化作用。因此，配合物的结构与性质是本章重要的学习内容。

血红素的作用

　　血红素是 Fe^{2+} 的卟啉类螯合物。血红素和不同的蛋白质结合，可形成血红蛋白、肌红蛋白、细胞色素、过氧化氢酶和过氧化物酶等，它们在生物体内都具有重要的生理功能。人体内的每个血红蛋白由四个珠蛋白和四个血红素（又称亚铁原卟啉）组成，每个血红素又由四个吡咯类亚基组成一个环，环中心为一个 Fe^{2+}。每个血红蛋白则有四条多肽链，每条多肽链与一个血红素连接，构成血红蛋白的一个单体，或者说亚单位（即亚基）。在与人体环境相似的电解质溶液中血红蛋白的四个亚基可以自动组装成 $\alpha_2\beta_2$ 的形态。

　　其中在人体内输送 O_2 的血红蛋白（Hb）是由亚铁血红素和 1 分子珠蛋白构成的。一个亚铁血红素分子中的 Fe^{2+} 除了同卟啉大环配体上四个吡咯 N 原子形成四个配位键外，还与珠蛋白中肽键上一个组氨酸残基的咪唑 N 原子形成第五个配位键，Fe^{2+} 的第六个配位位置由水分子占据，它能被 O_2 置换形成氧合血红蛋白（Hb·O_2）以保证体内对氧的需要。

0801

视频:血红素

笔记

第一节　配合物的基本概念

一、配合物及其组成

（一）配合物的定义

在硫酸铜溶液中逐滴滴加氨水,边加边振荡,开始生成浅蓝色沉淀,继续滴加氨水,沉淀逐渐消失,最终生成深蓝色溶液。向该溶液中加入乙醇,析出深蓝色的结晶。将该晶体溶于水后,加入少量 NaOH 溶液,既无浅蓝色的 $Cu(OH)_2$ 沉淀生成,也无明显的氨气味,但若加入 $BaCl_2$ 溶液立即生成白色的 $BaSO_4$ 沉淀。实验证明,上述深蓝色的结晶是 $[Cu(NH_3)_4]SO_4$,水溶液解离为 $[Cu(NH_3)_4]^{2+}$ 与 SO_4^{2-}。对晶体进行 X 射线分析,也证实了晶体中这两种离子的存在。反应方程式为:

$$CuSO_4 + 4NH_3 \cdot H_2O \Longrightarrow [Cu(NH_3)_4]SO_4 + 4H_2O$$

离子反应方程式为:

$$Cu^{2+} + 4NH_3 \Longrightarrow [Cu(NH_3)_4]^{2+}$$

同样,若在 $Hg(NO_3)_2$ 溶液中加入过量的 KI,也会形成复杂的化合物。

$$Hg(NO_3)_2 + 4KI \Longrightarrow K_2[HgI_4] + 2KNO_3$$

实验测出溶液中 Hg^{2+} 和 4 个 I^- 离子结合成较稳定的复杂离子 $[HgI_4]^{2-}$。

离子反应方程式为:

$$Hg^{2+} + 4I^- \Longrightarrow [HgI_4]^{2-}$$

在 $[Cu(NH_3)_4]^{2+}$ 中,每个 NH_3 分子中的 N 原子各提供一对孤电子对,进入 Cu^{2+} 的外层空轨道,形成 4 个配位键。同样,$[HgI_4]^{2-}$ 离子中的 Hg^{2+} 与 I^- 离子之间也以配位键相结合。由金属离子(或原子)与一定数目的中性分子(或阴离子)按一定的组成和空间构型以配位键结合形成的复杂离子称为配离子,如 $[Cu(NH_3)_4]^{2+}$ 和 $[HgI_4]^{2-}$ 等。若形成的是复杂分子,则称为配位分子,如 $[Co(NH_3)_2Cl_3]$、$[Fe(CO)_5]$ 等。像 $[Ag(NH_3)_2]Cl$、$K_3[Fe(CN)_6]$、$[Ni(CO)_4]$ 等,这些含有配离子的化合物或配位分子称为配位化合物,简称配合物。

应指出的是,有些化合物,例如,明矾 $KAl(SO_4)_2 \cdot 12H_2O$,铁铵矾 $NH_4Fe(SO_4)_2 \cdot 6H_2O$,光卤石 $KCl \cdot MgCl_2 \cdot 6H_2O$ 等,这些看似复杂的化合物,是由两种或两种以上的简单盐类组成的同晶型化合物,在水溶液中,只含 K^+、Mg^{2+}、Al^{3+}、NH_4^+、Fe^{3+}、Cl^-、SO_4^{2-} 等简单离子,而无复杂的配离子存在,它们不是配合物,这类化合物称为复盐。

课堂活动

如何区分配合物与复盐?

（二）配合物的组成

配合物一般分为内界和外界两个组成部分。内界是由中心原子和配位体组成,二者之间以配位键相结合形成配离子,在写化学式时写在方括号内。与配离子带相反电荷的其他离子为外界,写在方括号外。内界和外界通过离子键相结合。以 $[Cu(NH_3)_4]SO_4$ 为例,其组成见图 8-1。

1. **中心原子**　亦称为配合物的形成体,一般是过渡金属的离子或原子。例如,$[Cu(NH_3)_4]^{2+}$ 中的 Cu^{2+},$[HgI_4]^{2-}$ 中的 Hg^{2+},

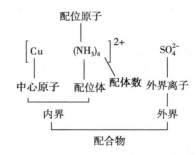

图 8-1　$[Cu(NH_3)_4]SO_4$ 组成示意图

$[Ni(CO)_4]$ 中的 Ni，$[Fe(CO)_5]$ 中的 Fe。也有一些中心原子是具有高氧化数的非金属元素，例如 $[SiF_6]^{2-}$ 中的 Si(Ⅳ)，$[BF_4]^-$ 中的 B(Ⅲ)，$[PF_6]^-$ 中的 P(Ⅴ)等。中心原子位于配合物的中心，原子有能成键的空轨道，是电子对的接受体。

2. 配位体　在配合物中与中心原子以配位键相结合的阴离子或中性分子称为配位体。配位体中能提供孤对电子并与中心原子结合的原子称为配位原子。常见的无机配位体有 X^-、CN^-、SCN^- 等阴离子，以及 NH_3、H_2O 等中性分子，如 $[Fe(CN)_6]^{3-}$ 中的 CN^- 和 $[Cu(NH_3)_4]^{2+}$ 中的 NH_3；常见的有机配位体有醇、酚、醚、醛、酮、羧酸等。其中 X、C、S、N、O 这些电负性较大的非金属原子分别是以上配位体所对应的配位原子，如 NH_3 中的配位原子是 N 原子，CN^- 中的配位原子是 C 原子。

根据配位体中配位原子的数目，配位体可分为单齿配位体和多齿配位体两类。分子或离子中只有一个配位原子与中心原子以配位键结合的配位体称为单齿配位体，如 X^-、CN^-、SCN^-、NH_3、H_2O 等，其配位原子分别是 X、C、S、N、O；同一配位体中有两个或两个以上的配位原子同时与一个中心原子以配位键结合，这类配位体称为多齿配位体。如 $H_2N—CH_2—CH_2—NH_2$(乙二胺简写为 en)，HOOC—COOH(乙二酸简写为 ox)，$H_2N—CH_2—COOH$(氨基乙酸简写为 gly)、乙二胺四乙酸简写为 EDTA(或 H_4Y)等。乙二胺四乙酸的结构如下：

$$\text{HOOCCH}_2 \diagdown \atop \text{HOOCCH}_2 \diagup \!\!\!\!\text{N—CH}_2\text{—CH}_2\text{—N} \!\!\!\! {\diagup \text{CH}_2\text{COOH} \atop \diagdown \text{CH}_2\text{COOH}}$$

3. 配位数　一个中心原子所能结合的配位原子的数目称为该中心原子的配位数。如果配位体都是单齿配位体，则配位数与配位体数目相等，如 $[Cu(NH_3)_4]SO_4$ 中 Cu^{2+} 的配位数为 4；如果配位体中有多齿配位体，配位数则是其结合的配位原子的总数，而不等于配位体数，如在 $[Cu(en)_2]^{2+}$ 中，因乙二胺是二齿配位体，所以 Cu^{2+} 的配位数是 4 而不是 2。中心原子的配位数一般为 2、4、6、8，大多数常见价态的金属离子特征配位数为 4 和 6(表 8-1)。

表 8-1　常见金属离子的配位数

配位数	金属离子	实例
2	Ag^+、Cu^+	$[Ag(NH_3)_2]^+$、$[Cu(CN)_2]^-$
4	Cu^{2+}、Zn^{2+}、Cd^{2+}、Hg^{2+}、Al^{3+}、Sn^{2+}、Pb^{2+}、Co^{2+}、Ni^{2+}、Pt^{2+}、Fe^{2+}、Fe^{3+}	$[HgI_4]^{2-}$、$[Zn(CN)_4]^{2-}$、$[Pt(NH_3)_2Cl_2]$、$[Ni(CN)_4]^{2-}$，$K_4[Fe(SCN)_6]$
6	Cr^{3+}、Al^{3+}、Pt^{4+}、Fe^{2+}、Fe^{3+}、Co^{2+}、Co^{3+}、Ni^{2+}、Pb^{4+}	$[Co(NH_3)_3(H_2O)Cl_2]$、$[Fe(CN)_6]^{3-}$、$[Ni(NH_3)_6]^{2+}$、$[Cr(NH_3)_4Cl_2]^+$

中心原子的配位数一方面与中心原子所带的电荷、电子层结构、离子半径以及它们之间相互影响情况有关，另一方面与配位体的半径、电荷数及形成条件(如温度和浓度)有关。

(1) 对于同一配位体，中心原子的电荷越高，吸引配位体孤对电子的能力越强，配位数就越大。例如，Pt^{4+} 与 Cl^- 与形成 $[PtCl_6]^{2-}$ 配离子，而 Pt^{2+} 与 Cl^- 形成 $[PtCl_4]^{2-}$ 配离子。中心原子的半径越大，其周围可容纳的配位体越多，配位数就越大。例如，离子半径 $B^{3+}<Al^{3+}$，Al^{3+} 与 F^- 形成 $[AlF_6]^{3-}$、而 B^{3+} 只能与 F^- 形成 $[BF_4]^-$。

(2) 对于同一中心原子，配体体积越大，周围可容纳的配位体就越少，配位数也越小。例如，离子半径 $F^-<Cl^-$，与 Al^{3+} 分别形成 $[AlF_6]^{3-}$ 和 $[AlCl_4]^-$。

配位体的负电荷增加时，虽然使配位体和中心原子的结合增强，但是同时增大配位体之间的斥力，总的结果反而导致配位数减小。例如，$[Ni(H_2O)_6]^{2+}$ 和 $[Ni(CN)_4]^{2-}$。

(3) 通常增大配体浓度有利于形成高配位数的配合物。例如，随着配体 SCN^- 浓度的增加，SCN^- 与 Fe^{3+} 可以形成配位数为 1~6 的配合物。当反应温度降低，易于形成高配位数的配合物。

综上所述，影响配位数的因素是很复杂的，要根据具体情况具体分析。但是，在一定条件下，一个中心原子有一个特征的配位数。

4. 配离子的电荷　在配合物中，配离子与外界离子所带的电荷数量相等而电性相反，整个配合物是电中性的。配离子的电荷数等于中心原子的电荷数与配位体总电荷数的代数和。例如，$[Fe(CN)_6]^{3-}$配离子的电荷为$3+(-1)\times 6=-3$，$[Cu(NH_3)_4]^{2+}$配离子的电荷数为$2+0\times 4=+2$。因此，若知道了配离子的电荷数和配位体的电荷数，就可以推算出中心原子的氧化数。反之，知道了中心原子的氧化数和配位体的电荷数，就能推算出配离子的电荷数。

二、配合物的命名

（一）配合物的命名

配合物的命名遵循无机化合物的命名原则。有习惯命名法和系统命名法。至今仍有一些配合物还沿用习惯名称，例如把$K_4[Fe(CN)_6]$称为亚铁氰化钾（或黄血盐），$K_3[Fe(CN)_6]$称为铁氰化钾（或赤血盐），$[Ag(NH_3)_2]^+$称为银氨配离子等。由于大量复杂配合物的不断涌现，有必要对它们进行系统命名。下面仅对比较简单的配合物命名原则予以介绍。

配合物内界的命名方法，一般按照如下顺序：配位数（中文数字表示）—配位体名称—合—中心原子名称（中心原子氧化数用罗马数字表示）。

在配合物中若有多种配位体，不同的配位体之间以小圆点"·"隔开，复杂的配位体名称写在圆括号内，以免混淆。不同配位体的命名顺序为：

（1）在配位体中如果既有无机配位体又有有机配位体，一般按先命名无机配位体，后命名有机配位体的顺序。

（2）若既有中性分子又有阴离子，则按先阴离子后中性分子的顺序。

（3）若配位体均为阴离子或均为中性分子，则按配位原子元素符号的英文字母顺序排列。

例如：

$[Cu(NH_3)_4]^{2+}$	四氨合铜（Ⅱ）配离子
$[Ag(NH_3)_2]^+$	二氨合银（Ⅰ）配离子
$[Fe(CN)_6]^{3-}$	六氰合铁（Ⅲ）配离子
$[Fe(CN)_6]^{4-}$	六氰合铁（Ⅱ）配离子
$[Cu(en)_2]^{2+}$	二（乙二胺）合铜（Ⅱ）配离子
$[Co(NH_3)_4Cl_2]^+$	二氯·四氨合钴（Ⅲ）配离子
$[Co(NH_3)_3(H_2O)Cl_2]^+$	二氯·三氨·一水合钴（Ⅲ）配离子

配合物的命名服从一般无机化合物的命名原则，即阴离子在前，阳离子在后。若配合物的内界为阴离子时，作为酸根，命名时内外界间加以"酸"字；若外界是简单的阴离子，如Cl^-、OH^-、CN^-等，内界是阳离子时，则相当于普通盐中的简单阳离子，则叫某化某；若外界是配阴离子或者是含氧的原子团类阴离子，如SO_4^{2-}、NO_3^-等，则叫某酸某。例如：

$K_4[Fe(CN)_6]$	六氰合铁（Ⅱ）酸钾
$K_3[Fe(CN)_6]$	六氰合铁（Ⅲ）酸钾
$[Pt(NH_3)_6]Cl_4$	四氯化六氨合铂（Ⅳ）
$[Co(NH_3)_3(H_2O)Cl_2]Cl$	氯化二氯·三氨·一水合钴（Ⅲ）
$[Cu(NH_3)_4]SO_4$	硫酸四氨合铜（Ⅱ）
$H_2[PtCl_6]$	六氯合铂（Ⅳ）酸
$[Fe(CO)_5]$	五羰基铁（0）
$[Co(NH_3)_4Cl_2]Cl$	氯化二氯·四氨合钴（Ⅲ）
$[Cu(en)_2](OH)_2$	氢氧化二（乙二胺）合铜（Ⅱ）

课堂活动

指出$[Co(NH_3)_6Cl_2]Cl$、$[CaY]^{2-}$的中心原子、配位体、配位原子、配位数、内界，并写出其名称和类型。

（二）配合物的几何异构现象

当配位体在中心原子周围配位时,为了减小配位体之间的静电排斥作用,以达到能量上的稳定状态,配位体要尽可能地远离,按一定的规律排列在中心原子的周围空间。因此,每一种配合物都有一定的空间结构。如果配合物中只有一种配位体,那么配位体在中心原子周围只能有一种排列方式。但是,如果配合物中有几种不同的配位体,那么配位体在中心原子周围就可能有几种不同的空间排列方式。如$[Pt(NH_3)_2Cl_2]$,有下列两种排列方式:

同种配位体在同一侧的为顺式,称为顺-二氯·二氨合铂(Ⅱ),见图8-2A;在对角位置的为反式,称为反-二氯·二氨合铂(Ⅱ),见图8-2B。$[Pt(NH_3)_2Cl_2]$的顺、反结构都为平面正方形,但两者性质不同,顺式为橙黄色,在水中的溶解度较大;反式为亮黄色,在水中的溶解度较小。顺-二氯·二氨合铂不稳定,在170℃左右可转

顺-二氯·二氨合铂
A

反-二氯·二氨合铂
B

图8-2 顺反异构示意图

化为反式结构。像这种组成相同,配位体的空间排列方式不同的物质称为配合物的几何异构体。这种现象称为配合物的几何异构(也称顺-反异构)现象。

顺-反异构体不仅理化性质不同,而且在人体内所表现的生理、药理作用也不同。临床表明:顺式$[Pt(NH_3)_2Cl_2]$具有抗癌作用,对人体的毒副作用也比较大;而反式-二氯·二氨合铂(Ⅱ)却没有抗癌作用,对人体的毒副作用也比较小。

（三）配合物的分类

配合物的范围极广,种类很多,主要分为以下两大类:

1. 简单配合物 简单配合物是指由单齿配位体与中心原子结合而形成的配合物。这类配合物中没有环状结构,其配位体大多数是简单的无机分子或离子(如NH_3、H_2O、X^-等),但通常配位体数量较多。根据配位体种类的多少,又可分为单纯配位体配合物,例如$[Cu(NH_3)_4]SO_4$、$K_2[HgI_4]$等;及混合配位体配合物,例如$[Pt(OH)_2(NH_3)_2]$、$[Co(NH_3)_3(H_2O)Cl_2]Cl$等。

2. 螯合物 由中心原子和多齿配位体结合而成的具有环状结构的配合物,称为螯合物。在生物体内存在的配合物,大多都是由有机化合物作为配位体的螯合物。这些配位体一般含有两个或两个以上能够提供孤对电子的配位原子,属于多齿配位体。两个配位原子之间相隔2~3个其他原子,可与中心原子形成具有特殊稳定性的五元环或六元环配合物。因为五元环或六元环的张力比较小,较为稳定,所以金属螯合物具有特殊的稳定性。这种由于螯合物的生成使配合物的稳定性显著增加的作用称为螯合效应。螯合物中螯合环的数目越多,形成的配位键越多,螯合物越难解离,稳定性越好。

例如,乙二胺就是双齿配位体,每个分子上有两个氨基(—NH_2),其结构为:$H_2N—CH_2—CH_2—NH_2$

当乙二胺分子和铜离子配合时,乙二胺中2个氨基上的氮原子,可各提供一对孤电子对与中心原子相结合,形成2个配位键。在乙二胺分子中2个氨基被2个碳原子隔开,乙二胺分子和铜离子形成一个由5个原子组成的环状结构。铜离子的配位数为4,可与2个乙二胺分子配合形成具有2个五元环的稳定配离子。因此增加了其稳定性,在水中更难解离。由乙二胺与铜形成的螯合物,其结构如下:

$$\left[\begin{array}{c} CH_2—NH_2 \quad\quad NH_2—CH_2 \\ \quad\quad\quad Cu \\ CH_2—NH_2 \quad\quad H_2N—CH_2 \end{array}\right]^{2+}$$

能够形成螯合物的配位体称为螯合剂。下面是Cu^{2+}与螯合剂EDTA形成的螯合物的空间结构,见图8-3:

EDTA是六齿配体,能与Cu^{2+}形成5个五元环,这种结构具有很高的稳定性。EDTA不仅可以与过渡金属元素形成螯合物,还可与主族元素钠、钾、钙、镁等形成螯合物。因此在分析化学的配位滴定法中常用EDTA作标准溶液,测定金属离子的含量;在采用螯合疗法排除体内有害金属时,可用$Na_2[CaY]$,使有害的放射性金属从体内迅速排泄起到解毒作用。

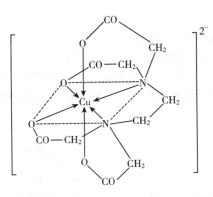

图 8-3　Cu^{2+} 与 EDTA 形成的螯合物空间结构示意图

螯合物与简单配合物的不同之处是配位体不相同,形成螯合物的条件是:

(1) 螯合剂必须含有 2 个或 2 个以上的配位原子,以便与中心原子配合成环状结构。

(2) 每 2 个配位原子之间被 2 个或 3 个其他原子隔开,以便能形成稳定的五元环或六元环结构。

除此之外,配合物还有许多其他类型。如中心原子原子数大于 1 的多核配合物 $\{[(H_3N)_4Co(OH)(NH_2)Co(H_2NCH_2CH_2NH_2)_2]Cl_4\}$;至少含有 2 个金属原子或离子作为中心原子,其中还含有金属-金属键的原子簇状配合物如 $\{[Fe_2(CO)_9]$、$[Co_6(CO)_{14}]^{4-}$、$[Re_2Cl_8]^{2-}\}$;中心原子为金属原子,配位体为有机基团,金属原子被夹在 2 个平行的碳环体系之间的夹心配合物如 $\{[Fe(C_5H_5)_2]\}$ 等。

金属中毒的解毒药物

金属中毒主要采用螯合疗法,即通过选择合适的配位体排除体内有毒或过量的金属离子,所用的螯合剂(配位体)称为促排剂(或解毒剂)。如二巯基丙醇(BAL)与金属离子亲和力大,可形成稳定的配合物,随尿排出,主要用于治疗砷、汞中毒及儿童急性铅脑病;D 青霉胺毒性小,是汞、铅等重金属离子的有效解毒剂;柠檬酸钠(又称枸橼酸钠)$Na_3C_6H_5O_7$,是一种防治职业性铅中毒的有效药物,它能迅速减轻症状和促进体内铅的排出。近年来,临床上除用 $Ca[H_2Y]$(即 EDTA 与钙形成的螯合物又称依地酸钙钠)治疗职业性铅中毒外,亦可用于治疗镉、锰、镍、钴的中毒。

第二节　配 位 平 衡

一、配位平衡

(一) 配位平衡

向硫酸铜溶液中加入过量氨水时,会生成 $[Cu(NH_3)_4]^{2+}$ 配离子,离子反应方程式如下:

$$Cu^{2+}+4NH_3 \underset{解离}{\overset{配位}{\rightleftharpoons}} [Cu(NH_3)_4]^{2+}$$

若再向溶液中加入稀 NaOH 溶液,无蓝色 $Cu(OH)_2$ 沉淀生成,但加入 Na_2S 溶液时,则有黑色的 CuS 沉淀析出,说明溶液中存在少量的 Cu^{2+},$[Cu(NH_3)_4]^{2+}$ 在水溶液中还可以发生解离。溶液中不仅有 Cu^{2+} 和 NH_3 的配位反应,同时还存在着 $[Cu(NH_3)_4]^{2+}$ 的解离反应,配合反应速率和配离子解离反应速率相等时系统所处的平衡称为配位平衡。

(二) 配位平衡常数

一定温度下,配位平衡的平衡常数称为配位平衡常数,用 $K_稳$(或 K_s)表示。即

$$Cu^{2+}+4NH_3 \underset{解离}{\overset{配位}{\rightleftharpoons}} [Cu(NH_3)_4]^{2+}$$

$$K_s = \frac{[Cu(NH_3)_4^{2+}]}{[Cu^{2+}][NH_3]^4}$$

K_s 用于衡量配离子的稳定性,因此又称为配离子的稳定常数,其大小反映了配离子的稳定性。K_s

越大,说明配离子生成的倾向越大,而解离的倾向越小,配离子越稳定。对于配位比相同的配合物,例如,$[Zn(NH_3)_4]^{2+}$和$[Cu(NH_3)_4]^{2+}$的配位比均为4:1,它们的K_s分别为$2.9×10^9$和$2.1×10^{12}$,因此$[Cu(NH_3)_4]^{2+}$比$[Zn(NH_3)_4]^{2+}$更稳定。对于不同类型的配离子,需要通过计算比较其稳定性。由于K_s一般都有较大的数值,常用其对数值$\lg K_s$表示配离子的稳定性。下面列举几种常见配离子的$\lg K_s$值(表8-2)。

表8-2 一些常见配离子的稳定常数 K_s 和 $\lg K_s$ 值(298.15K)

配离子	K_s	$\lg K_s$	配离子	K_s	$\lg K_s$
$[Ag(NH_3)_2]^+$	$1.1×10^7$	7.05	$[HgCl_4]^{2-}$	$1.2×10^{15}$	15.08
$[CdCl_4]^{2-}$	$6.3×10^2$	2.80	$[Cd(CN)_4]^{2-}$	$6.0×10^{18}$	18.78
$[Co(NH_3)_6]^{2+}$	$1.3×10^5$	5.11	$[AlF_6]^{3-}$	$6.9×10^{19}$	19.84
$[Cd(NH_3)_6]^{2+}$	$1.3×10^7$	7.11	$[Ag(CN)_2]^-$	$1.3×10^{21}$	21.11
$[Ni(NH_3)_6]^{2+}$	$5.5×10^8$	8.74	$[Cu(CN)_2]^-$	$1.0×10^{24}$	24.00
$[Zn(NH_3)_4]^{2+}$	$2.9×10^9$	9.46	$[HgI_4]^{2-}$	$6.8×10^{29}$	29.83
$[FeF_6]^{3-}$	$1.1×10^{12}$	12.04	$[Fe(CN)_6]^{4-}$	$1.0×10^{35}$	35.00
$[Cu(NH_3)_4]^{2+}$	$2.1×10^{13}$	13.32	$[Co(NH_3)_6]^{3+}$	$2×10^{35}$	35.30
$[Ag(S_2O_3)_2]^{3-}$	$2.9×10^{13}$	13.46	$[Fe(CN)_6]^{3-}$	$1.0×10^{42}$	42.00

配离子的$\lg K_s$值的大小与中心原子的氧化数和中心原子的半径有关。中心原子的氧化数越高,配离子的$\lg K_s$值越大;中心原子的半径越小,配离子的$\lg K_s$值越大。螯合物与具有类似组成和结构的单齿配位体所形成的配合物相比,其稳定性要大得多,例如$[Cu(NH_3)_4]^{2+}$的$\lg K_s$为13.32,而$[Cu(en)_2]^{2+}$的$\lg K_s$为20.00。

此外,配离子的稳定性还可以用解离平衡常数来表示,又称不稳定常数,符号K_d,例如:

$$[Cu(NH_3)_4]^{2+} \rightleftharpoons Cu^{2+}+4NH_3$$

$$K_d=\frac{1}{K_s}$$

利用配离子的稳定常数,可以计算配合物溶液中的离子浓度。

例8-1 在含有0.10mol/L的$[Cu(NH_3)_4]^{2+}$配离子溶液中,试求当NH_3浓度分别为1.0mol/L、2.0mol/L和4.0mol/L时,Cu^{2+}的浓度各为多少?已知$[Cu(NH_3)_4]^{2+}$的$K_s=2.1×10^{13}$。

解 设当NH_3浓度分别为1.0mol/L、2.0mol/L和4.0mol/L时,Cu^{2+}浓度分别为$x$mol/L、$y$mol/L、$z$mol/L。

$$Cu^{2+}+4NH_3 \rightleftharpoons [Cu(NH_3)_4]^{2+}$$

平衡浓度(mol/L)(1)　x　　$1.0+4x$　　$0.10-x$

　　　　　　　(2)　y　　$2.0+4y$　　$0.10-y$

　　　　　　　(3)　z　　$4.0+4z$　　$0.10-z$

$$K_s=\frac{[Cu(NH_3)_4^{2+}]}{[Cu^{2+}][NH_3]^4}$$

(1)　　$\dfrac{0.10-x}{x(1.0+4x)^4}=2.1×10^{13}$

由于K_s值很大,x一定很小,上式可变为

$$0.10-x \approx 0.10$$

$$1.0+4x \approx 1.0$$

则

$$\frac{0.10}{x} = 2.1 \times 10^{13}$$

所以

$$x = \left[Cu^{2+} \right] \approx 4.8 \times 10^{-15} (mol/L)$$

（2）

$$\frac{0.10-y}{y(2.0+4y)^4} = 2.1 \times 10^{13}$$

同理

$$0.10-y \approx 0.10$$

$$2.0+4y \approx 2.0$$

$$y = \left[Cu^{2+} \right] \approx 3.0 \times 10^{-16} (mol/L)$$

（3）

$$\frac{0.10-z}{z(4.0+4z)^4} = 2.1 \times 10^{13}$$

同理

$$0.10-z \approx 0.10 \qquad 4.0+4z \approx 4.0$$

$$z = \left[Cu^{2+} \right] \approx 1.9 \times 10^{-17} (mol/L)$$

以上计算表明, NH_3 浓度越大, Cu^{2+} 离子浓度越低, 即 $\left[Cu(NH_3)_4 \right]^{2+}$ 的解离程度越小。因此可通过加入过量配位体的方法增大配离子的稳定性。

二、配位平衡的移动

配位平衡和其他化学平衡一样, 是一种相对的、暂时的动态平衡。如果改变平衡体系的条件, 平衡就会移动。下面简要讨论溶液 pH、沉淀-溶解平衡、氧化还原平衡, 以及其他中心原子和配位体对配位平衡的影响。

（一）溶液 pH 的影响

1. 酸效应　根据酸碱质子理论, 很多配体都是碱, 当溶液中 H^+ 浓度增大时, 可生成相应的共轭酸而破坏平衡, 使配位平衡向着解离的方向移动, 降低了配离子的稳定性。例如, 在 $\left[Cu(NH_3)_4 \right]^{2+}$ 溶液中:

$$
\begin{array}{c}
\left[Cu(NH_3)_4 \right]^{2+} \rightleftharpoons Cu^{2+} + 4NH_3 \\
\underrightarrow{\text{平衡移动方向}} \qquad\qquad + \\
4H^+ \\
\updownarrow \\
4NH_4^+
\end{array}
$$

由于配体与 H^+ 结合而使配离子稳定性降低的作用称为酸效应。

显然, 酸效应与溶液的 pH 以及生成的共轭酸的 pK_a 有关。溶液的 pH 越小, 酸效应越强; 配体的共轭酸的 pK_a 越大, 酸效应越强。

2. 水解效应　中心原子往往是过渡金属原子或离子, 它们在水溶液中大都存在着不同程度的水解作用。例如在 $\left[FeF_6 \right]^{3-}$ 配离子的配位平衡中:

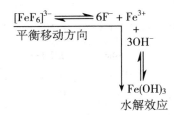

$$
\begin{array}{c}
\left[FeF_6 \right]^{3-} \rightleftharpoons 6F^- + Fe^{3+} \\
\underrightarrow{\text{平衡移动方向}} \qquad\qquad + \\
3OH^- \\
\updownarrow \\
Fe(OH)_3 \\
\text{水解效应}
\end{array}
$$

当溶液中 OH^- 浓度增加时, Fe^{3+} 与 OH^- 结合形成 $Fe(OH)_3$, 溶液中 Fe^{3+} 的浓度减小, $\left[FeF_6 \right]^{3-}$ 的解离平衡向右移动, $\left[FeF_6 \right]^{3-}$ 进一步解离。

这种因溶液酸度减小导致金属离子水解, 而使配离子稳定性降低的现象称为金属离子的水解效应。

配位体的酸效应和金属离子的水解效应同时存在, 且都影响配位平衡移动和配离子的稳定性。

至于在某一酸度条件下,以哪个效应为主,将由配合物的稳定常数、配位体的碱性强弱和金属离子所生成的氢氧化物的溶解度所决定。

（二）沉淀-溶解平衡的影响

在沉淀中加入能与金属离子形成配离子的配位剂,则沉淀可转化为配离子而溶解。如向 AgCl 沉淀中加入氨水,则 AgCl 沉淀溶于氨水,生成$[Ag(NH_3)_2]^+$;在配离子溶液中加入能与中心原子更易形成沉淀的沉淀剂,则配离子可转化为沉淀而解离。如在$[Ag(NH_3)_2]^+$配离子溶液中加入 NaBr 试剂,则生成 AgBr 沉淀。配位平衡向$[Ag(NH_3)_2]^+$解离的方向移动。

$$[Ag(NH_3)_2]^+ \rightleftharpoons Ag^+ + 2NH_3$$
$$平衡移动方向 \quad + \quad Br^-$$
$$\downarrow\uparrow$$
$$\downarrow AgBr\downarrow$$

在配位平衡与沉淀-溶解平衡的相互转化过程中,配离子的稳定常数越小,生成沉淀的溶解度越小,越容易使配合物转化为沉淀。反之,配离子的稳定常数越大,生成沉淀的溶解度越大,越容易使沉淀转化为配合物。实际上沉淀-溶解平衡和配位平衡的相互转化,就是沉淀剂与配位剂之间争夺金属离子的过程。这类反应属于多重平衡。根据多重平衡的原理,可根据这些反应的平衡常数,判断反应进行的程度,并计算出有关成分的浓度。

例 8-2　试求 AgBr 在 1.0mol/L 的$NH_3 \cdot H_2O$溶液中的溶解度,已知:$K_{sp}(AgBr) = 5.0 \times 10^{-13}$,$K_s\{[Ag(NH_3)_2]^+\} = 1.1 \times 10^7$。

解　设 AgBr 在氨水中的溶解度为x,将 AgBr 加入氨水后溶液中存在下列平衡。

$$AgBr + 2NH_3 \rightleftharpoons [Ag(NH_3)_2]^+ + Br^-$$

平衡浓度(mol/L)　　　　　$1.0 - 2x$　　　　　x　　　　x

因为该反应的平衡常数

$$K_s = \frac{[Ag(NH_3)_2^+][Br^-]}{[NH_3]^2}$$

$$K = \frac{[Ag(NH_3)_2^+][Br^-]}{[NH_3]^2} \frac{[Ag^+]}{[Ag^+]}$$

$$= K_{sp}K_s$$

$$= 5.0 \times 10^{-13} \times 1.1 \times 10^7 = 5.5 \times 10^{-6}$$

所以　　　　　　　　　　$\frac{x^2}{(1.0 - 2x)^2} = 5.5 \times 10^{-6}$

解得　　　　　　　　　　$x = 1.1 \times 10^{-3}(mol/L)$

即 AgBr 在 1.0mol/L 的$NH_3 \cdot H_2O$溶液中的溶解度为$1.1 \times 10^{-3}mol/L$。

例 8-3　AgBr 可溶解在$Na_2S_2O_3$溶液中,因此$Na_2S_2O_3$用来溶解未曝光分解的 AgBr。室温下,在 1.0L 浓度为 1.0mol/L 的$Na_2S_2O_3$溶液中最多可以溶解多少克 AgBr 沉淀?已知$K_s\{[Ag(S_2O_3)_2]^{3-}\} = 2.8 \times 10^{13}$　$K_{sp}(AgBr) = 5.35 \times 10^{-13}$。

解　设在 1.0L 浓度为 1.0mol/L 的$Na_2S_2O_3$溶液中最多溶解 AgBr 沉淀$x$mol。

体系中存在着沉淀-溶解平衡和配位平衡之间的多重平衡,AgBr 沉淀转化为$[Ag(S_2O_3)_2]^{3-}$的反应为:

$$AgBr + 2S_2O_3^{2-} \rightleftharpoons [Ag(S_2O_3)_2]^{3-} + Br^-$$

平衡浓度(mol/L)　　　　$1.0 - 2x$　　　　　x　　　　x

该反应的平衡常数为　　$K = K_s\{[Ag(S_2O_3)_2]^{3-}\} \times K_{sp}(AgBr)$

$$= 2.8 \times 10^{13} \times 5.35 \times 10^{-13}$$

$$= 15.41$$

将体系中各物质的代入平衡常数表达式

$$K = \frac{\left[\, Ag(S_2O_3)_2^{3-}\,\right]\left[\, Br^-\,\right]}{\left[\, S_2O_3^{2-}\,\right]^2}$$

$$= \frac{x^2}{(1.0-2x)^2}$$

$$= 15.41$$

得：$x = 0.44(\text{mol})$，$m = 0.44 \times M(\text{AgBr}) = 0.44 \times 188 = 82.72(\text{g})$。

所以室温下，1.0L 浓度为 1.0mol/L 的 $Na_2S_2O_3$ 溶液中最多溶解 AgBr 沉淀 82.72g。

（三）氧化还原平衡的影响

当向配离子溶液中加入能与中心原子或配位体发生氧化还原反应的物质时，中心原子或配位体浓度将降低，导致配位平衡向解离方向移动。例如，在血红色的 $[\,Fe(SCN)\,]^{2+}$ 配离子溶液中加入 $SnCl_2$ 溶液，则血红色褪去，反应式如下：

$$2[\,Fe(SCN)\,]^{2+} + Sn^{2+} \Longrightarrow 2Fe^{2+} + Sn^{4+} + 2SCN^-$$

这是氧化还原平衡对配位平衡的影响。反之，配位平衡对氧化还原平衡也同样有影响。金属离子形成配离子后，金属离子浓度降低，从而使金属电对的电极电势降低。形成的配离子越稳定，溶液中金属离子的浓度就越低，相应的电极电势越小，金属离子的氧化性越弱，金属单质的还原性越强。

例 8-4 在标准状态下，已知：$[\,Ag(S_2O_3)_2\,]^{3-}$ 的 $K_s = 2.9 \times 10^{13}$，$\varphi^{\ominus}(Ag^+/Ag) = 0.80V$。试计算体系的 $\varphi^{\ominus}$ 值。

$$[\,Ag(S_2O_3)_2\,]^{3-} + e^- \Longrightarrow Ag + 2S_2O_3^{2-}$$

解 首先计算平衡时，$[\,Ag(S_2O_3)_2\,]^{3-}$ 溶液中 Ag^+ 离子的浓度：

$$Ag^+ + 2S_2O_3^{2-} \Longrightarrow [\,Ag(S_2O_3)_2\,]^{3-}$$

$$K_s = \frac{\left[\, Ag(S_2O_3)_2^{3-}\,\right]}{\left[\, Ag^+\,\right]\left[\, S_2O_3^{2-}\,\right]^2}$$

由于体系处于标准状态下，因此配离子和配位体的浓度均为 1.0mol/L。

则

$$K_s = \frac{1.0}{[\,Ag^+\,] \times 1.0^2} = 2.9 \times 10^{13}$$

$$[\,Ag^+\,] = \frac{1.0}{K_s} = 3.4 \times 10^{-14}$$

根据 Nernst 方程

$$\varphi_{(Ag^+/Ag)} = \varphi^{\ominus}_{(Ag^+/Ag)} + 0.059\,16\lg[\,Ag^+\,]$$

$$= 0.80 + 0.059\,16\lg(3.4 \times 10^{-14})$$

$$= 0.80 + (-0.79) = 0.01(\text{V})$$

在标准状态下

$$[\,Ag(S_2O_3)_2\,]^{3-} + e^- \Longrightarrow Ag + 2S_2O_3^{2-}$$

体系的 $\varphi^{\ominus}\{[\,Ag(S_2O_3)_2\,]^{3-}/Ag\}$ 等于 $\varphi(Ag^+/Ag)$

$$\varphi^{\ominus}\{[\,Ag(S_2O_3)_2\,]^{3-}/Ag\} = 0.01(\text{V})$$

将上述结果推广到一般 $ML_n + ne^- \Longrightarrow M^{n+} + nL^-$ 体系，标准状态下有：

$$\varphi(ML_n/M) = \varphi^{\ominus}(M^{n+}/M) + \frac{0.059\,16}{n}\lg\frac{1}{K_s}$$

（四）其他配位平衡的影响

配合物相互转化的趋势取决于其稳定常数的相对大小，即配位平衡总是向生成更稳定配合物的方向移动。两个配合物的稳定性相差越大，由较不稳定的配合物向较稳定的配合物的方向转化的趋势就越大。若两者的稳定性接近，则主要决定于配体的相对浓度。如向 $[Ag(NH_3)_2]^+$ 溶液中加入 KCN 溶液，则 $[Ag(NH_3)_2]^+$ 将被破坏而转化为 $[Ag(CN)_2]^-$：

$$[Ag(NH_3)_2]^+ + 2CN^- \rightleftharpoons [Ag(CN)_2]^- + 2NH_3$$

平衡常数表达式为

$$K = \frac{[Ag(CN)_2^-][NH_3]^2}{[Ag(NH_3)_2^+][CN^-]^2} = \frac{[Ag(CN)_2^-][NH_3]^2}{[Ag(NH_3)_2^+][CN^-]^2} \frac{[Ag^+]}{[Ag^+]}$$

$$= \frac{K_s[Ag(CN)_2^-]}{K_s[Ag(NH_3)_2^+]}$$

已知 $[Ag(NH_3)_2]^+$ 和 $[Ag(CN)_2]^-$ 的 K_s 分别为 1.1×10^7 和 1.3×10^{21}，

则：
$$K = \frac{K_s[Ag(CN)_2^-]}{K_s[Ag(NH_3)_2^+]} = \frac{1.3 \times 10^{21}}{1.1 \times 10^7} = 1.2 \times 10^{14}$$

可见，转化反应的 K 很大，只要 CN^- 足够多，$[Ag(NH_3)_2]^+$ 可以完全转化为 $[Ag(CN)_2]^-$。

三、配合物在医药中的应用

由于自然界中大多数化合物以配合物的形式存在，配合物的形成能够明显地表现出各元素的化学个性，因此配位化学所涉及的范围及应用非常广泛。例如，核燃料和核反应堆材料的生产、稀有金属和有色半导体、激光材料的分离提纯，石油化工及有机高分子合成中高效、高选择性配位催化剂的设计和制备，抗癌、杀菌、抗风湿、治疗心血管病等重要药物的研制以及电镀、印染、分析技术等许多方面都与配位化学密切相关。这里仅简要介绍配合物在医药学领域中的应用。

1. **配合物在人体中的重要作用** 人体必需微量元素 Mn、Fe、Co、Cu、Mo、I、Zn 等都以配合物的形式存在于人体内，其中金属离子为中心原子，生物大分子（蛋白质、核酸等）为配位体。有些微量元素是酶的关键成分，大约 1/3 的酶是金属酶，如催化二氧化碳可逆水合作用的碳酸酐酶（CA，主要包括碳酸酐酶 B 和碳酸酐酶 C 等）是含 Zn 的酶；清除体内自由基的超氧化物歧化酶（SOD）是含 Zn、Cu 的酶；清除体内 H_2O_2 以及类脂过氧化物的谷胱甘肽过氧化物酶（GSH-px）是含 Se 的酶。有些微量元素参与激素的作用，有些则影响核苷酸和核酸的生物功能等。

2. **解毒作用** 环境污染、过量服用金属元素药物以及金属代谢障碍均能引起体内污染元素如 Hg、Pb、Cd、As、Be 等的积累和 Fe、Ca、Cu 等必需元素的过量，造成金属中毒。

对于体内的有毒或过量的金属离子，一般可选择合适的配位剂（如二巯基丙醇、EDTA 三钠等）与其结合而排出体外。这种方法称为螯合疗法，所用的螯合剂称为促排剂（或解毒剂）。例如，D-青霉胺常用来排除体内积累的铜和治疗或控制威尔逊病（Wilson 病）。D-青霉胺的结构式为：

$$\underset{\underset{CH_3}{|}}{\overset{HS}{\underset{}{CH_3-C}}}-\overset{NH_2}{\underset{}{CH}}-COOH$$

它能和 Cu^{2+} 离子螯合，形成相对分子质量约为 2 600 的深紫色螯合物。使初疗者每天 1~2g 的剂量能排除 8~9mg Cu^{2+}，而且不引起正常贮存铜的释放。二巯基丁二酸钠可以和进入人体的 Hg、As 及某些金属离子形成螯合物而解毒；枸橼酸钠可以和铅形成稳定的螯合物，枸橼酸钠能将体内的铅转变为稳定的无毒的 $[Pb(C_6H_5O_7)]^-$ 配离子，使之经肾脏排出体外，是防治职业性铅中毒的有效药物；EDTA 的钙盐是排除人体内 U、Th、Pu 等放射性元素的高效解毒剂。

3. **杀菌、抗病毒作用** 多数抗微生物的药物属配位体，与金属配位后能增加其活性。例如，丙基异烟肼与一些金属生成的配合物的抗结核杆菌的能力比配体更强,原因是配合物的形成提高了药物的脂溶性和透过细胞膜的能力,从而活性更高。某些配合物有抗病毒的活性。病毒的核酸和蛋白体均为配位体,能和阳离子作用,生成生物金属配合物。配离子或与细胞外病毒作用,或占据细胞表面防止病毒的吸附,或防止病毒在细胞内的再生,从而阻止病毒的增生。抗病毒的配合物是以二价的ⅦB、ⅧB 族金属做中心原子,以 1,10-邻菲罗啉或其他乙酰丙酮为配位体的配合物。

4. 其他药物 配位化合物与生命过程密切相关。许多药物本身是配合物。如治疗血吸虫病的酒石酸锑钾、治疗糖尿病的胰岛素(锌的配合物)、治疗缺铁性贫血的枸橼酸铁铵是铁的配合物、抗风湿药物如阿司匹林及水杨酸衍生物等与铜形成配合物后疗效大增。对人体有重要作用的维生素 B_{12} 是钴元素的配合物等。1969 年首次报道顺式-二氯·二氨合铂(Ⅱ)$[PtCl_2(NH_3)_2]$ 具有抗动物肿瘤活性的能力。顺铂能破坏癌细胞 DNA 的复制能力,抑制癌细胞的生长,从而达到治疗的目的。特别值得提出的是,我国采用口服剂量的亚硒酸钠对地方性心肌病——克山病的防治取得了显著的成效,有关的研究单位 1984 年荣获了国际生物无机化学协会授予的"施瓦茨奖"。该奖是以发现硒元素在机体生命活动中有重要作用的已故美国科学家的姓氏命名的。

5. 临床生化检验方面的应用 由于离子在生成配合物时,常显示某种特征颜色,故可用于离子的定性与定量检验。例如,测定尿中铅的含量,常用二硫腙与 Pb^{2+} 生成红色螯合物,然后进行比色分析;检验人体是否是有机汞中毒,取尿液酸化后,加入二苯胺基脲醇溶液,若出现紫色或蓝紫色,即说明有 Hg^{2+} 存在;血清中铁含量的测定是先用 Na_2SO_3 将 Fe^{3+} 还原为 Fe^{2+},然后与 α,α'-双吡啶生成红色 α,α'-双吡啶-铁螯合物,再进行比色分析;再如检验血清中铜的含量,可于血清中加入三氯乙酸除去蛋白质后,滤液中加入二乙胺基二硫代甲酸钠生成黄色配合物,就可用比色法测定其含量。

生 物 配 体

在生物体中,金属元素和生物分子中的配位原子结合以配位化合物的形式存在。具有生物功能的分子或离子,就是生物配体。按照分子量大小,可分为大分子配体和小分子配体两大类。大分子配体的相对分子量从几千到数百万,如蛋白质、多糖、核酸以及糖蛋白、脂蛋白等。小分子配体有氨基酸、卟啉以及一些简单的如 Cl^-、SO_4^{2-} 等酸根离子,另外简单分子配体如 H_2O、NO、羧酸和胺类等。

氨基酸是蛋白质的基本结构单位,氨基酸的性质与其侧链 R 基团的性质有关,其侧链也是参与和金属离子作用的主要基团。半胱氨酸的巯基、甘氨酸和天冬氨酸的羧基等都可以和金属离子作用形成稳定的配合物。如甘氨酸和 $Zn(Ⅱ)$ 形成稳定的五元环螯合物 $[Zn(Gly)_2]$。

血红素的活性部位就是铁卟啉。卟啉是最重要的生物配体之一。哺乳动物体内 70% 的铁元素与卟啉形成配合物。除血红素外,叶绿素是一类含镁的卟啉衍生物,是构成高等植物和绝大多数藻类光合作用的主要成分。构成卟啉骨架的卟吩是一个具有多个双键的共轭大 π 键体系。卟啉和金属离子形成的配合物统称为金属卟啉。和卟啉类似的结构还有咕啉,咕啉的共轭程度不如卟啉环高。维生素 B_{12} 的结构中就含有咕啉环。维生素 B_{12} 具有多种生理功能,缺乏会引起恶性贫血症。

核酸是生物体内承载和传递信息的载体,是最重要的生物大分子。核酸是多聚核苷酸,其基本结构单位是核苷酸,一个核苷酸分子由戊糖环、碱基和磷酸基三部分构成,其中每部分都可与金属离子发生相互作用。核酸在结构、功能、甚至生物催化上都具有重要作用。

本章小结

1. 由一个金属阳离子(或原子)和一定数目的中性分子(或阴离子)按一定的空间结构以配位键结合而成的复杂离子称为配位离子。配离子和其他反电荷离子所组成的化合物称为配位化合物,简称配合物。配合物一般可分为内界和外界两个组成部分,内界由中心原子和配位体间以配位键相结合形成。

2. 配位体可分为单齿配位体和多齿配位体,由单齿配位体与中心原子形成的配合物是简单配合物,由中心原子和多齿配位体结合而成的具有环状结构的配合物是螯合物,多齿配体称为螯合剂。

3. 配合物的命名服从一般无机化合物的命名原则,即阴离子在前,阳离子在后。若配合物的内界为阴离子时,作为酸根;内界是阳离子时,则相当于普通盐中的简单阳离子称为某化某或某酸某。配离子命名是按配位体数→配位体→合→中心离子(氧化数)的顺序命名。

4. 大多数易溶于水的配合物容易解离为配离子和外界离子,而配离子只能部分解离出中心原子和配体,在水溶液中,存在着配位平衡,K_s 的大小表示配离子稳定性的大小。K_s 越大,表明配离子的形成的趋势越大,配离子越稳定。

配位平衡与其他化学平衡一样,受外界条件的影响,如改变介质的酸度、加入沉淀剂、氧化剂、还原剂或配位剂,平衡都会发生移动。

(姜　斌)

扫一扫,测一测

思考题

1. 命名下列配合物或写出配合物的化学式

(1) $Na_3[Ag(S_2O_3)_2]$

(2) $[Co(en)_3]_2(SO_4)_3$

(3) $Na_2[SiF_6]$

(4) $[Co(ONO)(NH_3)_5]SO_4$

(5) $[Co(NCS)(NH_3)_5]Cl_2$

(6) 六氯合铂(Ⅱ)酸钾

(7) 硫酸氯·硝基·二(乙二胺)合铂(Ⅳ)

(8) 二氯·四硫氰根合铬(Ⅲ)酸铵

(9) 五羰基合铁

2. 有两种钴(Ⅲ)配合物组成均为 $Co(NH_3)_5Cl(SO_4)$,但分别只与 $BaCl_2$ 和 $AgNO_3$ 生成沉淀。请写出两个配合物的化学结构式。

3. 试解释以下实验现象

(1) 在 $NH_4Fe(SO_4)_2$ 溶液中加入 KSCN,可出现血红色反应。

(2) 在 $K_3[Fe(CN)_6]$ 溶液中加入 KSCN,无血红色反应。

(3) AgCl 沉淀溶于氨水,再加 HNO_3 酸化,则又有 AgCl 沉淀析出。

(4) $AgNO_3$ 能从 $[Pt(NH_3)_6]Cl_4$ 的溶液中,将所有的氯沉淀为 AgCl,但在 $[Pt(NH_3)_3Cl_3]Cl$ 溶液中,仅能沉淀出 1/4 的 Cl^-。

4. $[Cu(NH_3)_4]SO_4$ 溶液中,存在下列平衡:$[Cu(NH_3)_4]^{2+} \rightleftharpoons Cu^{2+}+4NH_3$,分别向溶液中加入少量下列物质,请判断平衡移动的方向。

（1）$NH_3 \cdot H_2O$　　　　（2）稀 H_2SO_4 溶液　　　　（3）Na_2S 溶液　　　　（4）KCN 溶液

5. $[Cu(NH_3)_4]^{2+}$ 的 $K_s = 2.1 \times 10^{13}$，试计算 0.1mol/L 的 $[Cu(NH_3)_4]SO_4$ 溶液中 Cu^{2+} 的浓度。

6. 已知 $[Zn(CN)_4]^{2-}$ 的 $K_s = 5.0 \times 10^{16}$，ZnS 的 $K_{sp} = 2.93 \times 10^{-25}$。在 0.01mol/L 的 $[Zn(CN)_4]^{2-}$ 溶液中通入 H_2S 至 $[S^{2-}] = 2.0 \times 10^{-15}$mol/L，是否有 ZnS 沉淀生成？

1. 掌握：碳族、氮族、氧族和卤族元素核外电子排布周期性与元素性质的递变规律；碱金属和碱土金属核外电子排布周期性与元素性质的递变规律。

2. 熟悉：常见非金属和金属在元素周期表中的位置；常见非金属和金属元素及其重要化合物的性质；重要单质及其化合物的鉴别方法和原理。

3. 了解：常见非金属和金属元素在医药领域及生活、生产中的应用；常见过渡金属元素的应用。

自然界中存在 100 多种化学元素，它们分别只由一种原子组成，其原子核具有与原子序数同样数量的质子，用一般的化学方法不能使之分解，并且能构成一切物质。根据元素的性质将其分为非金属元素和金属元素。其中稳定存在的元素达 94 种，这些元素以不同的数目和方式结合成性质各异的化合物，形成了多姿多彩的大千物质世界，元素及其化合物是无机化学的重要内容之一。

第一节　非金属元素

一、碳族元素

（一）概述

碳族元素包括碳（C）、硅（Si）、锗（Ge）、锡（Sn）、铅（Pb）和𫓧（Fl），价电子层上有 4 个电子，是位于元素周期表中的ⅣA族元素。碳族元素在分布上差异很大，碳和硅在地壳有广泛的分布；锡、铅也较为常见，锗的含量则十分稀少，𫓧是一种人工合成的放射性化学元素。碳以二氧化碳、碳酸盐和有机物的形式存在，硅以二氧化硅和硅酸盐为主。

碳族元素对于生物体维持正常生命现象有着极其重要的作用。其中，碳元素是构成生命的六大要素之一；硅是人和动、植物所必需的微量元素，能维持骨骼、软骨和结缔组织的正常生长，同时还参与一些重要的生命代谢；锗对生物体的携氧功能具有促进作用；锡对大鼠具有促生长作用；铅则能阻碍植物生长。

碳族元素的基本性质列于表 9-1 中。

碳族元素的价电子层构型为 ns^2np^2，核外最外层有 4 个价电子。碳族元素表现出一定的周期性，

表 9-1　碳族元素的基本性质

性质	元素				
	碳	硅	锗	锡	铅
元素符号	C	Si	Ge	Sn	Pb
原子序数	6	14	32	50	82
相对原子质量	12.01	28.08	72.59	118.71	207.2
价电子层结构	$2s^2 2p^2$	$3s^2 3p^2$	$4s^2 4p^2$	$5s^2 5p^2$	$6s^2 6p^2$
共价半径/pm	77	117	122	140	147
主要氧化数	+4,+2	+4	+4,+2	+4,+2	+4,+2

从上到下,元素的金属性增强,非金属性减弱,由典型的非金属元素过渡到典型的金属元素,+4 价化合物稳定性降低,+2 价化合物稳定性提高。

（二）重要单质及其常见化合物的性质

1. 碳单质　碳是常见的非金属元素,以多种形式广泛存在于大气、地壳和生物之中。碳单质很早就被人类认识和利用,碳的一系列化合物,尤其是有机物更是生命的根本,生物体内绝大多数分子都含有碳元素。自然界中常见碳的同素异形体主要有金刚石和石墨,其结构见图 9-1。

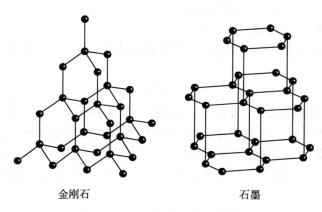

金刚石　　　　　　　石墨

图 9-1　常见碳的同素异形体

碳单质的同素异形体由于结构不同,其物理性质及用途也大不相同,表 9-2 列出了金刚石和石墨的物理性质及应用。

表 9-2　金刚石和石墨的性质及用途

同素异形体	金刚石	石墨
外观	无色、透明、正八面体状晶体	深灰色、鳞片状固体
光泽	加工后光泽夺目	略有金属光泽
硬度	最硬	较软
导电性	无	良好
导热性	良好	良好
用途	刻刀、钻探机钻头、装饰品等	铅笔芯、电极、润滑剂等

知识拓展

球状碳单质——碳的第三种同素异形体

金刚石和石墨是两种早已为人们所熟知的碳的同素异形体。1985 年,科学家首次发现了碳的第三种同素异形体——C_{60},该分子是一种球状碳单质,其外形像足球,亦称足球烯,见图 9-2。60 个 C 原子组成一个笼状的多面体圆球,球面有 20 个六元环,12 个五元环,每个顶角上的 C 原子与周围 3 个 C 原子相连,形成 3 个 σ 键。各个 C 原子剩余的轨道和电子共同组成离域大 π 键。这个球烯 C_{60} 分子内碳碳间是共价键结合,而分子间以范德华力结合成分子晶体。与一般分子晶体不同,球烯分子晶体具有一些特殊性质,由于微小 C_{60} 球体间作用力弱,可作为极好润滑剂,其衍生物或添加剂有可能在超导、半导体、催化剂、功能材料等许多领域得到广泛应用。

目前的研究发现球形碳单质也有一个庞大的家族,其成员有:C_{28},C_{32},C_{44},C_{50},C_{60},C_{70},C_{120},C_{180}……。

视频:C_{60} 的立体结构

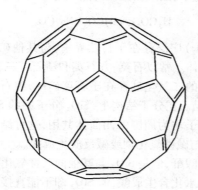

图 9-2 C_{60} 的结构

此外,活性炭也是碳的一种常见存在形式。活性炭具有疏松、多孔的结构,具有很强的吸附能力,是药物合成、天然药物有效成分分离提取、药品生产和药物制剂过程中常用的吸附剂。活性炭在医药上能被用于止泻的吸附药,吸附胃肠内各种刺激物和有害物质,减轻肠内容物对肠壁的刺激,也可用于治疗各种胃肠胀气、腹泻和食物中毒等。

碳在常温下化学性质不活泼,较稳定,不易反应。所以古代都用墨书写、作画,并能一直保存到现代,且通常要求书写档案时要用碳素墨水。

2. **常见碳族的化合物及其性质** 碳的化合物有很多种,其中碳的无机化合物主要有氧化物、碳化物、二硫化碳、碳酸盐、碳酸氢盐等,有机化合物中都含有碳元素。这里主要介绍二氧化碳、碳酸及其盐。

(1) **二氧化碳**:二氧化碳(CO_2)是无色、无味的气体,密度比空气大,可溶于水,在高温低压下可形成固体,俗称干冰,是一种方便常用的制冷剂。

二氧化碳溶于水中形成碳酸,碳酸为二元弱酸。CO_2 溶液中只有小部分生成 H_2CO_3,大部分以水合分子形式存在,很不稳定,浓度增大时立即分解放出 CO_2。

$$CO_2(g) + H_2O(l) \rightleftharpoons H_2CO_3(aq)$$

由于二氧化碳可溶于水而生成碳酸,因此,将二氧化碳气体通入澄清的石灰水[$Ca(OH)_2$]时会使其变浑浊,这可用于鉴别二氧化碳气体。

高温时,二氧化碳可与碳单质发生氧化还原反应,其过程如下:

$$CO_2(g) + C(s) \xrightarrow{\text{高温}} 2CO(g)$$

(2) **碳酸**:碳酸可与碱反应形成碳酸盐(正盐)和碳酸氢盐(酸式盐)两种,其性质主要是溶解性、水解性和热稳定性。

大多数酸式碳酸盐都能溶于水,正盐中只有铵盐和碱金属(锂除外)的盐可溶于水。可溶性的碳酸盐均易发生水解而使溶液呈碱性,其过程如下:

$$CO_3^{2-}(aq)+H_2O(l)\Longleftrightarrow HCO_3^-(aq)+OH^-(aq)$$
$$HCO_3^-(aq)+H_2O(l)\Longleftrightarrow H_2CO_3(aq)+OH^-(aq)$$

其中,H_2CO_3-HCO_3^- 互为共轭酸碱对,是人体血液中最主要的缓冲对,对维持人体血液的正常 pH 起着极其重要的作用。

碳酸盐在加热时会分解,生成金属氧化物并放出二氧化碳气体,此反应不是氧化还原过程。不同的碳酸盐其热稳定性差异很大。其中碱金属和碱土金属碳酸盐的热稳定性较高,必须灼烧至高温才分解;而有些金属的碳酸盐的热稳性较低,加热到100℃左右就分解,如碳酸铍等;有的碳酸盐在常温下就可以分解,如碳酸汞。酸式碳酸盐的热稳定性比相同金属的碳酸盐低得多。例如碳酸钠,要851℃以上才开始分解,而碳酸氢钠在270℃左右就明显分解。

碳酸的热稳定性比酸式碳酸盐小,酸式碳酸盐的热稳定性又小于相应的碳酸盐。例如:

$$H_2CO_3<NaHCO_3<Na_2CO_3$$

(3) 二氧化硅:二氧化硅(SiO_2)广泛存在于自然界中,与其他矿物构成岩石,天然存在的二氧化硅又称硅石,是一种坚硬难溶的固体。常以石英、方石英和鳞石英三种变体存在。天然的二氧化硅分为晶态和无定形两大类,其中晶态的二氧化硅存在于石英矿中,纯石英是无色透明的晶体,大而透明的棱柱状石英就是人们常说的水晶。在分子结构上,SiO_2 分子中的 Si 采用 sp^3 杂化轨道与 O 形成硅氧四面体,处于四面体顶端的氧原子均为周围的四面体共用,这种结构导致其化学性质很稳定,一般不与水和酸反应(HF 除外),但能与碱性氧化物或碱反应生成盐。

SiO_2 是酸性氧化物,是硅酸的酸酐,但是 SiO_2 与其他的酸性氧化物相比却有一些特殊的性质:

1) 酸性氧化物大都能直接跟水化合生成酸,但 SiO_2 却不能直接跟水化合。所对应的水化物——硅酸,只能用相应的可溶性硅酸盐与酸反应制得(硅酸不溶于水,是弱酸,酸性比碳酸还要弱)。

2) SiO_2 能与氢氟酸反应,生成气态的四氟化硅,反应过程如下:

$$SiO_2(s)+4HF(aq)\Longrightarrow SiF_4(g)+2H_2O(l)$$

文本:如何用氢氟酸雕刻玻璃花纹

普通玻璃、石英玻璃的主要成分是二氧化硅。因此,可用氢氟酸来腐蚀玻璃,在玻璃上雕花刻字。

3) SiO_2 能与强碱溶液反应生成水玻璃,是一种矿物胶,常用作黏合剂。反应过程为:

$$2NaOH(aq)+SiO_2(s)\Longrightarrow Na_2SiO_3(s)+H_2O(l)$$

因此,实验室盛放碱溶液的试剂瓶不能用玻璃塞,而应用橡胶塞。

知识拓展

二氧化硅的用途

二氧化硅的用途很广,常被用作高性能通讯材料光导纤维的主要原料,此外,水晶也常用于制造电子工业的重要部件、光学仪器,也用来制成高级工艺品和眼镜片等。

1. 二氧化硅用于制造平板玻璃,玻璃制品,铸造砂,玻璃纤维,陶瓷彩釉,防锈用喷砂,过滤用砂,熔剂,耐火材料以及制造轻量气泡混凝土。

2. 当二氧化硅结晶完美时就是水晶;二氧化硅胶化脱水后就是玛瑙;二氧化硅含水的胶体凝固后就成为蛋白石;二氧化硅晶粒小于几微米时,就组成玉髓、燧石、次生石英岩。

3. 在食品工业中,二氧化硅可用作抗结剂、消泡剂、增稠剂、助滤剂、澄清剂。添加于蛋粉、糖粉、奶粉、可可粉、可可脂、植物性粉末、速溶咖啡、汤料粉等。

4. 药用二氧化硅是用作药品制剂的一种新型辅料,主要用作润滑剂、抗粘剂、助流剂。特别适宜油类、浸膏类药物的制粒。制成的颗粒具有很好的流动性和可压性,在直接压片中用作助流剂,还可作为助滤剂,澄清剂,以及液体制剂的助悬剂,增稠剂等。

笔记

二、氮族元素

（一）概述

氮族元素包括氮（N）、磷（P）、砷（As）、锑（Sb）、铋（Bi）和镆（Mc），价电子层上有 5 个电子，是周期表中的第 VA 族元素。氮族元素从典型非金属元素（N、P）过渡到典型金属元素（Bi），表现出一个完整的过渡。镆是一种人工合成的放射性金属元素，原子序数是 115，属于弱金属之一。

氮以多种形式广泛存在于自然界中，大气层中的氮主要以游离态的氮分子存在，在土壤、水源中以铵盐和硝酸盐的无机盐形式存在，在生物体中以氨基酸、蛋白质等形式存在。工业尾气、燃料废气和汽车尾气中含有的氮氧化物（NO 和 NO_2）是大气污染的主要来源。磷广泛存在于动植物体内，最初是从人和动物的尿液及骨骼中提取得到的。砷多以重金属的砷化合物和硫砷化合物形式混存于金属矿中，在地壳中的含量约为 $1\sim2mg/kg$，土壤中的含量约 $10\sim500mg/kg$。

氮族元素的基本性质见表 9-3。

表 9-3　氮族元素的基本性质

性质	元素				
	氮	磷	砷	锑	铋
元素符号	N	P	As	Sb	Bi
原子序数	7	15	33	51	83
相对原子质量	14.00	30.97	74.92	121.76	208.98
价电子层结构	$2s^2 2p^3$	$3s^2 3p^3$	$4s^2 4p^3$	$5s^2 5p^3$	$6s^2 6p^3$
共价半径/pm	70	110	121	141	152
主要氧化数	$-3,+1,+2,+3,+4,+5$	$-3,+3,+5$	$-3,+3,+5$	$+3,+5$	$+3,+5$

氮族元素原子的价电子层构型为 $ns^2 np^3$，原子的最外电子层上都有 5 个电子，这就决定了它们均处在周期表中第 VA 族，最高氧化数均为 +5，最高氧化物的化学式可用 R_2O_5 表示，其对应水化物为酸。若能形成气态氢化物，则均显 -3 价，气态氢化物化学式可用 RH_3 表示。

氮族元素随着原子序数的增加，气态氢化物稳定性逐渐减弱（$NH_3>PH_3>AsH_3$）；最高价氧化物对应水化物的酸性逐渐减弱（$HNO_3>H_3PO_4>H_3AsO_4$）；元素的非金属性也逐渐减弱，砷虽是非金属，却已表现出某些金属性，而锑、铋却明显表现出金属性。

（二）氮及其常见化合物的性质

1. 氮气（N_2）　氮气（N_2）是氮的最稳定状态，其在大气中约占 78%。氮气是无色、无味的气体，在水中的溶解度较小。

氮气分子结构中存在 N≡N 叁键的结构，在常温下化学性质不活泼，几乎为惰性的双原子分子气体。因此，氮气常被用作焊接金属的保护气，也可以通过充氮用于食品的防腐。

氮气可在高温高压条件下与氢气化合，合成氨气。

$$N_2(g)+3H_2(g) \underset{催化剂}{\overset{高温高压}{\rightleftharpoons}} 2NH_3(g)$$

2. 氨（NH_3）及铵盐　常温下，氨（NH_3）是一种具有强烈刺激性气味的无色气体，氨为极性分子，极易溶于水，形成的水溶液称为氨水。NH_3 溶解在水中时可以与水分子中的 H^+ 结合，形成的氨水溶液显弱碱性，能使湿润的红色石蕊试纸变蓝。NH_3 分子中氮的氧化数为 -3，因此，氨具有还原性，在适当条件下可被氧化为 N_2 或更高价氮的化合物。

氨分子中的氮原子有一对孤对电子，可与金属离子形成配位化合物。例如，将氨水加到 $CuSO_4$ 溶液中，首先生成蓝色的 $Cu_2(OH)_2SO_4$ 沉淀，继续加氨水，沉淀溶解，溶液变为澄清透明的深蓝色，蒸发浓缩后可析出深蓝色的晶体，该晶体是氨和 Cu^{2+} 形成配合物 $[Cu(NH_3)_4]SO_4$，反应过程如下：

$$2CuSO_4+2NH_3 \cdot H_2O =\!=\!= (NH_4)_2SO_4+Cu_2(OH)_2SO_4 \downarrow$$
$$CuSO_4+4NH_3 \cdot H_2O =\!=\!= 4H_2O+[Cu(NH_3)_4]SO_4$$

氨与酸反应形成的盐称为铵盐。铵盐均能溶于水,不稳定,受热易分解。如:

$$NH_4Cl =\!=\!= NH_3 \uparrow +HCl \uparrow$$
$$NH_4HCO_3 =\!=\!= NH_3 \uparrow +CO_2 \uparrow +H_2O$$

铵盐遇强碱时会产生氨气,这是实验室制备氨气的常用方法,也被用作鉴定 NH_4^+。

$$NH_4^+ + OH^- \Longrightarrow NH_3 \uparrow + H_2O$$

常见的铵盐有 NH_4Cl(氯化铵,无色晶体或白色结晶)、$(NH_4)_2SO_4$(硫酸铵,白色结晶)、NH_4NO_3（硝酸铵,无色晶体）。

3. 氮的含氧酸及其盐

（1）亚硝酸（HNO_2）及其盐:亚硝酸（HNO_2）是弱酸（$K_a = 5.13 \times 10^{-4}$）,但略强于醋酸（HAc）。亚硝酸不稳定,只存在于冷的稀溶液中,浓溶液或加热时即分解为 NO 和 NO_2。

亚硝酸形成的盐比其稳定。腌制食品中均含有一定量的亚硝酸盐,亚硝酸盐对人体有毒,易转化为致癌物质亚硝酸铵。

在亚硝酸及其盐中氮原子具有中间氧化数+3,因此,NO_2^- 既有氧化性又有还原性。在酸性介质中以氧化性为主,例如,NO_2^- 能将 I^- 氧化为 I_2。

$$2NO_2^- + 2I^- + 4H^+ =\!=\!= 2NO \uparrow + I_2 + 2H_2O$$

分析化学上用此反应定量测定亚硝酸盐含量。只有遇到强氧化剂时,亚硝酸及其盐才表现出还原性,被氧化而生成 NO_3^-。

NO_2^- 也是很好的配位体,能与许多过渡金属离子生成配离子,如 NO_2^- 与钴盐生成 $[Co(NO_2)(NH_3)_5]^{2+}$ 配离子。

（2）硝酸（HNO_3）及其盐:纯硝酸（HNO_3）是有刺激性气味,易挥发的无色液体。硝酸可以任意比例与水混合。一般市售硝酸密度为 1.42g/ml,含 HNO_3 68%~70%,浓度相当于 15mol/L。

硝酸是强酸,但不稳定,受热或见光时会发生分解而产生 NO_2 气体,使其颜色慢慢变黄,因此,硝酸应于棕色瓶中密闭低温贮存。

$$4HNO_3 =\!=\!= O_2 \uparrow + 4NO_2 \uparrow + 2H_2O$$

硝酸具有强氧化性,能与大部分非金属和几乎所有的金属（除 Au、Pt 等贵重金属外）发生氧化还原反应,还原产物与硝酸的浓度和还原剂的还原性强弱有关。一般来说,当硝酸与金属反应时,浓 HNO_3 的还原产物主要为 NO_2,稀 HNO_3 由于浓度和金属活泼性不同,主要还原产物也不同。例如:

$$Cu+4HNO_3(浓) =\!=\!= Cu(NO_3)_2+2NO_2 \uparrow +2H_2O$$

铁、铝和铬能溶于稀 HNO_3,但在冷的浓 HNO_3 中因表面钝化,阻止了内部金属的进一步氧化,故可用铝制容器来盛装或运输浓硝酸。

将浓盐酸与浓硝酸以 3:1 的体积比混合即得到王水,其氧化能力强于硝酸,可溶解金、铂等金属。

硝酸盐大多为易溶于水的无色晶体,其水溶液无氧化性。固体硝酸盐常温下较稳定,受热时易分解放出 O_2,故在高温下具有氧化性。硝酸盐可用来制造黑火药、氮肥,硝酸银可用于检验卤化物。

4. 磷酸（H_3PO_4）及其盐　纯净的磷酸（H_3PO_4）是无色晶体,沸点为 261℃,是高沸点酸。磷酸具有吸湿性,可以与水任意比例混溶。市售磷酸是含 85% H_3PO_4 的黏稠状浓溶液,密度为 1.685g/ml。磷酸不易挥发,不易分解,几乎没有氧化性,具有酸的通性。

磷酸根离子具有很强的配位能力,能与许多金属离子生成可溶性的配合物。如 Fe^{3+} 与 PO_4^{3-} 可生成无色的可溶性配合物 $[Fe(PO_4)_2]^{3-}$ 和 $[Fe(HPO_4)_2]^-$,利用这一性质,分析化学上常用 PO_4^{3-} 掩蔽 Fe^{3+} 离子。

磷酸是三元中强酸,形成的磷酸盐有:正盐(PO_4^{3-})、磷酸一氢盐(HPO_4^{2-})、磷酸二氢盐($H_2PO_4^-$)。正盐和一氢盐中除钾、钠、铵等少数盐外,其余都难溶于水,但能溶于强酸,二氢盐都易溶于水。

$H_2PO_4^-$、HPO_4^{2-}、PO_4^{3-} 与 H^+ 不能共存,$H_2PO_4^-$、HPO_4^{2-} 与 OH^- 不能共存,$H_2PO_4^-$ 与 PO_4^{3-} 不能共存(化合生成 HPO_4^{2-}),$H_2PO_4^-$ 与 HPO_4^{2-} 可共存,$H_2PO_4^-$ 和 PO_4^{3-} 可共存。

磷酸盐与过量钼酸铵在浓硝酸溶液中反应有淡黄色磷钼酸铵晶体析出,这是鉴定磷酸根离子的特征反应。

$$PO_4^{3-}+12MoO_4^{2-}+3NH_4^++24H^+ === (NH_4)_3[P(Mo_{12}O_{40})] \cdot 6H_2O \downarrow +6H_2O$$

5. 砷的重要化合物　砷(As)具有两性,属于类金属,是一种有毒物质。砷元素广泛存在于自然界,共有数百种的砷矿物已被发现。最常见的砷的化合物有砷化氢和三氧化二砷。

(1)砷化氢(AsH_3):砷化氢是最简单的砷化合物。标准状态下,AsH_3 是一种无色、剧毒的可燃气体,密度大于空气,可溶于水及多种有机溶剂的气体。常温下 AsH_3 很稳定,分解成氢和砷的速度非常慢,但温度高于 230℃ 时,便迅速分解。砷化氢是强还原剂,很容易被氧化,能使重金属从其盐中沉积出来。

(2)三氧化二砷(As_2O_3):三氧化二砷俗称砒霜,微溶于水,无臭无味,外观为白色霜状剧毒粉末,故称砒霜。检查药品中砷含量是否超标,可利用将无毒的五价砷还原为三价砷的原理来检测。

知识拓展

药物中砷盐的检查

砷盐为毒性杂质,多由药物生产过程所使用的无机试剂以及搪瓷反应容器引入,需严格控制其限量。《中国药典》(2020 年版)规定采用古蔡法和二乙基二硫代氨基甲酸银法(简称 Ag-DDC 法)检查药物中微量的砷盐。

1. 古蔡法

检查原理:金属锌与酸作用产生新生态氢,与药物中微量砷盐反应,生成具挥发性的砷化氢气体,遇溴化汞试纸产生黄色至棕色的砷斑,与一定量标准砷溶液在相同条件下生成的砷斑进行比较,来判定药物中砷盐是否符合限量规定。

2. 二乙基二硫代氨基甲酸银法本法

检查原理:利用金属锌与酸作用产生新生态氢,与微量砷盐反应生成具挥发性的砷化氢,与二乙基二硫代氨基甲酸银发生反应,生成红色的胶体状态的单质银。

三、氧族元素

(一)概述

氧族元素包含氧(O)、硫(S)、硒(Se)、碲(Te)、钋(Po)、铊(Lv)六种元素,其中钋为金属,硒、碲为准金属,氧、硫是典型的非金属元素,铊属于金属元素,原子序数为 116,是一种放射性人造元素,属于弱金属之一。因此,本族元素是从非金属到金属元素的完整过渡。氧族元素是周期表中的第 VIA 族元素。氧(O)是地球含量最多的元素,达到约 49.3%,能以单质和化合物形式存在;硫在古代被称为“黄芽”,在自然界中也能以单质存在,但由于很多金属在自然界以氧化物或硫化物的形式存在,因此,氧元素和硫元素也常被称为“成矿元素”。

对生物体来说,氧元素对生物体维持基本生命起着非常重要的作用,其参与生命体的呼吸,以及有机物的氧化分解;而硫是构成蛋白质不可缺少的重要元素;低浓度的硒对部分植物生长具有刺激作用,但浓度高于一定范围时,反而会对植物的生长产生危害。

氧族元素的基本性质见表 9-4。

表9-4　氧族元素的基本性质

性质	元素				
	氧	硫	硒	碲	钋
元素符号	O	S	Se	Te	Po
原子序数	8	16	34	52	84
相对原子质量	15.99	32.06	78.96	127.6	209
价电子层结构	$2s^2 2p^4$	$3s^2 3p^4$	$4s^2 4p^4$	$5s^2 5p^4$	$6s^2 6p^4$
共价半径/pm	66	104	117	137	146
离子半径(M^{2-})/pm	140	184	198	221	—
主要氧化数	-2,0	-2,0,+2,+4,+6	-2,0,+2,+4,+6	-2,0,+2,+4,+6	—

从表9-4可知,氧族元素的价电子构型为$ns^2 np^4$,原子最外层有6个电子,反应中易获得2个电子或与其他元素共用2个电子,表现为氧化性,在与金属元素化合时,氧、硫、硒、碲四种元素通常显-2氧化数;但当硫、硒、碲处于含氧酸根中时,最高氧化数可达+6。一些过渡金属常以硫化物矿的形式存在于地壳中,如FeS_2、ZnS等。

氧族元素随着原子核电荷数逐渐增大,原子半径逐渐增大,得电子能力逐渐减弱,氧化性依次减弱。氧族元素中,除钋外都是分子晶体,熔点沸点依次递增。

（二）重要单质及其常见化合物的性质

1. 氧气和臭氧

（1）氧气:氧气(O_2)是一种无色、无味的气体,其在-183℃时液化成淡蓝色液体,当温度降至-218℃时则凝固成雪状淡蓝色的固体,氧气是非极性分子,不易溶于极性溶剂中,因此其在水中的溶解度很小。

氧气具有氧化性,是优良的助燃剂,与可燃性气体如氢气、乙炔、甲烷、油雾气、煤气、天然气等气体按一定比例混合容易发生爆炸。氧气是动植物维持生命活动不可缺少的物质,生物体最基本的呼吸、新陈代谢等活动都离不开氧气。

（2）臭氧:臭氧(O_3)是氧的同素异形体。在常温下,是一种具有特殊臭味的蓝色气体,当浓度较高时,与氯气气味相似。

臭氧主要存在于距地球表面20km的同温层下部的臭氧层中。可吸收对人体有害的短波紫外线,防止其到达地球,以屏蔽地球表面生物,不受紫外线侵害,起着保护人类和其他生物的作用,但氯气和氮氧化物促使臭氧分解为氧,破坏了臭氧保护层,成为人类关注的重要环境问题之一。在大气层中,氧分子因高能量的辐射而分解为氧原子(O),而氧原子与另一氧分子结合,即生成臭氧。臭氧又会与氧原子、氯或其他游离态物质反应而分解,由于这种反复不断地合成和分解,臭氧含量可维持在一定的均衡状态。

$$3O_2 \xrightarrow[\text{闪电作用下}]{\text{紫外线}} 2O_3$$

$$O_3 \xrightarrow{\text{分解}} O_2 + O$$

臭氧中氧原子(O)以sp^2杂化轨道形成σ键,因此,臭氧(O_3)分子结构呈平面等腰三角形,三个氧原子分别位于三角形的三个顶点,其键角为116.79°。臭氧不稳定,在常温下会自行分解为氧气。臭氧具有强烈的刺激性,吸入过量对人体健康有一定危害,是一种不可燃的纯净物。臭氧的主要化学性质是不稳定性和氧化性。具有比O_2更强的氧化性,是仅次于F_2的强氧化剂。常温下可将银氧化成氧化银,将硫化铅氧化成硫酸铅,还能使许多有机色素脱色,侵蚀橡胶,很容易氧化有机不饱和化合物等。

臭氧可用于净化空气,漂白饮用水,杀菌,处理工业废物和作为漂白剂。

在夏季,由于工业和汽车废气的影响,尤其在大城市周围农林地区地表臭氧会形成和聚集。地表臭氧对农作物或森林有害,也对人体,尤其是对眼睛,呼吸道等有侵蚀和损害作用。

2. **过氧化氢(H_2O_2)**　纯过氧化氢(H_2O_2)是淡蓝色黏稠液体,较稳定,加热到153℃时会猛烈分解为水和氧气。过氧化氢对有机物有很强的氧化作用,常被用作氧化剂。

过氧化氢能以任意比例与水混溶,其水溶液俗称双氧水。外观为无色透明液体,是一种强氧化剂,其不同浓度的水溶液适用于伤口消毒及环境、食品消毒。过氧化氢是极性分子,能溶于水、醇、乙醚,但不溶于苯、石油醚。其化学性质主要表现为弱酸性、氧化性、还原性和不稳定性。

（1）弱酸性:H_2O_2是二元弱酸,在水中存在微弱电离,能与碱作用生成过氧化物盐。

（2）氧化性:H_2O_2在酸性溶液中具有强氧化能力,常用作强氧化剂,其还原产物为H_2O。在中性或碱性条件其还原产物为氢氧化物。

$$H_2O_2+2KI+2HCl =\!=\!= 2KCl+I_2+2H_2O$$

（3）还原性:当H_2O_2遇到强氧化剂（如F_2、Cl_2）时,表现出还原性,如:

$$H_2O_2+Cl_2 =\!=\!= 2HCl+O_2$$

（4）不稳定性:过氧化氢在常温下会缓慢分解,在加热或者加入催化剂后能加快分解,生成水和氧气,常用的催化剂有二氧化锰、硫酸铜等。

$$2H_2O_2 =\!=\!= 2H_2O+O_2\uparrow$$

因此,为了降低过氧化氢的分解,实验室常把H_2O_2装在棕色瓶内避光并放在阴凉处保存。

3. **单质硫（S）**　单质硫是黄色或淡黄色固体,很脆,俗称硫磺。单质硫不溶于水,微溶于乙醇,易溶于CS_2。硫元素有-2、0、$+4$、$+6$四种常见氧化数,单质硫的氧化数是0,所以硫既有氧化性又有还原性,例如:

$$S+Fe =\!=\!= FeS$$

$$S+O_2 \xrightarrow{\text{点燃}} SO_2$$

4. **硫化氢（H_2S）**　硫化氢是无色,有臭鸡蛋气味的气体,其密度比空气大,有剧毒,能溶于水。硫化氢是一种大气污染物。硫化氢的水溶液称为氢硫酸,是一种二元弱酸,显弱酸性。H_2S中S的氧化数为-2,因此H_2S具有还原性,如:

$$2H_2S+3O_2(\text{充足}) \xrightarrow{\text{点燃}} 2SO_2+2H_2O$$

5. **硫的氧化物、含氧酸及其盐**

（1）二氧化硫（SO_2）:二氧化硫是无色,有强烈刺激性气味的有毒气体,密度比空气大,可溶于水。二氧化硫是大气主要污染物之一,当二氧化硫溶于水中,会形成亚硫酸（酸雨的主要成分）。火山爆发时会喷出该气体,在许多工业过程中也会产生二氧化硫。

（2）硫酸（H_2SO_4）:硫酸是硫的最重要的含氧酸。无水硫酸为无色黏稠状液体,沸点是338℃,相对密度为1.84g/ml。浓硫酸的黏稠性和高沸点是由于其分子间存在氢键。H_2SO_4易溶于水,溶解时产生大量的热,因此,稀释硫酸时,必须是将浓硫酸在搅拌的情况下缓慢地倾入水中。

硫酸是活泼的二元强酸,能和许多金属发生反应。稀硫酸具有一般酸的通性,浓硫酸还具有吸水性、脱水性和强氧化性。由于硫酸具有强烈的腐蚀性和氧化性,故需谨慎使用。

1）吸水性:浓硫酸是工业和实验室中常用的干燥剂,通常可用浓硫酸干燥的气体有:H_2、N_2、CO、CO_2、CH_4、SO_2、HCl、Cl_2等。

2）脱水性:浓硫酸能按$2:1$的比例脱去纸屑、棉花、锯末等有机物中的氢、氧元素,使这些有机物发生炭化。

3）强氧化性:浓硫酸可使多种金属和非金属发生氧化。例如,在常温下,浓硫酸能与锌等金属单质发生氧化还原反应,与铝、铁金属单质反应时会使其金属表面形成致密的氧化膜而导致其钝化,可阻止内部金属进一步反应。所以,常用铁罐运输冷浓硫酸。

$$4Zn+5H_2SO_4(浓)\xlongequal{\quad}4ZnSO_4+H_2S\uparrow+4H_2O$$

浓硫酸也可氧化某些非金属单质（C、S、P）和具有还原性的化合物，如：

$$C+2H_2SO_4(浓)\xlongequal{\quad}CO_2+2SO_2\uparrow+2H_2O$$

（3）亚硫酸钠（Na_2SO_3）：亚硫酸钠易溶于水，由于亚硫酸钠中的硫处于中间氧化态，所以该化合物既具有氧化性，又具有还原性。

（4）硫酸盐：硫酸盐大多数为离子化合物，易溶于水（除钙、锶、钡、铅、银外）。易形成复盐，如明矾 $K_2SO_4\cdot Al_2(SO_4)_3\cdot 12H_2O$。大多数硫酸盐还含有结晶水，如胆矾 $CuSO_4\cdot 5H_2O$。

SO_4^{2-} 能与无色透明的 $BaCl_2$ 反应而生成硫酸钡（$BaSO_4$）白色沉淀。这一反应常用作 SO_4^{2-} 的检验，其反应过程如下：

$$BaCl_2+Na_2SO_4\xlongequal{\quad}2NaCl+BaSO_4\downarrow（白色沉淀）$$

6. **硫代硫酸（$H_2S_2O_3$）及其盐**　硫代硫酸不稳定，主要以盐的形式存在。重要的硫代硫酸盐是硫代硫酸钠（$Na_2S_2O_3\cdot 5H_2O$），俗称海波或大苏打，易溶于水。

硫代硫酸钠遇酸会分解为 SO_2 和 S，如：

$$Na_2S_2O_3+2HCl\xlongequal{\quad}2NaCl+S\downarrow+SO_2\uparrow+H_2O$$

硫代硫酸钠具有还原性，能与许多氧化剂，如 I_2 等反应生成连四硫酸钠。连四硫酸钠可用于延长血液凝结时间，以及生物酶、肽键的修复等。

$$2Na_2S_2O_3+I_2\xlongequal{\quad}Na_2S_4O_6+2NaI$$

硫代硫酸钠具有很强的配位作用，可与金属离子形成稳定的配合物。

$$2S_2O_3^{2-}+AgBr\xrightarrow{\quad}[Ag(S_2O_3)_2]^{3-}+Br^-$$

借助于此反应，$Na_2S_2O_3$ 其常用作影像业的定影剂，可以溶解底片上未感光的溴化银。此外，$Na_2S_2O_3$ 强配位作用还可用于制作重金属中毒和氰化物中毒的解毒剂。

四、卤族元素

（一）概述

卤族元素包括氟（F）、氯（Cl）、溴（Br）、碘（I）、砹（At）、础（Ts），价电子层上有 7 个电子，是周期表中的第ⅦA族元素。卤素的希腊原文含义是成盐元素，因为卤族元素都能直接和碱金属作用生成盐类。

卤族元素都是活泼的非金属，卤素主要以卤化物形式存在于自然界。氟在自然界主要以 CaF_2（萤石）和磷灰石存在；氯、溴主要存在于海水和盐湖卤水中；碘主要是以碘酸盐沉积的形式存在；砹是放射性元素，大多由人工合成，以微量在短暂时间内存在；础是人工合成的放射性元素。

卤族元素的基本性质见表 9-5。

表 9-5 卤族元素的基本性质

性质	元素			
	氟	氯	溴	碘
元素符号	F	Cl	Br	I
原子序数	9	17	35	53
相对原子质量	18.99	35.45	79.90	126.9
价电子层结构	$2s^22p^5$	$3s^23p^5$	$4s^24p^5$	$5s^25p^5$
共价半径/pm	64	99	114	133
离子半径/pm	136	181	196	216
主要氧化数	-1,0	-1,0,+1,+3,+5,+7	-1,0,+1,+3,+5,+7	-1,0,+1,+3,+5,+7

如表 9-5 可知,卤素是各周期中原子半径最小,最活泼的非金属元素。

卤素原子均具有 ns^2np^5 的价电子构型,最外层电子数相同,均为 7 个电子,这是卤素各元素性质相似的重要基础。卤素原子价电子层只有一个单电子,只能形成一个共价键,所以其单质在常温下常以双原子分子的形式存在。由于卤族元素从上至下电子层数逐渐增多,原子半径也随之不同,从 F 原子到 I 原子半径依次增大,因此原子核对最外层电子的吸引能力依次减弱,从外界获得电子的能力依次减弱,元素的非金属性逐渐减弱,卤族元素的非金属性强弱顺序为 F>Cl>Br>I;单质的氧化性减弱;元素的非金属性越强,其单质与 H_2 反应越剧烈,得到的气态氢化物的稳定性越强;元素的最高价氧化物所对应的水化物的酸性也越强;熔点、沸点、密度等随分子间色散力的增大而增大;卤素的毒性从氟开始依次降低。

文本:碘与药物

（二）卤素单质（X_2）及其性质

卤族元素单质都是双原子分子,通常用 X_2 表示卤素单质的分子式。卤素单质的物理性质见表9-6。

表 9-6　卤素单质的物理性质递变规律

卤素单质	物理状态	颜色（常温）	密度	熔点、沸点	溶解度		
					水	乙醇	四氯化碳
F_2	气	浅黄绿色	密度由小到大	熔点沸点由低到高	反应	反应	反应
Cl_2	气	黄绿色			可溶,部分反应,浅黄绿色	易溶,黄绿色	易溶,黄绿色
Br_2	液	深红棕色			可溶,部分反应,橙黄色	易溶,橙红色	易溶,橙红色
I_2	固	紫黑色			微溶,褐色	易溶,深棕色	易溶,紫色

如表 9-6 可知,卤素单质物理性质的递变规律:从 $F_2 \to I_2$,颜色由浅到深,状态由气态逐渐过渡到固态,熔沸点和密度都逐渐增大,水溶性逐渐减小,在有机溶剂中的溶解度逐渐增大。

卤素单质 X_2 的化学性质很活泼。

1. X_2 与金属反应　卤素单质都可以与金属作用生成金属卤化物,反应方程式如下:

$$2M+nM_2 === 2MXn(M 表示金属单质)$$

2. 与氢气反应　卤素单质均能与 H_2 发生反应生成相应卤化氢,卤化氢均能溶于水,都可以与强碱作用。

$$H_2+X_2 === 2HX$$

各卤素单质与氢气反应的条件不同,从 $F_2 \to I_2$,反应条件越来越苛刻,反应的剧烈程度逐渐减弱,生成的气体氢化物的稳定性逐渐减弱,HF>HCl>HBr>HI。氢化物水溶液酸性逐渐增强,HI>HBr>HCl>HF。

3. 与水反应　卤素单质均能与水反应生成相应的氢卤酸和次卤酸(氟除外)。

$$X_2+H_2O === HX+HXO(X 表示 Cl、Br、I)$$

4. 卤素单质间的置换反应　活泼的卤素单质可以将较不活泼的卤离子置换出来。

$$F_2+2Cl^- === 2F^-+Cl_2$$

（三）卤化氢、氢卤酸和卤化物

卤化氢、氢卤酸　卤化氢是卤素氢化物的通称,化学式可表示为 HX。除 HF 外在水溶液中都是强酸,可使用卤素与氢气反应制得,或者卤化物与不挥发性酸反应制得。卤化氢都是无色刺激性臭味的气体。卤化氢是极性分子,均易溶于水,其水溶液称为氢卤酸。

卤化氢有较高的热稳定性,但热稳定性随着原子序数的增加急剧下降。卤素原子电负性大小按照 F、Cl、Br、I 的顺序递减,使得氢卤键越来越易断裂,氢原子变得更易于解离,酸性增强。除氢氟酸外,其余的氢卤酸都是强酸。卤素单质的氧化性随着 $F_2 > Cl_2 > Br_2 > I_2$ 而减弱,所以对应的还原态物质如卤化氢、卤离子的还原性却逐渐增强。表现为 HF 不能被任何氧化剂所氧化,HCl 只能被强氧化剂氧化(如:$KMnO_4$,$K_2Cr_2O_7$ 等),HBr 可以被强氧化剂和一些中等强度氧化剂(如 O_2 等)所氧化,HI 可以被许多氧化剂所氧化,包括能被 Cl_2 和 Br_2 氧化,露置于空气中的 HI 溶液会迅速变色。

氢氟酸具有与 SiO_2 或硅酸盐反应生成气态 SiF_4 的特殊性质。

$$SiO_2 + 4HF =\!=\!= SiF_4 \uparrow + H_2O$$

因此,实验室里氢氟酸不宜贮存于玻璃器皿中,一般应置于塑料容器中。

第二节　金　属　元　素

一、碱金属和碱土金属

(一)碱金属

碱金属包括锂(Li)、钠(Na)、钾(K)、铷(Rb)、铯(Cs)、钫(Fr),其原子的价电子层构型为 ns^1,原子最外层电子数为 1 个电子,是位于元素周期表中的第ⅠA族元素。

碱金属有很多相似的性质,都是银白色的金属(铯略带金色光泽),密度小,熔点和沸点都比较低,质地软,可以用刀切开,露出银白色的切面,在空气中易氧化失去光泽。易失去价电子,形成带一个单位正电荷的阳离子。能和水发生激烈的反应,生成强碱性的氢氧化物,并随相对原子质量增大反应能力越强。由于碱金属化学性质都很活泼,一般存放在矿物油中或封在稀有气体中保存,以防止与空气或水发生反应。在自然界中,碱金属只在盐中发现,从不以单质形式存在。

知识拓展

锂离子电池

现在锂离子电池由于具有容量大、寿命长、工作电压高(3.6V)、无记忆、无污染等优点,广泛应用于便携式摄像机、数码相机、手机及笔记本电脑等电子产品,几乎已成为人们生活的必需品。充电时,在外电场的驱动下锂离子从正极晶格中脱出,经过电解质,嵌入到负极晶格中。放电时,过程正好相反,锂离子返回正极,电子则通过了用电器,由外电路到达正极与锂离子复合。锂电池负极是碳素材料如石墨等,正极是含锂的过渡金属氧化物如 $LiMnO_2$ 等。

1. 钠、钾单质的化学性质

(1)与氧气反应:钾的化学性质比钠还要活泼,仅比铯、铷活动性差。钠、钾暴露在空气中,表面迅速覆盖一层氧化物,失去金属光泽,因此金属钠应保存在煤油中,钾应保存在液体石蜡或氩气中以防止氧化。在空气中加热就会燃烧,在有限量氧气中加热,生成氧化钠、氧化钾;在过量氧气中加热,生成过氧化物。不同的金属在燃烧时会呈现不同颜色的火焰(表 9-7)。

$$4Na + O_2 =\!=\!= 2Na_2O$$

$$2Na + O_2 =\!=\!= Na_2O_2$$

表 9-7　碱金属和碱土金属的火焰颜色

金属	Li	Na	K	Rb	Cs	Ca	Sr	Ba
火焰颜色	洋红	黄	紫	紫	蓝	橙	砖红	绿

焰色反应是否发生了化学反应？是属于化学变化,还是属于物理变化?

（2）与水反应:将钠、钾投入水中后,钠浮在水面上,很快熔化成光亮的小球,在水面上四处游动,并发出嘶嘶的响声;钾投入水中也浮在水面上,钾与水反应比钠剧烈得多,钾与水反应放出的热使生成气体燃烧,并发生轻微爆炸。

$$2Na+2H_2O == 2NaOH+H_2\uparrow$$

（3）与酸反应:钠、钾均能与稀硫酸、盐酸等反应,发生置换反应。

（4）与盐反应:K、Na 非常活泼,与其他金属盐溶液反应时,不能从其他金属化合物溶液中直接置换出金属单质。如 Na 与 $CuSO_4$ 溶液的反应最终生成 $Cu(OH)_2$ 沉淀。

$$2Na+2H_2O+CuSO_4 == Na_2SO_4+Cu(OH)_2\downarrow+H_2\uparrow$$

2. 钠、钾的重要化合物

（1）过氧化物:过氧化物是含有过氧离子 O_2^{2-} 的化合物。其结构为 $[-O-O-]^{2-}$。所有碱金属都能形成过氧化物,其中只有钠的过氧化物是由金属钠在空气中燃烧直接得到的。

过氧化钠是最常用的过氧化物,具有强氧化性,在熔融状态时遇到棉花、炭粉、铝粉等还原性物质会发生爆炸。因此存放时应注意安全,不能与易燃物接触。

过氧化钠和水或稀酸反应,首先产生过氧化氢,过氧化氢不稳定,会分解放出氧气。

$$Na_2O_2+H_2SO_4 == Na_2SO_4+H_2O_2$$
$$2H_2O_2 == 2H_2O+O_2\uparrow$$

因此,过氧化钠常用作漂白剂和氧气发生剂。

过氧化钠能与空气中的二氧化碳作用,放出氧气。因此,过氧化钠还可作高空飞行和潜水时的供氧剂及 CO_2 的吸收剂。

$$2Na_2O_2+2CO_2 == 2Na_2CO_3+O_2\uparrow$$

过氧化钾易潮解,化学性质与过氧化钠相似,是强氧化剂,在高温下分解。

（2）氢氧化物:氢氧化钠（NaOH）,俗称烧碱、火碱、片碱、苛性钠,它和氢氧化钾（KOH）都是一种具有高腐蚀性的强碱,易溶于水,同时放出大量热。氢氧化钠和氢氧化钾都易吸收空气中的二氧化碳而生成碳酸钠、碳酸钾,所以,实验室中久放的氢氧化钠和氢氧化钾试剂中往往分别含有碳酸钠、碳酸钾等杂质。

$$2KOH+CO_2 == K_2CO_3+H_2O$$

氢氧化钠能与玻璃中的二氧化硅反应,生成硅酸钠。硅酸钠具有黏性,易使瓶口和瓶塞粘在一起,无法打开。因此,氢氧化钠必须贮存在密闭的铁罐或塑料瓶中,并用橡皮塞塞紧,而不能使用玻璃塞。

$$2NaOH+SiO_2 == Na_2SiO_3+H_2O$$

（3）碳酸盐:碳酸钠（Na_2CO_3）,俗名苏打,其水溶液呈强碱性。碳酸钠长期暴露在空气中,能吸收空气中的水及二氧化碳,生成碳酸氢钠。碳酸钾与碳酸钠的性质相似。

$$Na_2CO_3+H_2O+CO_2 == 2NaHCO_3$$

碳酸氢钠（$NaHCO_3$）,俗名小苏打,是一种白色结晶性粉末,无臭、味咸,易溶于水,加热到60℃以上会分解产生 CO_2。碳酸氢钠可用于发面包、制汽水和做灭火剂,还可用于家庭清洁。

（4）硫酸盐:钠、钾的硫酸盐均溶于水。十水硫酸钠（$Na_2SO_4\cdot10H_2O$）俗称芒硝,在空气中易风化脱水变为无水硫酸钠,无水硫酸钠俗称无水芒硝,中药称其为玄明粉,为白色粉末,在空气中易潮解。在医药上,芒硝和玄明粉均可用作缓泻剂。

$$Na_2SO_4 \cdot 10H_2O \xrightarrow{\hspace{2cm}} Na_2SO_4 + 10H_2O$$

芒硝　　　　　　　玄明粉

硫酸钾是制造各种钾盐如碳酸钾、过硫酸钾等的基本原料。玻璃工业用作沉淀清除剂,在农业上是常用的钾肥。

(5) 氯化物:氯化钠($NaCl$)大量存在于海水和盐湖中。氯化钠用途很广,可用于食品调味和临床配制生理盐水等。0.9%的氯化钠水溶液,又叫生理盐水,可纠正各种原因导致的脱水,还可以用来冲洗伤口,在医疗领域应用广泛。

氯化钾是无色细长菱形或立方晶体,或白色结晶小颗粒粉末,外观如同食盐,无臭、味咸。常用于低钠盐、矿物质水的添加剂。氯化钾是临床常用的电解质平衡调节药,临床疗效确切,广泛用于临床各科。

(6) 硫化物:硫氰化钾($KSCN$)一种化学药品。主要用于制合成树脂、杀虫杀菌剂和药物等,也用作化学试剂,是三价铁离子的常用指示剂,加入后产生血红色絮状络合物。

硫代硫酸钠($Na_2S_2O_3$)又称海波,或大苏打。无色单斜结晶,易溶于水,溶于松节油及氨,不溶于乙醇。水溶液呈中性($pH=6.5\sim8.0$),在潮湿空气中有潮解性,且易被空气中的氧气氧化、二氧化碳碳酸化,具有还原性。硫代硫酸钠在医学上可作为氰化物中毒的解毒药。

视频:烟火中的化学

(二) 碱土金属

碱土金属包括铍(Be)、镁(Mg)、钙(Ca)、锶(Sr)、钡(Ba)、镭(Ra)六种元素,其原子的价电子层构型为 ns^2,原子最外层有 2 个电子,碱土金属是位于元素周期表中的第ⅡA 族元素。

碱土金属的单质为银白色(铍为灰色)固体,密度、熔沸点较相应的碱金属要高,硬度略大于碱金属,可用刀子切割,新切出的断面有银白色光泽,在空气中易氧化失去光泽而变暗。单质的还原性随着原子半径的递增而增强。碱土金属与水作用时,放出氢气,生成氢氧化物。在高温火焰中燃烧产生的特征颜色(火焰颜色如表 9-7),可用于这些元素的鉴定。钙、镁和钡在地壳内蕴藏较丰富,单质和化合物用途较广泛。

1. 镁、钙的化学性质　镁是一种银白色的轻质碱土金属,具有一定的延展性和热消散性。镁元素在自然界广泛分布,是人体的必需元素之一。不溶于水、碱液,而溶于酸。

钙常温下呈银白色晶体。动物的骨骼、蛤壳、蛋壳都含有碳酸钙。

(1) 与水反应:镁、钙的化学性质较活泼,且具有较强的还原性,镁能与沸水反应放出氢气,而钙在常温下与水反应生成氢氧化钙并放出氢气。

$$Ca + 2H_2O \xrightarrow{\hspace{2cm}} Ca(OH)_2 + H_2 \uparrow$$

(2) 与非金属反应:钙在常温下即能与氧气反应,生成氧化钙。在加热时也能与大多数非金属直接反应,如与硫、氮、碳、氢反应生成硫化钙 CaS、氮化钙 Ca_3N_2、碳化钙 CaC_2 和氢化钙 CaH_2。镁在点燃条件下,可以与氧、氮、氯、二氧化碳等非金属反应。

$$2Mg + CO_2 \xrightarrow{\hspace{2cm}} 2MgO + C$$

因此,金属镁燃烧时不能使用二氧化碳灭火器灭火。

(3) 与酸反应:镁、钙在常温下能与盐酸、稀硫酸等反应生成盐和氢气。

$$Mg + 2HCl \xrightarrow{\hspace{2cm}} MgCl_2 + H_2 \uparrow$$

2. 镁、钙、钡的重要化合物

(1) 氧化物:氧化镁(MgO),俗称苦水,为白色固体,工业上通常由煅烧菱镁矿(主要成分为 $MgCO_3$)来制备氧化镁。几乎不溶于水,能与酸作用,故在医药上用作制酸药,也可用来解酸中毒。在胃液中氧化镁先溶解于酸生成氯化镁,继续与体内的碳酸根离子反应生成具有轻泻作用的碳酸盐,因此氧化镁在医药上常用作泻药。

氧化钙（CaO），又称石灰、生石灰，由大理石等煅烧制得。易从空气中吸收二氧化碳及水分，与水反应生成氢氧化钙并产生大量热。氧化钙用途十分广泛，大量用于建筑、铺路和水泥生产。此外，还可以用于造纸、食品工业和水处理。

（2）氢氧化物：除氧化铍和氧化镁外，其余碱土金属的氧化物都能与水剧烈反应生成相应的碱。碱土金属的氢氧化物易潮解，在空气中吸收 CO_2 生成碳酸盐，故 $Ca(OH)_2$ 常用作干燥剂。溶解度由铍到钡依次增大，而氢氧化铍和氢氧化镁属于难溶氢氧化物。

氢氧化钙[$Ca(OH)_2$]，又称熟石灰。溶解度较小，并且随着温度的升高而降低。可用石灰和水反应制得。氢氧化钙价格低廉，主要用于建筑材料、硬水的软化等。

（3）碳酸盐：碳酸钙（$CaCO_3$）是石灰石、大理石的主要成分，也是中药的珍珠、钟乳石、海蛤壳等的主要成分。碳酸钙易溶于稀强酸、醋酸等溶液中，并放出 CO_2，故实验室中常用碳酸钙来制备二氧化碳。

（4）硫酸盐：碱土金属的硫酸盐大多难溶于水，其溶解度从镁到钡的顺序依次降低。硫酸镁（$MgSO_4$）易溶于水，溶液带有苦味。在医药上常用作轻泻剂，若其与甘油调和可作为外用消炎药。

硫酸钙的二水合物 $CaSO_4 \cdot 2H_2O$，俗称生石膏，在 $130\sim150℃$ 时加热灼烧后可制得熟石膏。

$$2CaSO_4 \cdot 2H_2O \Longrightarrow 2CaSO_4 \cdot \frac{1}{2}H_2O + 3H_2O$$

熟石膏与水混合成糊状后放置一段时间，逐渐硬化并膨胀，可以用来制作模型、塑像和石膏绷带等。在医药上，生石膏具有清热泻火的功效，熟石膏有解热消炎的作用。

硫酸钡（$BaSO_4$）是唯一无毒的钡盐，因其溶解度小，既不溶于水和乙醇，又不溶于胃酸，具有强烈的吸收 X 射线的能力，医学上常用于胃肠道 X 射线造影检查，所用的"钡餐"就是硫酸钡和糖浆的混合物。

（5）氯化物：氯化钙是常用的钙盐之一。无水氯化钙常被用作干燥剂。氯化钙与冰的混合物是实验室常用的制冷剂。

氯化钡是重要的可溶性钡盐，可用于医药、灭鼠剂和鉴定硫酸根离子的试剂，但氯化钡有剧毒，使用时注意妥善保管。

$$BaCl_2 + SO_4^{2-} \Longrightarrow BaSO_4 \downarrow + 2Cl^-$$

水 的 软 化

天然水中溶解有许多种矿物质，其中含有钙盐和镁盐较多的水称为硬水；不含或含有少量钙盐和镁盐的水称为软水。

硬水中的钙盐和镁盐能与肥皂发生化学作用，使肥皂失掉去污能力；长期使用硬水的锅炉，会在锅炉内壁结成坚硬的锅垢，阻碍传热，耗费燃料，严重时会引起锅炉爆炸。将硬水进行处理，降低或消除其硬度的过程，称为硬水的软化。硬水的软化通常有两种方法：药剂软化法和离子交换法。药剂软化法是指在水中加入适当的药剂（如石灰），使溶解在其中的钙盐和镁盐转化为难溶于水的物质从水中析出，从而达到软化水的目的。离子交换法是用离子交换剂（如磺化煤）软化水的方法。当硬水流过离子交换剂时，硬水中的钙离子、镁离子便和交换剂中的阳离子（如钠离子）进行交换，从而达到软化硬水的目的。

二、过渡金属

（一）铁及其重要化合物

铁位于元素周期表中第ⅧB族，是地壳中最丰富的元素之一，含量为 4.75%，在金属中仅次于铝。铁分布很广，能稳定地与其他非金属元素结合，常以氧化物的形式存在，有赤铁矿（主要成分为

Fe_2O_3)、磁铁矿(主要成分为 Fe_3O_4)、黄铁矿(主要成分为 FeS_2)、褐铁矿(主要成分为 $Fe_2O_3 \cdot 3H_2O$)、菱铁矿(主要成分为 $FeCO_3$)等。铁是活泼的过渡金属元素。

1. 单质铁的性质　铁是一种银白色光泽的金属,密度大,熔沸点高,延展性、导电性、导热性较好,能被磁铁吸引。铁较活泼,能与非金属、水、酸反应,与活动性弱的金属盐溶液发生置换反应。

(1) 与非金属反应:铁丝在氯气中燃烧时,生成棕黄色的烟,加水振荡后,溶液显黄色。

$$2Fe+3Cl_2 \xrightarrow{\text{点燃}} 2FeCl_3$$

(2) 与水反应:在高温条件下,铁能与水蒸气反应生成氢气。

$$3Fe+4H_2O \xrightarrow{\text{高温}} Fe_3O_4+4H_2 \uparrow$$

(3) 与酸反应:铁主要与稀酸发生反应,如稀盐酸、稀硫酸等,但当遇到冷的浓硫酸、浓硝酸时,由于会在金属表面产生一层致密的氧化物等,形成钝化现象。

$$Fe+2H^+ = Fe^{2+}+H_2 \uparrow$$

(4) 与金属盐溶液反应:铁与金属盐反应,生成铁盐、亚铁盐,并将比铁活动性弱的金属从其盐置换出来。

$$Fe+Cu^{2+} = Fe^{2+}+Cu$$

2. 铁的氧化物　铁的氧化物主要有氧化亚铁(FeO)、氧化铁(Fe_2O_3)、四氧化三铁(Fe_3O_4)三种。氧化亚铁是一种黑色粉末,在空气中易被氧化;氧化铁是红棕色粉末,由于制备条件不同,颜色可由红棕色至鲜红,制药生产中可用其粉末作为片剂包衣,是矿物药中赭石的主要成分;黑色的四氧化三铁具有磁性,是矿物药中磁石的主要成分。后两者在空气中相对稳定,铁的三种氧化物均不溶于水。Fe_3O_4 在三种氧化物中最为稳定,一般不与酸、碱和氧气反应,所以在铁表面若能形成 Fe_3O_4 膜,便能起到保护作用,防止生锈。

3. 铁的氢氧化物　铁的氢氧化物主要有氢氧化亚铁 $Fe(OH)_2$、氢氧化铁 $Fe(OH)_3$ 两种。于二价铁盐溶液中加入强碱,得到白色 $Fe(OH)_2$ 沉淀,$Fe(OH)_2$ 极不稳定,与空气接触后很快变成暗绿色,继而变成红棕色的氧化铁水合物 $Fe_2O_3 \cdot nH_2O$,习惯上写作 $Fe(OH)_3$。

$$4Fe(OH)_2+O_2+2H_2O = 4Fe(OH)_3 \downarrow$$

$Fe(OH)_2$、$Fe(OH)_3$ 均难溶于水。$Fe(OH)_2$ 呈碱性,可溶于强酸形成亚铁盐;$Fe(OH)_3$ 显两性,以碱性为主,溶于酸生成相应的铁盐,溶于热浓强碱溶液生成铁酸盐。

4. 铁盐及亚铁盐　七水硫酸亚铁($FeSO_4 \cdot 7H_2O$),俗称绿矾,是淡绿色晶体,医学上用于治疗缺铁性贫血。$FeSO_4 \cdot 7H_2O$ 遇强热则分解。

$$2FeSO_4 = Fe_2O_3+SO_2 \uparrow +SO_3 \uparrow$$

三氯化铁是三价铁盐,可由氯气和热的铁屑反应制得。能与氢氧化钠溶液反应,生成红褐色氢氧化铁的沉淀。水解后生成氢氧化铁沉淀,有极强凝聚力,可用作饮水的净水剂和废水的处理净化沉淀剂。

(二) 铬及其重要化合物

铬在元素周期表中属ⅥB族,是银白色金属,常见氧化数为+2、+3 和+6。铬能慢慢地溶于稀盐酸、稀硫酸,而生成蓝色溶液。铬与浓硫酸反应,则生成二氧化硫和硫酸铬(Ⅲ)。但铬不溶于浓硝酸,因为表面生成紧密的氧化物薄膜而呈钝态。在高温下,铬能与卤素、硫、氮、碳等直接化合。自然界中主要以铬铁矿 $FeCr_2O_4$ 形式存在。

铬的氧化物是 Cr_2O_3,是极难熔化的氧化物之一,熔点 2 275℃,微溶于水,易溶于酸。Cr_2O_3 是制备其他铬化合物的原料,也常作为绿色颜料或研磨剂。

CrO_3 俗名铬酐,有毒,熔点较低(196℃),对热不稳定。有强的氧化性,与有机化合物(如:乙醇)可剧烈反应,甚至着火、爆炸,因此广泛用作有机反应的氧化剂。CrO_3 易潮解,溶于水主要生成铬酸

（H_2CrO_4）。

$$4CrO_3 \xrightarrow{\text{加热}} 2Cr_2O_3 + 3O_2 \uparrow$$

Cr_2O_3、$Cr(OH)_3$ 均呈明显的两性,且酸性和碱性均较弱,溶于酸后生成绿色或紫色的水合铬离子,与强碱作用生成亮绿色的四羟基合铬酸盐或亚铬酸盐。在碱性介质中,可被过氧化氢溶液氧化,溶液由绿色变为黄色。常用这一反应鉴定 Cr^{3+}。

$$Cr(OH)_3 + OH^- \Longrightarrow [Cr(OH)_4]^-$$
$$2[Cr(OH)_4]^- + 2OH^- + 3H_2O_2 \Longrightarrow 2CrO_4^{2-} + 8H_2O$$

铬酸 H_2CrO_4 和重铬酸 $H_2Cr_2O_7$ 均为强酸,只存在于水溶液中,$H_2Cr_2O_7$ 比 H_2CrO_4 的酸性还强些。钾、钠的铬酸盐和重铬酸盐是铬的最重要的盐,两种铬酸盐都是黄色晶体,重铬酸盐都是橙红色晶体,其中 $K_2Cr_2O_7$ 在低温下的溶解度极小,又不含结晶水,而且不易潮解,故常用作定量分析中的基准物。铬酸盐的溶解度一般比重铬酸盐小。因此,向可溶性重铬酸盐溶液中加入 Ba^{2+}、Pb^{2+}、Ag^+ 时,分别生成相应的 $BaCrO_4$（柠檬黄色）、$PbCrO_4$（黄色）、Ag_2CrO_4 沉淀,这些产生鲜明颜色的沉淀反应,常被用来检验 Ba^{2+}、Pb^{2+}、Ag^+ 的存在。

（三）锰及其重要化合物

锰在元素周期表中属ⅦB 族,价电子层结构为 $3d^54s^2$,常见氧化数为+2、+3、+4、+6 和+7。冶金工业中用来制造特种钢。锰的化合物主要有氧化物、锰盐等。

自然界中最常见的锰的氧化物有软锰矿（MnO_2）、硬锰矿（$mMnO \cdot MnO_2 \cdot nH_2O$）、偏锰酸矿（$MnO_2 \cdot nH_2O$）等。锰的各种氧化态,随氧化数的升高,碱性减弱,酸性增强。最重要的氧化物为 MnO_2。

二氧化锰（MnO_2）,矿物学中称为软锰矿,在实验室中常用作催化剂,不溶于水。MnO_2 是两性氧化物,既能被氧化,又能被还原,但在酸性介质中,以氧化性为主,实验室制备氯气,就是利用与浓盐酸的反应。

$$MnO_2 + 4HCl(\text{浓}) \Longrightarrow MnCl_2 + 2H_2O + Cl_2 \uparrow$$

锰盐中最常见的是高锰酸盐,应用最广的高锰酸盐 $KMnO_4$,俗称灰锰氧,是紫色晶体,其溶液呈现出高锰酸根离子特有的紫色。$KMnO_4$ 和 $K_2Cr_2O_7$ 一样都是强氧化剂,$K_2Cr_2O_7$ 作氧化剂时,还原产物总是 Cr^{3+},而 $KMnO_4$ 的氧化能力和还原产物因介质的酸碱度不同而有所不同,$KMnO_4$ 作氧化剂时,在酸性介质中还原产物为 Mn^{2+},中性溶液中为棕褐色沉淀 MnO_2,碱性溶液中为绿色 K_2MnO_4。

高锰酸钾固体加热至 200℃ 以上时会分解。

$$2KMnO_4 \xrightarrow{\triangle} MnO_2 + K_2MnO_4 + O_2 \uparrow$$

实验室中也用来制取少量的氧气。医药上常用作防腐剂、消毒剂、除臭剂等。

（四）铜、银、锌、汞

铜、银、锌、汞均为过渡金属元素,其中,铜和银位于元素周期表中的ⅠB 族,属于不活泼的金属,在自然界中多以单质的形式存在;锌、汞位于元素周期表中的ⅡB 族,比同周期相应的ⅠB 族元素的金属活泼性强。

1. 铜及其重要化合物　铜单质的密度较大,且具有较高的熔点、沸点和良好的延展性、导热性和导电性。铜在化合物中的主要氧化态为+2,其次是+1。在常温下不与干燥空气中的氧化合,加热时能产生黑色的氧化铜。如果继续在很高温度下燃烧,就生成红色的 Cu_2O。

铜在常温下就能与卤素直接化合,加热时还能与硫直接化合生成 Cu_2S。

$$2Cu + S \xrightarrow{\triangle} Cu_2S$$

铜的氧化物主要是氧化铜（CuO）和氧化亚铜（Cu_2O）。氧化铜是黑色固体,难溶于水,是碱性氧化物,溶于稀酸。加热时易被氢气、一氧化碳等还原为铜单质。

$$CuO+CO \xrightarrow{\triangle} Cu+CO_2$$

氧化亚铜是红棕色固体,难溶于水,能溶于稀酸,但立即歧化分解。在潮湿空气中缓慢氧化成 CuO。用含有酒石酸钠的碱性铜盐溶液和葡萄糖反应,可得到氧化亚铜,可用于检验糖尿病人尿中的葡萄糖,可用作红色颜料。

硫酸铜($CuSO_4$)是常见的可溶性铜盐,无水硫酸铜是白色粉末,有较强的吸水性,吸水后变成蓝色晶体,利用这一性质检验无水乙醇、乙醚等有机溶剂中的微量水,还可用作干燥剂。

在硫酸铜溶液中加入强碱,可生成蓝色的氢氧化铜沉淀。

$$CuSO_4+2NaOH \Longrightarrow Cu(OH)_2 \downarrow +Na_2SO_4$$

$CuSO_4$ 是制取其他铜盐的重要原料。具有杀菌能力,可用于游泳池的消毒,还可与生石灰配制波尔多液,消灭植物病虫害。$CuSO_4 \cdot 5H_2O$ 是中药中胆矾的主要成分,主要有涌吐、祛腐、解毒的功效。

氯化铜($CuCl_2$)为绿色至蓝色粉末或斜方双锥体结晶,既能溶于水,也能溶于乙醇、丙酮等有机溶剂。$CuCl_2 \cdot 2H_2O$ 为绿色晶体,在湿空气中易潮解,在干燥空气中又易风化。

碱式碳酸铜$[Cu(OH)_2 \cdot CuCO_3 \cdot xH_2O]$呈孔雀绿颜色。按 $CuO:CO_2:H_2O$ 的比值不同而有多种组成,工业品中含有 CuO 在 $66\% \sim 78\%$ 的范围内。铜生锈后的"铜绿"就是这类化合物。

2. **银及其重要化合物** 银是一种银白色的过渡金属。银的化学性质稳定,活跃性低,价格贵,导热、导电性能很好,不易受化学药品腐蚀,质软,富延展性。

银化合物的主要化合价为+1,最常见的可溶性银盐是 $AgNO_3$,无色晶体,易溶于水。硝酸银在日光直接照射时逐渐分解。

$$2AgNO_3 \xrightarrow{光照} 2Ag \downarrow +2NO_2 \uparrow +O_2 \uparrow$$

因此硝酸银晶体及其溶液应当保存在棕色瓶中,是实验室常用的试剂。

硝酸银具有一定的氧化性,能破坏腐蚀有机组织,硝酸银遇蛋白质生成黑色的蛋白银,因此使用时不要接触皮肤。10%的硝酸银溶液在医药上用作消毒剂和防腐剂。

3. **锌及其重要化合物** 锌是一种银白色的过渡金属。锌是最重要的生命必需金属元素之一,各种生命形式都需要锌。锌在空气中很难燃烧,在氧气中发出强烈白光。纯锌的焰色反应发出蓝绿色火焰,但因为锌表面有一层氧化锌,燃烧时冒出白烟,白色烟雾的主要成分是氧化锌,不仅阻隔锌燃烧,会折射焰色形成惨白光芒,所以实验室燃烧锌块没有蓝绿色火焰。

锌易溶于酸,也易从溶液中置换金、银、铜等。锌的化学性质活泼,是一种典型的两性元素,既能与非氧化性酸反应放出氢气,又能溶于强碱溶液中。

$$Zn+H_2SO_4 \Longrightarrow ZnSO_4+H_2 \uparrow$$
$$Zn+2NaOH+2H_2O \Longrightarrow Na_2[Zn(OH)_4]+H_2 \uparrow$$

氧化锌(ZnO)和氢氧化锌$[Zn(OH)_2]$均为白色粉末,不溶于水。都具有两性,既能溶于酸,又能溶于碱。氧化锌是常用药物,具有收敛和杀菌作用,也可作白色颜料。

硫酸锌($ZnSO_4 \cdot 7H_2O$)是常见的锌盐,俗称皓矾。大量用于制备锌钡白,由 $ZnSO_4$ 和 BaS 经复分解而得。实际上锌钡白是 ZnS 和 $BaSO_4$ 的混合物。这种颜料大量用于油漆工业。

$$ZnSO_4+BaS \Longrightarrow ZnS \cdot BaSO_4 \downarrow$$

碳酸锌($ZnCO_3$)是一种白色细微无定形粉末,是菱锌矿的主要成分,煅烧后碳酸锌可分解成氧化锌。碳酸锌的中药名称为炉甘石,主要用于目赤肿痛、翳膜遮睛、脓水淋漓等。

无水氯化锌($ZnCl_2$)是白色固体,吸水性很强。主要用作有机工业的脱水剂、催化剂等。可由金属锌和氯气直接化合取得。

$$Zn+Cl_2 \Longrightarrow ZnCl_2$$

4. **汞及其重要化合物** 汞在常温下是液态金属,流动性好,不湿润玻璃,适用于制造温度计及其他控制仪表。在空气中稳定,常温下蒸发出汞蒸气,蒸气有剧毒,易引起人体慢性中毒。汞微溶于水,在有空气存在时溶解度增大。汞与硫或三氯化铁会发生下列反应。

$$Hg+S \xrightarrow{\quad\quad} HgS$$

$$2Hg+2FeCl_3 \xrightarrow{\quad\quad} Hg_2Cl_2+2FeCl_2$$

氧化汞（HgO）有红、黄两种变体，都不溶于水，有毒，500℃分解为金属汞和氧气。氧化汞用作医药制剂、分析试剂、陶瓷颜料等。

氯化汞（$HgCl_2$）溶于水，有剧毒。熔点较低（280℃），易升华，故俗名为升汞。在水中电离度很小，主要以 $HgCl_2$ 形式存在，所以氯化汞有假盐之称。$HgCl_2$ 在酸性溶液中有较强的氧化性，与适量的 $SnCl_2$ 作用时，生成白色丝状的 Hg_2Cl_2；$SnCl_2$ 过量时，Hg_2Cl_2 会进一步被还原为金属汞，沉淀变黑。

$$2HgCl_2+SnCl_2（适量）\xrightarrow{\quad\quad} Hg_2Cl_2\downarrow（白色）+SnCl_4$$

$$Hg_2Cl_2+SnCl_2（过量）\xrightarrow{\quad\quad} 2Hg\downarrow（黑色）+SnCl_4$$

此反应用来鉴定二价汞或二价锡。

氯化亚汞（Hg_2Cl_2）是白色固体，难溶于水。少量无毒，因味略甜，俗称甘汞，为中药轻粉的主要成分。Hg_2Cl_2 不如 $HgCl_2$ 稳定，见光易分解，所以氯化亚汞应保存在棕色瓶中。

$$Hg_2Cl_2 \xrightarrow{\quad\quad} HgCl_2+Hg\downarrow$$

Hg_2Cl_2 可与氨水反应生成氨基氯化汞。

$$Hg_2Cl_2+2NH_3 \xrightarrow{\quad\quad} Hg(NH_2)Cl\downarrow（白）+Hg\downarrow（黑）+NH_4Cl$$

硫化汞（HgS）的天然矿物叫朱砂，暗红色或鲜红色，有光泽，易破碎，无臭，无味，难溶于水，也难溶于盐酸或硝酸，而溶于王水。中药中，朱砂用于镇静、催眠，而外用能杀死皮肤细菌和寄生虫。

硝酸汞和硝酸亚汞是常用的可溶性汞盐，两者性质对比见表9-8。

表 9-8　硝酸汞和硝酸亚汞的性质

硝酸汞	硝酸亚汞
$Hg(NO_3)_2 \cdot H_2O$	$Hg_2(NO_3)_2 \cdot 2H_2O$
无色晶体	无色晶体
受热分解出 HgO、NO_2、O_2	受热分解出 HgO、NO_2
易溶于水，并水解产生白色沉淀	易溶于水，并水解产生白色沉淀
配制时需溶于稀硝酸以防水解	配制时需溶于稀硝酸以防水解
剧毒	剧毒
可用汞溶于过量热硝酸而制得	可用汞和硝酸汞共同振荡而制得

本章小结

1. 碳族、氮族、氧族和卤族元素是常见的非金属元素，其非金属性在元素周期表中同一周期从左至右依次增强，同一主族从上至下依次减弱。

2. 碳族元素原子的价电子层构型 ns^2np^2，常见氧化数为 +4、+2，碳有时还能形成氧化数为 -4 化合物；氮族元素价电子层构型为 ns^2np^3，氧化数主要为 +3 和 +5；氧族元素的价电子层构型为 ns^2np^4，除氧外，在硫、硒、碲等化合物中，氧化数常有 -2、+2、+4、+6；卤族元素是最典型的非金属元素，价电子层构型为 ns^2np^5。氧化数表现为 -1。

3. 常见的金属元素包括碱金属、碱土金属和重要的过渡金属元素。对于主族金属元素，其金属性在元素周期表中同一周期从左至右依次减弱，同一主族从上至下依次增强。

4. 碱金属和碱土金属极易失去 1~2 个电子,形成 +1、+2 价的阳离子,为强还原剂,其氧化物的水化物大多数是强碱,其盐类主要有硝酸盐、硫酸盐、卤化物、碳酸盐和磷酸盐。

5. 过渡元素原子的价电子构型为 $(n-1)d^{1\sim10}ns^{1\sim2}$,过渡金属可形成多种价态的化合物,过渡金属离子的水合离子往往具有颜色,并且容易与多种配体结合形成配合物。

（张晓丹）

扫一扫,测一测

思考题

1. 为什么漂白粉在潮湿的空气中容易失效?

2. 铁和铝制的容器为什么可以盛放浓硫酸,但不能盛放稀硫酸?

3. 为什么 CO 与金属形成配位化合物的倾向比 N_2 强?

4. 请解释为什么钠与水作用时反应剧烈,而锂与水作用时反应缓慢?

5. 实验室中的硝酸银溶液为什么要保存在棕色瓶中?

6. 实验室中盛放 NaOH 的试剂瓶为什么不能用玻璃塞?

7. 铜器在潮湿的空气中放置为什么会慢慢生成一层铜绿?

8. 为什么实验室中 H_2S、Na_2S 和 Na_2SO_3 溶液不能够长期存放?

9. 碱金属过氧化物作供氧剂时所依据的反应原理是什么? 有何优点?

10. 一种钠盐 A 可溶于水,加入稀盐酸后有刺激性气体 B 和黄色沉淀 C 同时产生,气体 B 能使 $KMnO_4$ 溶液褪色,通入 Cl_2 于 A 溶液中有 D 生成,D 遇到 $BaCl_2$ 溶液即产生白色沉淀 E。请确定 A,B,C,D,E 均为何种物质,并写出各步化学反应方程式。

第十章 生物无机化学基本知识

学习目标

1. 掌握:生物元素、人体必需元素、微量元素、有益元素、有害元素等概念。
2. 熟悉:生物元素及分类;最适营养浓度定律。
3. 了解:生物金属元素的存在形式及主要生物功能;生物无机化学的应用。

生物无机化学是于 20 世纪 60 年代,在无机化学、生物化学、医学相互交叉和相互渗透中发展起来的一门交叉学科。是在分子、原子水平上研究金属与生物配体之间的相互作用。近年来,由于理论化学方法和近代物理测定方法的飞速发展,使得揭示生命过程奥秘的生物无机化学研究成为可能,生物无机化学作为一门生机勃勃的新学科应运而生。

生物无机化学作为一门边缘学科,所涉及的范围极其广泛,主要研究对象是具有生物活性的生物金属配合物。研究内容主要包括以下几个方面:

1. 无机元素,尤其是微量元素在生物体内的存在形式、分布与代谢,与生物大分子的相互作用及所形成生物金属配合物的结构、性质及生物活性,微量元素在生物体内所参与的化学反应的机制及其生物功能。

2. 金属离子在体内的运送途径和各种离子载体的性质、结构和功能。离子载体可运送金属离子通过生物膜,是保持金属离子生物作用的前提。

3. 环境污染元素对人体健康的影响,探讨某些地方病和重金属中毒发生的机制与防治。

4. 研究与金属离子有关的生理、病理机制和新型药物的合成等。

5. 生命元素的生物矿化以及与环境的关系。

第一节 生 物 元 素

生物元素是指在生物体内维持正常生物功能的元素。在生物体内广泛参与生命活动的蛋白质、核酸、脂类和糖类都含有碳、氢、氧、氮、磷、硫等元素,这些元素在体内是以有机化合物的形式存在,被称为生物非金属元素。在生物体液中的电解质含有 K^+、Na^+、Ca^{2+}、Mg^{2+} 等离子,骨骼中的无机盐,各种酶、辅酶、结合蛋白质的辅基中含的 Fe、Mn、Co、Cu、Zn、Mo 等金属元素,被称为生物金属元素。

一、生物元素的分类

人类在地球上的不断进化和繁衍生息,导致人体不断地与自然界进行着物质和能量交换。所以,人体血液中化学元素的丰度同地壳中的元素分布及含量惊人的相似。自然界存在的 94 种稳定元素中,在现代人体内已发现了 60 余种。按照体内元素的生物作用,可将这些元素分成人体必需元素、有益元素和有害元素。

1. **人体必需元素** 参与构成人体和维持机体正常生理功能的元素称为人体必需元素。所谓"必需"的含义为:①元素存在于健康组织中,并与一定的生物化学功能有关。②在各组织中有一定的浓度范围。③从机体中排除这种元素将引起再生性生理变态,重新引入这种元素变态可以消除。

生物元素按其在人体中的含量又可分为宏量元素和微量元素。O、C、H、N、Ca、P、K、S、Cl、Na、Mg 这 11 种元素占人体总质量的 99.95%,是构成机体各种细胞、组织、器官和体液的主要元素,因此称为人体必需宏量元素,也称生命结构元素。表 10-1 列举了人体的主要元素组成。

表 10-1 人体的主要元素组成

元素	含量/g	元素	含量/g	元素	含量/g
H	6 580	Na	70	Mn	<1
C	12 590	K	250	Mo	<1
N	1 815	Mg	42	Co	<1
O	43 550	Ca	1 700	Cu	<1
P	680	Cl	115	Ni	<1
S	100	Fe	6	I	<1
		Zn	1~2		

F、Si、V、Cr、Mn、Fe、Co、Ni、Li、Cu、Zn、Se、Sn、Mo、I、Br、As、B 这 18 种元素约占人体总量的 0.05%,称为必需微量元素。微量元素在体内的含量虽少,但在生命活动过程中的作用却极为重要。

这些元素之所以为必需元素,是因为它们不仅为生物分子中的组成元素,而且具有特异性的功能。例如,作为结构材料,Ca、P 构成骨骼、牙齿,C、H、O、N、S 构成生物大分子;有的金属离子组成金属酶;含有 Fe^{2+} 的血红蛋白负责运载 O_2 和 CO_2 的作用;Ca^{2+} 与氨基酸中的羧酸结合起到传递某种生物信息的作用;存在于体液中的 Na^+、K^+、Cl^- 等起到维持体液中水、电解质平衡和酸、碱平衡的作用。

知识拓展

微量元素在维持人体正常的生理功能上起到很大的作用。表 10-2 列出了部分生物元素的主要生理功能及摄入来源。

表 10-2 生物元素的主要生理功能及对人体的影响

元素	生物功能	缺量引起的症状	积累过量引起的症状	摄入来源
Fe	贮存、输送氧,参与多种新陈代谢过程	缺铁性贫血,龋齿,无力	青年智力发育缓慢,肝硬化	肝、肉、蛋、水果、绿叶蔬菜等
Cu	血浆蛋白和多种酶的重要成分,有解毒作用	低蛋白血症、贫血、冠心病	类风湿关节炎、肝硬化、精神病	干果、葡萄干、葵花子、肝、茶等
Zn	控制代谢的酶的活性部位,参与多种新陈代谢过程	贫血、高血压、早衰、侏儒症	头昏、呕吐、腹泻、皮肤病、胃癌	肉、蛋、奶、谷物
Mn	多种酶的活性部位	软骨畸形,营养不良	头痛,昏昏欲睡,功能失调、精神病	干果、粗谷物、核桃仁、板栗、菇类

续表

元素	生物功能	缺量引起的症状	积累过量引起的症状	摄入来源
I	人体合成甲状腺激素必不可少的原料，甲状腺中控制代谢过程	甲状腺肿大、地方性克汀病	甲状腺肿大、疲怠	海产品、奶、肉、水果、加碘食盐
Co	维生素 B_{12} 的核心	贫血、心血管病	心脏病、红细胞增多	肝、瘦肉、奶、蛋、鱼
Cr	Cr(Ⅲ)使胰岛素发挥正常功能，调节血糖代谢	糖尿病、糖代谢反常、动脉粥样硬化、心血管病	肺癌、鼻膜穿孔	各种动物中，均含微量铬
Mo	染色体有关酶的活性部位	龋齿，肾结石、营养不良	痛风病、骨多孔症	豌豆、谷物、肝、酵母
Se	正常肝功能必需酶的活性部位	心血管病、克山病、肝病、易诱发癌症	头痛、精神错乱、肌肉萎缩、过量中毒致命	日常饮食、井水中
Ca	在传递神经脉冲、触发肌肉收缩，释放激素、血液的凝结以及正常心律的调节中起作用	软骨畸形、痉挛	胆结石、动脉粥样硬化	动物性食物
Mg	在蛋白质生物合成中必不可少	惊厥	麻木症	日常饮食
F	氟离子能抑制糖类转化成腐酸酶，是骨骼和牙齿正常生长必需的元素	龋齿	斑釉齿、骨骼生长异常、氟骨症、严重者瘫痪	饮用水、茶叶、鱼等

2. 有益元素　B、F、Si、V、Cr、Ni、Se、Br、Sn 9 种元素属于有益元素。人体没有这些元素时生命尚可维持，但不能认为是健康的。

3. 有害元素　有害元素也称为污染元素，是在人体中存在并能显著毒害机体的元素。目前已明确的有害元素有 Cd、Hg、Pb、As、Be 等（表 10-3）。研究资料表明，现代人体内有害元素的含量正在逐年增加。因此，人类必须阻止环境污染，保护自己生存的空间，阻止有害元素进入生物体内。

图片：必需元素在周期表中的位置

表 10-3　污染元素对人体的危害

元素	危害	最小致死量，$10^{-4}\%$
Be	致癌	4
Cr	损害肺，可能致癌	400
Ni	肺癌，鼻窦癌	180
Zn	胃癌	57
As	损害肝、肾及神经，致癌	40
Se	慢性关节炎，水肿等	3.5
Y	致癌	—
Cd	气肿，肾炎，胃痛病，高血压，致癌	0.3~0.6
Hg	脑炎，损害中枢神经及肾脏	16
Pb	贫血，损害肾脏及神经	50

二、最适营养浓度定律

法国科学家在研究锰对植物生长的影响时发现:"植物缺少某种元素时就不能成活;当元素适量时,植物就茁壮成长;但过量时又是有害的。"这就是所谓的"最适营养定律"。大量研究表明,这个定律不仅适用于植物,也适用于一切生物。图 10-1 为元素最适营养浓度定律的示意图。

最适营养浓度定律表明了生物效应-浓度之间的关系。当元素浓度在 0~a 浓度范围,表示生物对该元素缺乏,此时某些生物效应处于低级状态;随着浓度的增加生物效应逐渐提高;在 a~b 浓度范围,生物效应达到一平台,这是最适浓度范围,平台的宽度对不同的元素是不同的,如 b/a 值大,此元素毒性一般较小;在 b~c 浓度范围内,生物效应下降,表现生物中毒,甚至死亡。

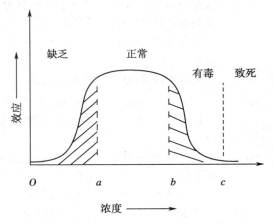

图 10-1 元素最适营养浓度定律示意图

对于必需元素和有害元素,尽管都有生物效应-浓度曲线,但各自的曲线是不同的。现以铁元素为例进行说明。铁是必需元素,对 O_2 的运送、电子传递等均十分重要。铁的供应或吸收不足,满足不了血红蛋白合成的需要,将导致缺铁性贫血;反之,如过量输血,不恰当地形成了过量的血红蛋白,导致铁吸收过量,过剩的铁聚集且不被排出体外时,则铁在体内将催化活性氧自由基的产生,生物组织遭到损伤。

所以,一种元素对生命体的"益"与"害",其界限通常难以截然划分。元素的"益"与"害"不仅与元素在体内的含量有关,而且与元素所处的状态有关。例如,Cr(Ⅲ)是人体必需的,而 Cr(Ⅵ)则对人体有害。此外,从生物的演化过程来看,"益"与"害"也是相对的。生命的标志之一,就是生命能不同程度地适应自然,并改造自然。例如,O_2 对原始生物是有害的,而原始生物逐渐演化成为今日的生物,O_2 成为了必需的物质,这就是一种演化过程。因此,可以设想,生物为了适应某些有毒物质并生存下来,会发生某种变异。这种变异可能是某些生物分子结构的变化,也可能是某种解毒机制的建立。生物把这种变异通过遗传留给后代,这样经过许多世纪,某些有毒物质就变成生物能耐受的或必需的物质了。

三、生物金属元素的存在形式

氨基酸、多肽、蛋白质、核苷酸、核酸、多糖、维生素及其他一些参与生命活动的有机分子都可作为配体,与金属离子形成生物金属配合物。生物金属配合物在机体中按其生物配体和功能的不同,主要可分为金属蛋白和核苷酸类配合物、卟啉类配合物以及离子载体。

1. **氨基酸、肽和蛋白质类配合物** 形成蛋白质的基本单元是氨基酸($H_2N—CHR—COOH$),氨基酸相互作用可形成以肽键结合的肽链,蛋白质则是由两条或多条肽链按一定形式聚合成的具有一定空间构型的聚合体。所有氨基酸、肽和蛋白质均可和金属离子相互作用生成配合物。氨基酸和金属离子配位时,一方面利用分子中的—COO^- 基中氧原子与金属离子共价结合,另一方面是由—NH_2 中氮原子提供孤电子对与金属离子形成配位键。在蛋白质分子中存在着大小不同的孔穴,其中金属离子可以与不同的氨基酸残基配位。

2. **核苷酸类配合物** 核酸是由许多单核苷酸组成的,而单核苷酸是由杂环碱(嘌呤碱或嘧啶碱)、戊糖(核糖与脱氧核糖)和磷酸组成。核酸和核苷酸都可与生命金属元素形成配合物。核苷酸作为配体时,杂环碱、戊糖和磷酸基都能与金属离子配位,一般情况下碱基与金属离子的配位能力最强。核酸与金属离子的配位情况类似于单核苷酸。

3. **卟啉类配合物** 卟啉类化合物是重要的生物配体,卟啉环中四个 N 原子可与金属 Fe^{2+}、Mg^{2+}、Cu^{2+} 等形成螯合物。如血红蛋白的中心部分血红素就是以亚铁离子为形成体,以卟啉环为螯合剂而形成的螯合物(图 10-2)。

图 10-2 亚铁血红素的结构

4. 离子载体 生物体中各种金属离子在其透过细胞膜时,均有各自的运送方式。通常,在细胞膜上存在着一些中等分子量的化合物,它们能与某种特定金属形成脂溶性的配合物,而将离子运输到细胞中去,这类物质称为离子载体。目前研究比较多的是 K^+、Na^+、Ca^{2+} 的离子载体,从结构上分为环状和链状两大类。Na^+ 和 K^+ 是体液的重要组成成分,这种特殊的形式使它们特异性地分布在细胞外液和细胞内液,对维持细胞的容量和细胞内外的渗透压,调节体液酸碱平衡起着重要作用。

视频:生物元素的生理功能

四、生物元素的生理功能

人体必需元素在人体内参与构成人体和维持机体正常生理功能。

(一)构成有机体

构成有机体是生物元素最主要的生理功能。C、H、O、N、S 和 P 组成了有机体所有的生物大分子物质——蛋白质、核酸、糖元等;H 和 O 组成了占人体体重 65% 以上的物质——H_2O;Ca、Mg、P 和 F 组成了生物体的硬组织,如骨骼、牙齿等。钙是骨骼和牙齿的主要成分,它主要以磷酸盐形式嵌镶在蛋白质框架里,镁在体内也以磷酸盐形式参与骨盐组成。

(二)维持机体正常生理功能

生物体内有着惊人准确的控制系统,精细地调节着每种金属离子的动向,而金属离子又精准地调节着千万种生物化学反应。并在生物过程中发生如下作用。

1. 输送作用 机体在生命活动的新陈代谢过程中,需要的能量是通过营养物质的氧化反应产生的。物质代谢过程中需要的氧气和电子是通过某些载体输送的,金属铁具有这种输送功能。例如,正常人体中含铁 3~5g,几乎所有组织都含有铁。铁在体内大部分是与蛋白质结合形成配合物的形式存在,这些含铁蛋白发挥以下重要功能:①载氧、贮氧功能。血红蛋白在体内起着载氧作用,从肺部将氧运送到各组织细胞,同时又把细胞代谢产生的 CO_2 运到肺部排出体外。肌红蛋白则具有贮氧作用。②细胞色素 c 中的 Fe(Ⅱ)和 Fe(Ⅲ)间的互变具有输送电子的作用。③运铁蛋白和铁蛋白起着转运、贮存和调节铁的吸收平衡的作用。

2. 催化作用 机体内许多复杂的生化反应常需要生物酶作催化剂。在已知的 1 300 多种生物酶中,多数有金属元素参加或必须由金属离子作为酶的激活剂。例如,羧肽酶含 Zn^{2+};Mg^{2+} 是许多酶的激活剂;精氨酸酶需要 Mn^{2+} 作激活剂;如体内缺铜会影响酪氨酸酶的活性,则酪氨酸转变成黑色素的过程缓慢或停止。因此,缺铜是引起白癜风的重要原因。

3. 参与激素的作用 激素是人体生长代谢过程中不可缺少的物质,一些元素在激素形成或协助激素发挥生物作用的过程中至关重要。例如,碘是甲状腺素形成的必需元素;铬(Ⅲ)在胰岛素参与糖代谢的过程中起重要的协助作用;钴在人体中含量很少,一般人体内仅含 1.1~1.5mg,其对铁的代谢,血红素的合成,红细胞的发育成熟有着重要作用,特别是钴作为维生素 B_{12} 的主要成分,起着高效生血的作用。近年来有人认为,心血管疾病同钴的含量有关,病情越严重发现钴的含量越少。

此外,体内的一些金属元素在高等动物复杂的神经传导中,具有传递生物信息、调节肌肉的收缩、调节体液物理化学性质(如调节体液的渗透压、维持水、电解质平衡和酸碱平衡等)、影响蛋白质、核酸形成,对生物的遗传有很大的贡献。

在细胞膜两边 Na^+ 和 K^+ 的浓度梯度是膜电位的主要来源,这种膜电位对神经传递信号等起着支配作用。Ca^{2+} 对肌肉收缩,调节心律和血液凝固等都有影响。Mg^{2+} 对蛋白质的合成和对 DNA 的复制起着重要作用。

人类在地球上繁衍生息,人与地球外围地壳之间有着紧密的联系,而这种联系的物质基础就是自然体中的化学元素。可以相信,随着人们在分子水平上认识化学元素和生物配体的生理功能、揭示致病机制和探索新药开发的途径,必将推动医学和药学的进步,从而给人类的健康带来福音。

五、常见金属酶

金属酶是含有一种或几种金属离子作为辅基的结合酶。按照金属离子和酶蛋白结合的稳定程度又可分为金属酶和金属激活酶两类（表10-4）。金属离子或原子与蛋白质结合较强的称为金属酶，较弱的称为金属激活酶。在金属酶中，金属与蛋白质牢固地结合在一起，金属离子通常为活性中心，如血红蛋白是铁蛋白酶、碳酸酐酶是锌蛋白酶等。金属激活酶是指需要添加金属离子或金属配位化合物才具有活性的酶，这样的金属离子或金属配合物又称为辅酶。

表 10-4　一些金属酶及金属激活酶

金属酶	金属离子	金属激活酶	金属离子
碳酸酐酶	Zn^{2+}	柠檬酸合成酶	K^+
羧基肽酶	Zn^{2+}	丙酮酸激酶	K^+、Mg^{2+}
过氧化物酶	Fe^{2+}	丙酮酸羧化酶	Mn^{2+}、Zn^{2+}
过氧化氢酶	Fe^{2+}	精氨酸酶	Mn^{2+}
己糖激酶	Mg^{2+}	磷酸水解酶	Mg^{2+}
磷酸转移酶	Mg^{2+}	蛋白激酶	Mg^{2+}、Mn^{2+}
锰超氧化物歧化酶	Mn^{2+}	磷脂酶 C	Ca^{2+}
谷胱甘肽过氧化物酶	Se	磷脂酶 A_2	Ca^{2+}

目前，在生物体内发现的金属蛋白质和金属酶的种类越来越多，它们在生物体内各自承担着重要的生物功能。目前发现的金属蛋白质和金属酶主要是 Fe、Cu、Zn、Mn、Mo、Co 等元素。以含锌、铁、铜的酶最多，例如细胞色素氧化酶除含有铁离子外，还含有铜离子，固氮酶则由铁蛋白和铁钼蛋白组成，在生物体中能催化氮合成氨的反应。

1. **铁蛋白酶**　铁是人体需要最多的微量元素。铁的主要生理作用是构成血红素，在生物体内承担运载氧的作用，预防贫血；参与细胞色素合成，调节组织呼吸和能量代谢；维持机体的免疫力和抗感染能力。

铁在生物体内大部分以 Fe^{2+} 的形式存在于血红蛋白中。血红蛋白由珠蛋白和血红素结合而成，其中，血红素分子是一个具有卟啉结构的小分子，在卟啉分子中心，由卟啉中四个吡咯环上的氮原子与一个 Fe^{2+} 离子配位结合。血红蛋白是红细胞里的主要成分，负责携带氧气运送到全身各处，供新陈代谢所需。如果铁供给不足，血红蛋白的合成就会受到影响，从而贫血，医学上称为营养性缺铁性贫血，是儿童的一种常见病。对婴儿来说，由于母乳中铁含量较低，胎儿期从母体获得并储存在体内的铁会在生后 6 个月左右消耗完毕，如辅食添加不及时，婴儿会在出生 6 个月左右开始发生铁缺乏症，从而出现贫血症状。

2. **锌蛋白酶**　锌离子在生物体内的含量仅次于铁，在微量必需元素中位列第二。锌的生理作用主要是某些酶的组分或活化剂；参与生长素的代谢；促进蛋白质代谢等。

含锌金属蛋白酶是一类分布广泛，种类繁多的水解酶家族，主要包括甲硫氨酸锌蛋白、天冬氨酸锌蛋白和谷氨酸锌蛋白。

含锌金属蛋白酶可以参与细胞内多种物质的调控活动，从而间接影响到胚胎、骨骼和机体组织等的发育和病变过程，与常见疾病关节炎、癌症、高血压和动脉粥样硬化的发生机制和治疗有密切关系。此外，一些毒素，如炭疽毒素、肉毒毒素和蜘蛛毒素的结构中，都含有类似的锌金属蛋白酶的结构。同时，微生物来源的胞外锌金属蛋白酶具有高效水解的能力，在洗涤、印染、食品、饲料等领域也展现出良好的应用前景，尤其是耐低温酶和耐高温酶，可以节约工业能源，减少排放，成为绿色添加剂的重要来源。

3. **铜蛋白酶**　在生物体内的微量金属元素中铜的含量较高，仅次于铁和锌。铜是心脏中主要含铜蛋白酶、单胺氧化酶、细胞色素 c 氧化酶的组成成分，对保护心脏和血管功能有重要作用。其主要生理作用是:氧的运输、电子传递、氧化还原、加氧反应。

4. **钼蛋白酶** 钼是必需元素中唯一属于第二长周期的过渡金属元素。已知的钼酶广泛地分布于微生物直到高等动物中,它们大部分是氧化还原酶,在生物体内的氧化还原系统中起着重要作用。含钼酶中,研究得最多也最有意义的是固氮酶。

5. **锰蛋白酶** 生物体内含锰较少,其主要以两种锰蛋白酶形式存在:丙酮酸羧化酶和超氧化物歧化酶。丙酮酸羧化酶是糖异生的关键酶,结合于活性中心的锰能吸引丙酮酸甲基的电子,促进甲基接受二氧化碳而羧化。超氧化物歧化酶可消除超氧基,防止超氧基及其引起的自由基链式反应对膜脂类等的损害。

6. **钴蛋白酶** 生物体内的钴酶极少,现在已知的仅有转移羧化酶,以及由镰刀菌分离出来的脂肪氧合成酶等。尽管钴金属酶不多,但其他金属的金属酶用钴取代后,这些金属酶也不会失去活性。研究表明,生物体内的许多金属激活酶需要钴离子激活。

生 物 矿 化

生物体内除不断进行的一系列生物化学反应以外,还进行着一类重要无机化学反应。那就是生物体摄入的必需金属离子通过形成生物矿物构成牙齿、骨骼等硬组织。这些硬组织是介于无机物和有机物之间的特殊材料。它们所包含的方解石、羟基磷灰石 $[Ca_{10}(PO_4)_6(OH)_2]$ 等矿物质,从组成和结晶方式等与天然矿物相同。但这些生物矿物只有结合在硬组织中,才表现出特殊的理化性质及生物功能。它们在生物体内特定的条件下形成,并具有特殊的组装方式和高级结构。通常将在生物体特定部位和环境下,在生物有机物质的控制或影响下,将溶液中的离子转变生物矿物的过程称之为生物矿化。

生物矿化有两种形式。一种是在一定部位,并按一定的组成、结构和程度进行的正常生物矿化;另一种是发生在不应形成矿物的部位,或者矿化过度及不足(龋齿、牙石)的异常矿化,也称为病理矿化。两种矿化的化学本质很相似,其差别只在于正常的生物矿化是受控过程,而病理矿化则是失控的结果。

第二节 生物无机化学的应用

生物无机化学虽然发展成为一个独立的学科的时间并不长,但在化学家、生物学家及医学家等的共同努力下,近几十年来得到了迅猛的发展。不但形成了自己相对独立的理论体系,而且其研究成果在医学、农业、环境保护等领域得到了广泛的应用。

一、生物无机化学与现代医学

生物无机化学的研究成果对人类有着多方面的贡献,其中最为突出的是在医疗上的应用。人体必需的金属离子,绝大多数是以配合物的形式存在于体内,它们对人体的生命活动发挥着各种各样的作用。从配位化学的角度来探讨生物体的生命过程,以及某些疾病的发病机制,进而研究利用金属配合物作为治疗某些疾病的药物一直是生物无机化学的一个主题。

1. **金属配合物与疾病** 生物体内某些疾病是由于有害金属离子以及有害的配位体进入体内而引起的。一些有害配位体进入生物体内,可以和担负正常生理功能的某些金属配合物中的配体发生竞争,使生物金属配合物失去正常生理功能。如血红蛋白是 Fe(Ⅱ) 与卟啉环及蛋白质结合的五配位混配配合物,第六个配位位置可以与氧可逆结合。血红蛋白在氧分压较大的肺部摄取氧,并通过血液循环系统将氧运送到各组织中释放出氧。如果这个位置被其他更强的配位体所占据,这些金属配合物就失去正常的生理功能,出现中毒现象。有害配体的配位能力越强,中毒就越严重。CO、NO、CN⁻等配体与血红蛋白的亲和性,均大于氧很多倍,因此毒性也极大。

135

有些有害物质在生物体内可破坏金属配合物的正常状态,从而引起病变。血红蛋白(Hb)分子中的 Fe(Ⅱ)可被氧化成 Fe(Ⅲ),这种高铁血红蛋白(MHb)过多会发生病变。不少药物或化合物,如亚硝酸盐、硝酸甘油、苯胺类、硝基苯类、磺胺类及醌类化合物都可以使 Hb 氧化成 MHb。在正常人体内,由于氧化剂的存在,总有少量 Hb 被氧化成 MHb。但是正常人体内存在高铁血红蛋白还原酶,它可将 MHb 还原为 Hb。如果体内 NO_2^- 等物质过量,超过高铁血红蛋白还原酶的解毒能力,就会发生病变。

2. 解毒作用 随着现代工业的迅速发展,各种有毒金属离子的污染物进入了生物圈,它们必然要经过各种途径最终侵入人体。这些金属离子进入人体的量若超过了人体正常的代谢能力,则必然会以各种形态沉积于人体的一些部位或器官中,从而影响正常的生物功能。物体内存在着一种自身解毒能力,能在一定程度上抵御有害金属离子的毒害。这种自身的解毒作用是由一种称为金属硫蛋白的物质来完成的,它是在生物体内过量的金属离子的诱导下合成的。金属硫蛋白的最大特点是半胱氨酸残基多,占氨基酸残基的 1/3,富含配位能力较强的巯基(—SH),易与 Hg^{2+}、Cd^{2+}、Pb^{2+} 等离子结合,起到解毒作用。但金属硫蛋白的解毒作用也有一定限度,一旦超过了其承受能力,就需要借助于摄入药物进行解毒。

常见的金属中毒有铅中毒、铋中毒和汞中毒等。

(1) 铅中毒:人体铅中毒时牙龈会出现"铅线",常位于尖牙至第一磨牙后侧牙龈,由距龈缘约 1cm、宽约 1cm 的灰蓝色微粒组成,有时牙齿表面也可有棕绿色或墨绿色色素沉着。铅线是铅吸收的标志,但不能视为铅中毒的根据。铅中毒的主要综合征有头晕、头痛、失眠、肌肉痛、腹绞痛、便秘以及贫血。口腔黏膜变白,口内有收敛感及金属味,口渴,咽喉有烧灼和刺激疼痛,流涎是最常见特征之一。铅中毒治疗应由职业病防治机构进行驱铅治疗。牙龈上的铅线无须特殊处理,但应注意口腔卫生,否则易得牙结石、牙周袋及牙龈炎。

(2) 铋中毒:铋线是铋吸收的主要特征,也是最早出现的症状。铋线好发于上下前牙牙龈,界限清晰,呈黑色,约 1mm 宽,有时也在舌唇颊部出现灰黑色晕斑。铋中毒的主要表现为口内有金属味,口腔炎,口臭,流涎,齿龈炎及齿龈暗黑。铋中毒出现铋线时应考虑停用正在服用的含铋剂的药物或换用其他药物,同时进行牙周洁治术,注意口腔卫生。

(3) 汞中毒:慢性汞中毒的早期症状之一是口炎,临床表现为口内有金属味,唾液量多而黏稠,全口腔黏膜充血,牙龈水肿剥脱,继而可出现牙槽骨萎缩、牙齿松动脱落,后期可发生骨坏死,牙龈上可出现汞线,但并不常见。汞中毒患者的神经精神症状较明显,其特征为"汞毒性震颤"。由于汞在常温下即可蒸发,且附着力很强,具有流动性,小的颗粒极难清理。因此汞作业人员(汞矿开采冶炼、仪表工业、制镜业、口腔内科临床工作者)都有引起慢性汞吸收、汞中毒的可能,应注意个人防护及定期体检。口腔临床工作中宜采取余汞收集器、密闭式调拌法、碘空气净化法等预防措施。

除以上几种较常见的金属中毒外,还有锑中毒、锌中毒、金中毒、铊中毒等。锑中毒主要表现为口内有金属味,口渴,流涎,口腔与咽喉疼痛,口唇肿胀,口腔炎症,牙龈边缘呈暗蓝色。锌中毒主要表现为口内有金属味,咽喉干燥烧灼感,口渴,声音嘶哑甚至失音。金中毒主要表现为口腔炎,咽炎,舌炎,齿龈炎。铊中毒主要表现为口腔干疼,齿龈溃疡,口腔黏膜出血。

治疗重金属中毒症有两种方法:一种是促使重金属直接从体内排泄;另一种是使用药物作为解毒剂。解毒剂利用配位能力更强的配位体,与有害金属离子配位,形成更加稳定而对生物体无害的配合物,而且能迅速排泄出体外。常用金属解毒剂见表 10-5。

表 10-5 常用金属解毒剂

金属解毒剂	金属	金属解毒剂	金属
EDTA 钙盐	Zn、Co、Mn、Pb	青霉胺	Au、Sb、Cu、Pb
2,3-二巯基丙醇	Hg、Au、Sn	N-乙酰青霉胺	Hg
去铁敏	Fe	二巯基丁酸钠	Sb
乙二基磺酸钠	Ni	二苯基硫代卡巴腙	Zn
金精三羧酸	Be		

使用金属解毒剂应注意以下几点：

（1）人体内配位体相比，解毒剂应与有害金属离子具有更大的稳定性。但是，由于与有害金属稳定常数大的配体，往往也与体内必需金属离子有强的配位作用。因而，要求解毒剂作为配体应该有较高的选择性。但要满足这个要求相当困难。

（2）如果有害金属离子已经进入细胞内部与生物配体结合，需要考虑解毒剂是否能够到达离子的存在部位，而且解毒剂与金属离子形成的配合物能否顺利地透过细胞膜并排出体外。

（3）与有害金属离子形成混配配合物对解毒更有利。一方面形成混配配合物有更高的稳定常数；另一方面两种不同的配体在混配物中可以产生明显的协同作用，有利于解毒剂进入细胞和将金属离子带出细胞外。

3. 抗肿瘤金属配合物　1965 年，美国学者在研究直流电场对细菌生长的影响时发现，在用两个铂电极向含氯化铵的大肠杆菌培养液中通入直流电时，细菌不再分裂。经一系列研究证实，起作用的是培养液中存在的微量铂的配合物。由电极溶出的铂与培养液中的 NH_3 和 Cl^- 生成的 cis-[Pt(NH_3)$_2$Cl$_2$]（顺-二氯·二氨合铂，简称顺铂）有强烈地抑制细胞分裂的能力，对癌症有较高的治愈率。20 世纪 80 年代中期作为抗癌药物投入临床使用。其对睾丸癌的治愈率为 85%，对子宫癌的治愈率为 40%～60%，对颈部癌、膀胱癌等也十分有效。抗癌机制可能是由于这种配合物有脂溶性的载体配体 NH_3，可顺利地通过细胞膜的脂质层进入癌细胞内。顺铂的配体 Cl^- 可被配位能力更强的 DNA 中的配位原子所取代，从而破坏癌细胞 DNA 的复制能力，使癌细胞分裂受阻。

顺铂抗癌作用的深入研究和临床使用，打开了抗癌金属配合物研究的新领域。人们广泛开展了抗癌金属配合物的探索工作，合成了大量的不同配体和不同结构的铂系金属配合物，以及 Rh、Ru、Sn、Pb、Au 等金属配合物，并且做了抗肿瘤金属配合物的药效、组成、结构的研究，得到许多有益的实验结果。虽然金属配合物是一类很有希望的抗肿瘤药物。但抗癌配合物进入人体后，既能与癌细胞内物质作用，也会与正常细胞中的各种生物配体反应，造成一系列毒性反应，而且抗癌活性越高，毒性反应越强烈。同时，体内存在的多种生物配体也会降低药物的抗癌活性。如何处理好活性和毒性的关系，合成和筛选既有高度抗癌活性，又无毒性反应的金属配合物仍是一个需要长期研究的问题。

4. 抗微生物金属配合物　金属配合物是一类很有效的抗病毒药物。病毒的结构比较简单，外壳是蛋白质，里面是由核酸组成的内核。这类物质在生物细胞外是无法自身繁殖的，只有当进入活细胞后，才能繁殖，最终致使宿主细胞死亡。由于金属配合物的稳定性和脂溶性都很好，易于透过细胞膜，进入宿主细胞的内部与病毒的核酸进行化学反应，因而具有抗病毒的能力。

有抗病毒作用的金属配合物，抗病毒能力要比金属离子或配位体大得多。金属配合物对某些病毒的抑制作用机制比较复杂。例如，乙型流感病毒中所含的核糖核酸聚合酶是一种含锌的金属蛋白质。当金属配合物进入寄生细胞与病毒作用时，金属配合物药物的配体便与上述的聚合酶形成混配配合物，从而达到阻止病毒复制的目的；同时，病毒的核酸和蛋白质又是极好的配位体，可与从金属配合物药物中游离出来的金属离子作用，使这些物质失活。

几乎所有抗菌物质都能与金属配位。药理机制有以下几种可能：①抗菌物质通过金属离子与酶或基质形成三元配合物，使正常的酶反应受到阻碍，从而影响细菌的繁殖。②抗菌物质与生物体内的微量元素结合，使细菌的代谢或酶反应缺乏必需的金属，因而阻碍细菌的繁殖和生长。③抗生素通过形成配合物，促使药物透过细胞膜，从而增强药物在细胞内的作用。

二、化学模拟生物过程

生物体内的化学过程一般都具有耗能低、效率高、条件温和等特点。如果将生物体内某些重要生化过程的反应机制研究清楚，用化学方法在生物体外模拟这些生化过程是十分有意义的。

（一）人工合成氧载体

为了维持生命过程在生物体内进行的各种氧化反应需要大量氧（O_2）。O_2 是非极性分子，在水中溶解度极小，因此通过体内循环输送 O_2 的量受到限制，不能满足正常的生理活动。人体血液输送氧是借助于氧载体进行的，生物体内的氧载体的存在可以使血液中的氧含量比水中增大约 30 倍。

1. 天然氧载体　所谓氧载体是生物体内一类可以与氧分子可逆地配位结合，本身又不会被不可逆氧化的生物大分子配合物,其功能是储存或运送氧分子到生物体组织内需要氧的地方。人体中载氧体为血红蛋白(Hb)和肌红蛋白(Mb),这两类物质都含有由亚铁离子和原卟啉形成的血红素。在正常生理情况下,人体每分钟吸入大约200ml氧气,氧气从肺泡到血液,再由血液进入组织细胞中。氧气在血液中的载体为血红蛋白,存在于血液的红细胞中,是红细胞的功能性物质,具有可逆吸收和释放氧气的功能,在血液循环中起着运载氧气的作用。肌红蛋白是存在于肌肉组织中的载氧物质,能储存和提供肌肉活动所需的氧。

　　肌红蛋白是由一条153个氨基酸组成的多肽链和一个血红素分子组成的。每个肌红蛋白分子含有一个血红素辅基。血红素是由亚铁离子与原卟啉形成的金属卟啉配合物,亚铁离子作为配位中心与卟啉环上的四个氮原子配位;第五个配位位置被肽链上组氨酸(His)残基的咪唑侧链的氮原子所占据,使二者连接在一起。从配位化学的角度来看,肌红蛋白是一种以铁(Ⅱ)为中心离子的蛋白质配合物,其中亚铁离子既是活性中心也是配位中心,卟啉环和蛋白质为配体。

　　血红蛋白由四个亚基组成,每个亚基也含有一条多肽链和一个血红素辅基。结构研究表明,血红蛋白中每个亚基的二级结构和三级结构与肌红蛋白相似,只是血红蛋白的多肽链稍短。两条多肽链含141个氨基酸,称为α链;另两条多肽链含146个氨基酸,称为β链。因此,血红蛋白可以看作是四个肌红蛋白的集合体。

　　血红蛋白和肌红蛋白中的亚铁离子,在未和氧分子结合时为五配位,第六个配位位置暂时空的。此时的铁(Ⅱ)离子具有高自旋电子构型,离子半径较大不能完全进入卟啉环的四个氮原子之间,铁(Ⅱ)离子高出血红素平面75pm。当第六个配位位置与氧分子结合以后,由于配位场增强,铁(Ⅱ)离子转变为低自旋电子构型,离子半径也减小了17pm,铁(Ⅱ)离子也下降到卟啉环空穴中而与其共平面,从而使整个体系更趋于稳定。并且血红蛋白和肌红蛋白分子排列紧密,肽链折叠成球形,血红素辅基周围大部分氨基酸残基的亲水基团向外,在血红素周围形成了一个疏水性的空腔。这个疏水性空腔的存在避免了极性水分子或氧化剂进入,从而保护了亚铁血红素不被氧化成高铁血红素,而失去可逆载氧功能,保证了血红素辅基与氧分子的可逆结合。

　　血红蛋白和肌红蛋白与氧的结合是松弛的、可逆的,特点是既能迅速结合,又能迅速解离。其结合与解离决定于O_2的分压大小。当血液经过肺部时,肺泡中氧气含量较高,氧分压大于静脉血的氧分压,氧分子通过配位键与Fe(Ⅱ)结合,形成氧合血红蛋白(HbO_2)。氧合血红蛋白随血液流动并在需要时释放出氧分子供机体生物氧化的需要。当血液流经组织时,肌肉组织的氧分压较低,O_2从HbO_2中解离出来,由于Mb与O_2的结合能力比Hb强,肌肉组织中的Mb结合形成氧合肌红蛋白(MbO_2),把O_2贮存起来以便在O_2供应不足时释放出O_2,供各种生理氧化反应的需要。血红蛋白随血液流动回到肺部并可再次与氧分子结合。

　　2. 人工氧载体　天然氧载体在生物体内输送或贮存氧气,主要是通过结合到蛋白质上的铁、铜过渡金属与氧分子可逆配位来实现的。化学家对这一现象及其机制产生了极大兴趣,但直接研究这些天然物质的困难还很多。为了弄清生物体内结构十分复杂的氧载体与氧分子相互作用的机制,特别是活性中心部位与氧的成键情况,人们合成了一些分子量较小,结构较简单并能可逆载氧的模型化合物来模拟天然氧载体的可逆氧合作用,研究分子氧配合物的本质,进一步探明天然氧载体氧合作用的规律。化学模拟氧载体的研究,不仅有助于了解这些天然物质的作用机制,而且还可以开发其他方面的应用。例如,在研究氧载体模型化合物过程中,已合成出许多种高效的人工氧载体,研制出的新型贮氧剂可作为长期运离基地的潜水艇和高空轰炸机的氧源。在合成具有可逆载氧功能的人造血液研究方面,日本和中国也于20世纪70年代末取得突破,合成了与血红蛋白性能相似的人造血,并在临床应用上获得成功。

　　(二)化学模拟生物固氮

　　氮是动植物生长不可缺少的重要元素。随着农业的发展,对氮肥的需求越来越多。虽然大气中约80%是分子氮,但由于其极强的氮氮键很难断裂,大气中丰富的氮气不能直接被植物吸收,植物能直接吸收利用的氮的形态只能是铵盐或是氨态氮。由游离氮转化为铵盐或氨态氮的过程称为固氮过程(nitrogen fixation)。大气中的氮气通过雷电可被氧化成NO进而转化为铵盐,但这只占生物圈所需固定氮的大约1%。合成氨工业利用高温、高压和催化剂的苛刻条件下合成氨,再转化为尿素、硝酸及一系列铵盐产品,以供农业、工业等多方面的需求。但也仅能提供大约 30% 的固定氮。然而固氮微生物却能在常温、常压下,将空气中的氮转化为氨,通常称为"生物固氮"。这是一个非常重要的生化反应,在全球范围内每年通过固氮菌的生物固氮作用,可以产生 1.75×10^8 吨氮肥,占植物所需固定氮的大约 70%。固氮微生物中固氮反应的酶系统称为固氮酶。

生物固氮最诱人的就是可以在常温、常压的温和条件下实现合成氨反应。人类在 100 多年前就开始了对生物固氮的研究,试图搞清固氮酶的结构和功能,以及生物固氮反应的机制,进而合成模型化合物,以模拟生物酶的功能,最终实现人工模拟生物固氮反应。即在常温、常压的温和条件下,将空气中的氮气转化为氨或其衍生物。

1. 固氮酶的组成和功能　科学家从 20 多种微生物中分离出了固氮酶。固氮酶由两种非血红素铁蛋白组成,一种是钼铁蛋白并含有铁硫基团;另一种是铁硫蛋白(称为铁蛋白)。较大的钼铁蛋白是棕色的,对空气敏感,相对分子质量为 220~270kDa,每个分子中含有 2 个钼原子,24~33 个铁原子,24~27 个无机硫原子,这类钼铁蛋白是由 1 200 个左右氨基酸残基组成的四聚体。较小的铁蛋白是黄色的,对空气极为敏感,相对分子质量在 50~70kDa 之间,每个分子中含有 4 个铁原子,4 个硫原子,大约由 273 个氨基酸残基组成二聚体。

钼铁蛋白和铁蛋白单独存在时均无活性,若两者以物质的量的比 1∶1 重新组合时,则有最好的催化活性。钼铁蛋白的功能是结合底物 N_2 分子,使其活化、还原;铁蛋白的功能是贮存和传递电子,对氧尤其敏感。

对固氮酶的活性中心的研究发现,其中含有 Mo、Fe 和半胱氨酸(Cys)。1977 年美国科学家从钼铁蛋白中分离出一种相对分子质量很小的 Fe-Mo 辅因子,其中 Mo,Fe,S 的比例为 1∶8∶6。它能显示 Fe-Mo 蛋白的特征顺磁共振(EPR)信号,是固氮酶特有的结构成分。实验结果表明,Fe-Mo 蛋白分子中铁原子和硫原子不是彼此孤立的,铁原子和硫原子一部分属于铁钼辅因子,另一部

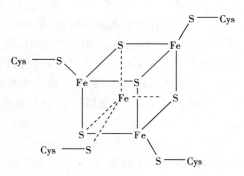

图 10-3　Fe_4S_4 原子簇的结构

分则以 Fe_4S_4 原子簇的形式存在(图 10-3)。铁蛋白分子中的 4 个铁原子和 4 个硫原子也构成 Fe_4S_4 原子簇。

2. 固氮酶的活性中心模型　为了说明生物固氮的机制,研究人员提出过多种固氮酶活性中心模型。美国的舒拉泽(Schranzer)等在前人工作的基础上,进行了系统的固氮酶模拟实验,提出了一种钼的固氮酶活性中心模型。Schranzer 结构模型为双核 Mo(V)的半胱氨酸配合物,组成为 $Na_2[Mo_2O_4(Cys)_2]$,结构已经 X-射线衍射测定所证实。以铁硫原子簇为铁蛋白模型,组成为 $[Fe_4S_4(SR)_4]^{2-}$,见图 10-4。

（a）Mo(Cys)双核配合物　　　　（b）铁硫原子簇

图 10-4　Schranzer 模型

我国多年来也在固氮酶活性中心模型的研究方面做了大量系统的研究工作。化学家卢嘉锡于 1973 年提出了"H 型网兜"模型,其结构为 1 个钼原子、3 个铁原子和 3 个硫原子组成的原子簇化合物,

见图 10-5(a)。底物 N_2 分子以投网的方式垂直进入网口,与底部 Fe(Ⅱ)端基配位,同时又与兜口的 2 个铁原子、1 个钼原子以多侧基方式配位,见图 10-5(b)。后来,又在此基础上形成了"福州模型"和 "厦门模型"。

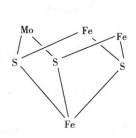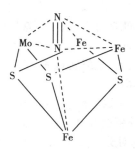

(a)H型网兜结构模型　　　　(b)N_2分子的配位方式

图 10-5　H 型网兜结构模型

3. 化学模拟生物固氮　与工业上合成氨所用的铁催化剂相比,固氮酶有两个突出的优点:一是能在常温常压下催化合成氨的反应;二是催化效率很高。目前,尽管对固氮酶的催化机制还不是十分清楚,但对固氮酶的结构组分,即钼铁蛋白、铁蛋白及钼铁蛋白中的铁钼辅因子等都有了一定的了解。这些都为化学模拟生物固氮提供了必要的启示。另外,根据对固氮微生物的研究,要实现生物固氮,必须有四个基本条件:①具有能有效地束缚氮分子并将其逐步转化为氨分子的活性部位。②要有电子供体和电子传递体,使氮原子还原为负氧化态。③要有供氢体系,提供氢原子才能生成氨分子。④要有 ATP 提供能量。一般来说,化学模拟固氮体系也必须满足上述条件。

(三)人工模拟光合作用

光合作用在生命起源、进化和人类生命活动中起着非常重要的作用。所以,人们在不断地探索着光合作用的本质和机制,期望能够通过模拟光合作用造福于人类。

研究表明,光合作用的过程可概括地表述如下:

$$nCO_2 + nH_2O \xrightarrow{\text{太阳光,叶绿素}} (CH_2O)_n + nO_2$$

光合作用是一个极其复杂的生理活动,包括光能吸收、转移、电子传递、水分解、磷酸化、辅酶还原、二氧化碳固定与转化等几十个步骤,在叶绿体内利用太阳光的能量将 CO_2 和水合成为碳水化合物,并释放出氧气。通过这个过程,在碳水化合物中储存能量。

光合作用可分为光反应和暗反应两大部分。①光反应:光反应过程包含两个反应,第一个反应是利用光能使水分解,并将产生的氢与植物体内的辅酶Ⅱ(NADP+)结合,将 NADP+ 还原为还原型的辅酶Ⅱ(NADPH),同时放出 O_2;第二个反应是利用光能将腺苷二磷酸(ADP)和无机磷酸盐(Pi)结合,生成腺苷三磷酸(ATP)。整个过程统称为光反应。②暗反应:光反应过程中产生的 NADPH 和 ATP 因储存了高的能量,可以一起去推进把 CO_2 转化为碳水化合物的反应。这个反应不需要光,只要源源不断地供应 NADPH 和 ATP 就可进行。因此称为暗反应。整个光合作用的过程见图 10-6。

既然光合作用中水分子可以被分解为氧气、氢离子和电子,那么设法将电子转移到电极上就可以人工模拟叶绿体的光电转移机制而制造出高效的光电池;如果设法使氢离子与电子结合就可以变成氢气,这样在人工模拟的系统中,经太阳光照射就可以将水分解为氢和氧,而给人类提供利用水作为能源的方法,充分利用太阳能解决能源紧张问题,造福人类。

光合作用的模拟研究可以从 NADP+ 的还

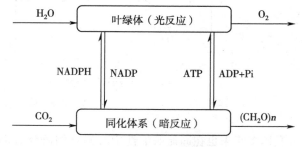

图 10-6　光合作用过程模式图

原、光合磷酸化和 CO_2 同化成碳水化合物等三个方面展开。

我国科学工作者从 1975 年开始先用 ZnO、CdS 等材料代替叶绿体,在近紫外光和可见光的照射下进行了模拟光合磷酸化过程的研究。实验结果证实,用 ZnO、CdS 模拟叶绿体,通过光合磷酸化作用可以得到 ATP。

人们对暗反应过程的机制已经比较清楚,但反应历程较复杂,目前还没有对全过程进行模拟,只进行了复制某些过程的研究。

总的来说,在模拟光合作用的光反应方面,已经得到了一定的结论,但存在着提高反应效率的问题;对于模拟暗反应的研究,不论是国内还是国外都尚未很好地开展。

本章小结

1. 生物元素是指在生物体内维持正常生物功能的元素。按照体内元素的生物作用,可分成人体必需元素、有益元素和有害元素。元素的"益"与"害"不仅与元素在体内的含量有关,而且与元素所处的状态有关。

2. 生物金属配合物在机体中按其生物配体和功能的不同,主要以金属蛋白和核苷酸类配合物、卟啉类配合物以及离子载体的形式存在。承担着参与构成人体组织和维持输送作用、催化作用和参与激素作用等机体的正常生理功能的作用。

3. 随着生物无机化学的迅速发展,其研究成果在医学、农业、环境保护等领域得到了广泛的应用。特别是在金属配合物与疾病、金属配合物药物和生物过程模拟等方面发挥了极大的作用。

(余晨辉)

扫一扫,测一测

思考题

1. 什么是生物无机化学?生物无机化学研究的主要对象是什么?
2. 什么是人体必需元素、有益元素和有害元素?所谓"必需"的含义是什么?
3. 生物元素具有哪些生理功能?
4. 研究生物功能分子的主要目的是什么?
5. 什么是最适营养浓度定律?其主要内容是什么?
6. 生命金属配合物主要指的是哪几类配合物?
7. 请你用化学中的原理分析血液输氧的过程,为什么出现一氧化碳中毒的现象?
8. 什么样的配体可以作为金属解毒剂?

实　验

实验一　化学实验基本操作

一、实验目的

1. 能正确辨认常用玻璃仪器,学会试管,移液管、容量瓶等常用玻璃仪器的洗涤、干燥、操作。
2. 学会正确取用固体和液体试剂的操作。
3. 学会酒精灯、水浴、电热套等加热仪器的使用和操作要点。
4. 学会正确规范称量、溶解、搅拌、移液、过滤等操作。

二、基本操作要点

（一）玻璃器皿的洗涤和干燥

无机化学实验经常使用各种玻璃器皿,而这些器皿是否干净,直接影响到实验结果的准确性。因此,在进行实验时,必须把玻璃器皿洗涤干净。

洗涤玻璃器皿的方法应根据实验要求、污物的性质、沾污的程度和器皿的特点来选择。

1. **水洗**　将玻璃器皿用水淋洗后,借助毛刷刷洗器皿。如洗涤试管时可用大小合适的试管刷在盛水的试管内转动或上下移动。但用力不要过猛,以防刷尖的铁丝将试管戳破。这样既可以使可溶性物质溶解,也可以除去灰尘,使不溶物脱落。但洗不去油污和有机物。

2. **洗涤剂洗**　常用的洗涤剂有去污粉和合成洗涤剂。此法可洗去油污和有机物。

3. **铬酸洗液洗**　铬酸洗液具有很强的氧化性和酸性,对油污和有机物的去污力特别强。玻璃器皿沾污严重或器皿口径细小,如移液管、容量瓶等器皿,可用铬酸洗液洗涤。

用铬酸洗液洗涤玻璃器皿时,先往玻璃器皿内加入约为器皿体积五分之一的洗液,倾斜并慢慢转动器皿,使其内壁全部被洗液润湿(必要时可用洗液浸泡),转动几圈后,把洗液倒回原洗液缸。然后用自来水冲洗干净器皿,最后再用蒸馏水荡洗 2~3 次即可。如用热的洗液进行洗涤,则去污能力更强。

必须指出的是,铬酸洗液对衣服、皮肤、桌面、橡皮等有很强的腐蚀作用,使用时一定要特别小心;如洗液呈绿色,则不能继续使用,可加入固体 KMnO₄ 使其再生;洗液不能直接倒入下水道,以免污染环境。另外 Cr(Ⅵ)对人体有害,又污染环境,应尽量不要使用,可用其他方法替代。

4. **盐酸-乙醇洗液**　将化学纯的盐酸和乙醇按 1∶2 的体积比混合,此洗液主要用于洗涤被染色的吸量管、吸收池、比色管等玻璃器皿。

5. **特殊污物的洗涤**　如果用上述方法仍不能除去污物,可选用适当试剂处理。如沾在器壁上的二氧化锰用浓盐酸;银镜反应黏附的银可用 6mol/L 硝酸处理等。

不论用上述哪种方法洗涤玻璃器皿,最后都必须用自来水冲洗,再用蒸馏水荡洗 2~3 次。洗净后的玻璃器皿,内壁应透明、不挂水珠。若壁上挂着水珠,说明没有洗净,必须重新洗涤。已经洗净的器皿,不能用布或纸擦拭,以免布或纸的纤维留在器壁上,造成二次污染。

6. **玻璃器皿的干燥**

（1）晾干:不急用的器皿在洗净后可以倒置于干净的实验柜上或容器架上任其自然干燥。

（2）吹干:洗净的器皿如需迅速干燥,可用电热吹风(精密计量仪器不能使用热风)或干燥的压缩空气直接吹在器皿上进行干燥。

（3）烘干:洗净的器皿先把水沥干,然后平放或器皿口向下放在电烘箱内烘干,温度控制在 105℃ 以下。易挥发易燃品或刚用酒精、丙酮淋洗过的仪器切勿放入烘箱内干燥,以免发生爆炸。

（4）烤干:烧杯、蒸发皿等能加热的器皿可置于石棉网上用小火烤干。试管可直接在酒精灯上用小火烤干,注意试管口应倾斜向下,待水珠消失后,将试管口转为向上,以便把水汽赶尽。

（5）有机溶剂干燥:带有刻度的计量玻璃器皿,不能用加热的方法干燥,加热会影响器皿的精密度。可在洗净的器皿中加入一些易挥发的有机溶剂,如乙醇或乙醇与丙酮的等体积混合液,倾斜并转动器皿,使器皿上的水与溶剂混合,然后倒出,少量残留液会很快挥发而使器皿干燥。

（二）酒精灯的使用

酒精灯常用于加热温度不需太高的实验,其火焰温度在400~500℃。使用时应注意以下几点。

1. 酒精体积控制在1/5~2/3。添加酒精时应先将火熄灭。

2. 点燃酒精灯时,切勿用燃着的酒精灯引燃;熄灭酒精灯时,用灯罩盖熄,再把灯罩拿起直到确认酒精灯火已经熄灭,严禁用嘴吹灭。

3. 避免连续长时间使用酒精灯,以免酒精气化而发生危险。

（三）试剂的取用

化学试剂的纯度对实验结果的影响很大,不同的化学实验对试剂的纯度要求也不相同。因此必须了解试剂的分类标准,以便正确使用试剂。

根据试剂中所含杂质的多少,一般可将实验室普遍使用的试剂分为四个等级(实验表1-1)。

实验表 1-1　化学试剂的级别和主要用途

级别	中文名称	英文名称	标签颜色	主要用途
一级	优级纯	GR	绿	较精密分析实验
二级	分析纯	AR	红	一般分析实验
三级	化学纯	CR	蓝	一般化学实验
生物化学试剂	生物试剂、生物染色剂	BR	黄	生物化学及医化实验

1. 液体试剂的取用

（1）粗略量取一定体积的试剂时可用量筒。倒取试剂时,标签朝上,不要将试剂泼洒在外,多余的试剂不应倒回试剂瓶内,倾倒完毕,将瓶口在容器中轻轻碰一下,使残留液流入容器,取完试剂随手将瓶盖盖好,切不可"张冠李戴",以防沾污。向量筒或试管中倒入液体的方法见实验图1-1。读取量筒内液体积的数据时,眼睛应和液体凹液面成水平(实验图1-2)。

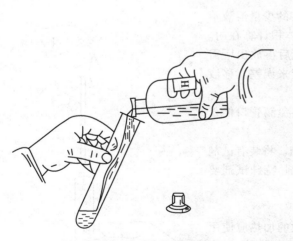

实验图 1-1　液体的倾倒

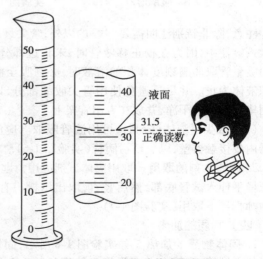

实验图 1-2　读取液体容积数据

（2）准确量取一定体积的液体试剂时,应使用相应刻度的移液管、吸量管或滴定管。移液管中间为膨大部分,吸量管为直形,管上有刻度。移液管和吸量管在使用前先检查管尖是否完整,有破损不能使用。再依次用洗液、自来水、蒸馏水洗涤干净并将管尖内外的水沥干,然后用待吸取的溶液润洗2~3次,以确保所吸取的溶液浓度不变。润洗的操作方法是:用洗净并烘干的小烧杯倒出少量欲移取的溶液,右手拿住移液管(或吸量管)上端标线以上部分,将管下端伸入待吸液液面下 1~2cm 处,不要伸入太浅或太深,以免液面下降后造成吸空或管外壁黏附溶液过多(实验图 1-3)。左手拿洗耳球,先把球内空气压出,然后将球的尖端紧接在管口上,慢慢放松洗耳球吸入少量溶液。移走洗耳球,立即用右手示指按住管口,将移液管(或吸量管)提离液面并倾斜,松开示指,双手平持移液管(管口稍向上)并转动,使溶液与管内壁所有部分充分接触,再使管直立,将溶液由管尖放出,弃去,重复操作 3 次即可。

　　定量移取液体试剂的操作办法与润洗基本相似,但吸取溶液液面要超过标线 1~2cm,立即用右手示指按住移液管并直立提离液面后,将移液管下端沿待吸取液容器内壁轻转两圈,然后稍松示指,使液面慢慢下降,直至视线平视时溶液的凹液面与标线相切,立即紧按示指,使液体不再流出(实验图 1-4)。左手拿承接溶液的容器并倾斜 45°,将移液管垂直放入容器中,管尖紧贴容器内壁,松开右手示指,使溶液自由流下(实验图 1-5),待液面下降至管尖后,再等 15s,然后取出移液管。

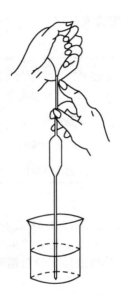

实验图 1-3　吸取溶液

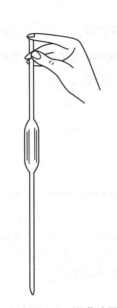

实验图 1-4　调节液面

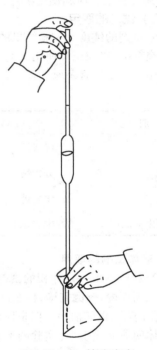

实验图 1-5　转移溶液

　　注意,除非特别注明需要"吹"的以外,管尖最后留有的少量溶液不能吹入容器中,因为在校正移液管时,未将这部分液体体积计算在内。在用吸量管取非满刻度体积的溶液时,必须吸至满刻度后再放出所需体积液体为止。并尽量避免使用管尖收缩部分,以免带来误差。移液管用毕立即冲洗干净,并放在专用管架上。

　　(3) 取少量液体试剂时,可用滴管吸取。应注意避免滴管口伸入容器内或接触器壁,以免玷污滴管(实验图 1-6)。

　　2. **固体试剂的取用**　取用固体试剂应用角匙或纸槽。将装有试剂的纸槽平伸入试管底部,然后竖直,取出纸槽。有毒试剂、特殊试剂要在教师指导下取用(实验图 1-7)。

　　(四) 物质的加热

　　1. **固体物质的加热**　如实验图 1-8 所示,固体物质的加热应使用干燥的大试管,试管夹夹在距管口约管长的 1/3 处,先均匀加热,后集中加热固体部位,应使试管口略向下倾斜。

　　2. **液体物质的加热**　如实验图 1-9 所示,试管外部要干燥。试管内所盛液体量不超过试管容积的 1/3。试管与桌面成 45°。加热时先均匀受热,然后小心地加热液体的中下部,并不时地上下移动。给烧杯、烧瓶里的液体加热时,底部必须垫上石棉网。

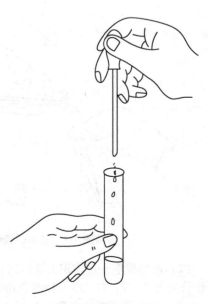

实验图 1-6　用滴管滴加少量液体的操作

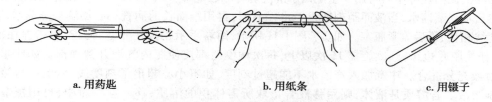

a. 用药匙　　　　　　　b. 用纸条　　　　　　　c. 用镊子

实验图 1-7　往试管中送入固体试剂方法

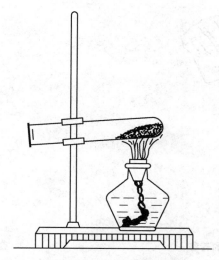

实验图 1-8　固体的加热

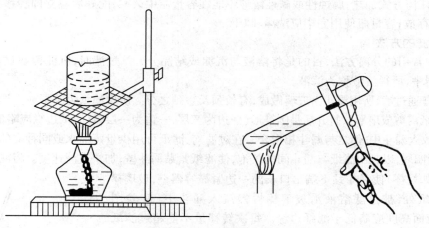

实验图 1-9　液体的加热

（五）容量瓶的使用

容量瓶是用来精确地配制一定体积、一定浓度溶液的玻璃器皿。容量瓶颈部有一刻度线，表示在所指温度下当瓶内液体到达刻度线时，其体积恰与瓶上所注明的体积相等。

常用的容量瓶有 50ml、100ml、250ml、500ml、1 000ml 等多种。容量瓶在使用前，要检查是否完好，瓶口处是否漏水。检查方法如下：往瓶内加入一定量水，塞好瓶塞。用示指摁住瓶塞，另一只手托住瓶底，将瓶倒置过来，观察是否有水漏出。如果不漏水，将瓶正立并将瓶塞旋转 180° 后塞紧，再将容量瓶倒置，检查是否漏水。经检查不漏水的容量瓶才能使用。容量瓶使用前必须充分洗净，再用蒸馏水淋洗 2~3 次，至瓶内壁不挂水珠为止。

配制溶液时，若溶质是固体，则先将准确称量的固体溶质放入干净的小烧杯中，加入少量蒸馏水使其完全溶解，然后将烧杯中的溶液沿玻璃棒小心转入容量瓶中。转移时，要使玻璃棒的下端紧靠容量瓶内壁，让溶液沿玻璃棒及烧瓶内壁流下（实验图 1-10）。溶液全部流完后将烧杯沿玻璃棒往上提升直立，使附着在玻璃棒和烧杯嘴之间的溶液流回烧杯中。再用少量蒸馏水淋洗烧杯和玻璃棒 2~3 次,并将每次淋洗的洗涤液全部转入容量瓶中。然后加入蒸馏水,当液面距刻度线 1cm 左右时,再用细而长的滴管小心逐滴加蒸馏水,直至溶液的凹液面与刻度线相切,最后盖紧瓶塞。如实验图 1-11 所示,用右手示指按住瓶塞,拇指、中指捏住瓶颈刻线以上部分,左手托住瓶底边缘,颠倒旋摇 15 次以上,每次颠倒时都应使瓶内气泡升到顶部。如此重复操作,可以保证瓶内溶液充分混合。注意加入蒸馏水不能超过刻度,如不小心超出了刻度线,应倒掉溶液、洗净容量瓶并重新配制溶液。若溶质是液体,则用移液管量取所需体积的溶质,移入容量瓶中,再用蒸馏水稀释,方法同上。

实验图 1-10　溶液的转移

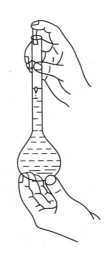

实验图 1-11　容量瓶的拿法

　　需要注意的是,磨口瓶塞与容量瓶是互相配套的,不能张冠李戴。可将瓶塞用橡皮圈系在容量瓶的瓶颈上;容量瓶不可用任何方式加热;腐蚀性或碱性溶液不能在容量瓶中久贮,配好后应立即转移到其他容器(如塑料试剂瓶)中密闭存放;容量瓶使用完毕应洗净、晾干。

　　（六）常压过滤的方法

　　过滤是实验中常用的分离方法,目的是将溶液与沉淀或结晶分开。过滤时,沉淀留在过滤器上,溶液通过过滤器而进入容器中,所得溶液称为滤液。

　　常压过滤,即普通过滤,所用漏斗由玻璃做成,有长颈及短颈之分。所用滤纸为圆形或方形,一般将其对折两次成扇形(方形滤纸需剪成扇形),打开后呈圆锥形(一边为三层,一边为一层,且滤纸边缘应略低于漏斗边缘),并与漏斗锥角一致,放入漏斗中,使之与漏斗相密合。在过滤前,滤纸可用少量蒸馏水或同种类的溶剂润湿,并用手或玻璃棒轻压滤纸四周,以赶出滤纸与漏斗间的气泡,使滤纸紧贴漏斗壁,加快过滤速度。将漏斗放在漏斗架上,下面放接受容器(如烧杯)使漏斗颈下端出口长的一边紧靠容器壁,玻璃棒下端接触三层滤纸处,被过滤溶液沿玻璃棒慢慢流入漏斗中(实验图 1-12),漏斗中的液面高度应略低于滤纸边缘。每次转移量不能超过滤纸容量的 2/3,然后用少量蒸馏水或同种类溶剂淋洗盛放沉淀的容器和玻璃棒,洗涤液全部倒入漏斗中。如此反复淋洗几次,直至沉淀全部转移到漏斗中。

　　若过滤沉淀较多的溶液,最好先静置使沉淀下沉,然后首先过滤上清液,最后过滤下层沉淀,这样可避免沉淀堵塞滤纸孔,提高过滤速度。

　　过滤酸性、碱性或含细粒沉淀的溶液时,常用双层滤纸,并使其互相重叠,保证每处都有四层滤纸。过滤浓酸性、浓碱性或腐蚀性较大的溶液时,则用玻璃丝或石棉代替滤纸。

　　欲使过滤速度加快,常采用菊花形滤纸,其折叠顺序见实验图 1-13。注意折叠时,勿折至滤纸的中心,以免滤纸中央破裂。用菊花形滤纸过滤时,不必先润湿。

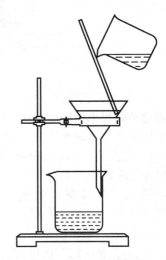

实验图 1-12　过滤操作

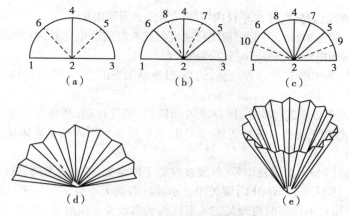

实验图 1-13　折叠式滤纸的折叠顺序

（七）离心分离

当被分离的沉淀量很少时,可以使用离心机进行分离。使用时,先把要分离的混合物放入离心试管中,把离心管装入离心机的套管内,位置要对称,重量要平衡。如果只有一支离心管中的沉淀进行分离,则要另取一支空离心管盛以相等体积的水,放入对称的套管中以保持平衡。否则重量不均匀会引起振动,造成机轴磨损。

开启离心机时,应先低速,逐渐加速,根据沉淀的性质决定转速和离心的时间。关机后,应让离心机自己停下,不可用手强制其停止转动。

取出离心管,用一毛细吸管,捏紧其橡皮头,插入离心管中,插入的深度以尖端不接触沉淀物为限。然后慢慢放松捏紧的橡皮头,吸出溶液,留下沉淀物。

如果沉淀物需要洗涤,加入少量蒸馏水,充分搅拌离心分离,用吸管吸出清液,反复洗涤 2~3 次。

（八）天平的使用

1. 托盘天平　托盘天平用于精确度不高的称量。一般能准确到 0.1g(实验图 1-14)。使用步骤如下:

（1）调零点:在称量前,先检查天平的指针是否停在刻度盘上的中间位置,若不在中间,可调节天平下面的旋钮,使指针指到零点。

（2）称量:天平左托盘放被称物,右托盘放砝码。称量时,不可将药品直接放在托盘上,可在两托盘放等量的称量纸或已称过质量的小烧杯来盛放药品。砝码必须用镊子夹取。称取少量药品时,也可用游码。

（3）称量后:将砝码放回砝码盒中,并将天平的两个托盘重叠一起,放在天平的一侧,以保护天平刀口。

2. 电子天平　电子天平是最新一代的天平,是根据电磁力平衡原理,直接称量,不需要砝码,放上被称物后,在几秒钟内即达到平衡,显示读数,称量速度快、精度高。其外形见实验图 1-15。

实验图 1-14　托盘天平

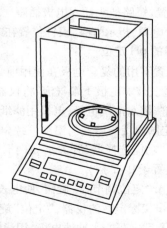

实验图 1-15　电子天平

操作步骤如下：

（1）调水平：调整地脚螺栓高度，使水平仪内空气气泡位于圆环中央。

（2）预热：接通电源，预热 30min（天平在初次接通电源或长时间断电之后，至少需要预热 30min）。为取得理想的测量结果，一般不切断电源，天平应保持在待机状态。

（3）开机：按开关键【ON/OFF】，显示器全亮，约 2s 后显示天平的型号，然后是称量模式 0.000 0g。读数时应关闭天平门。

（4）校正：首次使用天平必须进行校正，因存放时间较长、位置移动、环境变化或为了获得精确的测量值，天平在使用前一般都应进行校正操作。按校正键【CAL】，天平将显示所需校正砝码质量，放上砝码直至出现与校正砝码相同的数据，校正结束。

（5）测量：使用去皮键【TARE】，去皮清零，放置被称物于称盘上，关上天平门，进行测量。

（6）关机：称量结束后按天平【ON/OFF】键关闭显示器。若当天不再使用天平，应拔下电源插头。一般天平应一直保持通电状态（24h），不使用时将开关键关至待机状态使天平保持保温状态，可延长天平使用寿命。

（九）pHS-25 型酸度计使用方法

酸度计是用来测定溶液 pH 的仪器。实验室常用的酸度计有雷磁 pHS-25 型、pHS-2 型、pHS-3 型等。这几类酸度计的原理相同，结构略有差别。pHS-25 型酸度计的电极系统是由玻璃电极和银-氯化银参比电极组成的复合电板，仪器的外形见实验图 1-16。

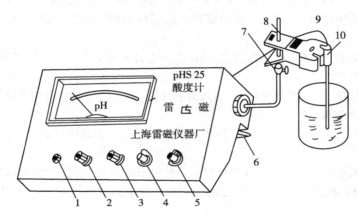

1. 电源指示灯　2. 温度补偿器　3. 定位调节器　4. 功能选择器（选择）　5. 量程选择器（范围）　6. 仪器支架　7. 电极杆固定圈　8. 电极杆　9. 电极夹　10. 复合电极

实验图 1-16　pHS-25 型酸度计

1. 按实验图装好电极杆、电极夹和复合电极，支好仪器背部的支架。在开电源之前，把"量程选择器"开关置于中间位置，短路插头插入电极插座。

2. 打开电源，指示灯亮，表针位置在未开机时的位置。预热仪器 10min 以上即可使用。

3. 仪器的 pH 定位

（1）久置不用的复合电极在使用前必须在蒸馏水中浸泡 24h 以上。使用前要让复合电极的参比电极加液小孔露出，甩去玻璃电极下端气泡，将仪器的电极插座上短路插头拔去，插入复合电极。

（2）用蒸馏水清洗电极，电极用滤纸擦干后，即可把电极放入已知 pH 的标准缓冲溶液中，调节"温度补偿器"使所指定的温度与溶液的温度一致。

（3）置"功能选择器"开关于 pH 挡，"量程选择器"开关置于标准缓冲溶液的范围一档（如 pH＝4 或 pH＝6.86 的溶液置于 0~7 挡）。

（4）调节"定位调节器"旋钮，使电表指示该缓冲存液的 pH。

经上述步骤标定后的仪器，"定位"旋钮不应再有任何变动。

4. pH 测定　蒸馏水冲洗电极，用滤纸条吸干。把电极插入待测溶液内，轻轻摇动烧杯，使溶液均匀，此时仪器上即显示出待测溶液的 pH。

【注意事项】

1. 复合电极的敏感部分为下端的玻璃球泡,是由特殊玻璃制成切忌与硬物接触。

2. 复合电极使用前应检查饱和 KCl 溶液的液面是否位于小孔下端,如液面较低要及时补充液体。

3. 首次或长期不用的复合电极,用前应在蒸馏水中浸泡活化 24h 以上,暂时不用时,把复合电极浸泡在补充液中。

4. 复合电极在使用前必须赶尽球泡头部和电极中间的气泡。

（余晨辉）

实验二　溶液的配制

一、实验目的

1. 掌握溶液组成标度的计算方法及溶液的配制方法。

2. 练习台秤、量筒、移液管和容量瓶的使用方法。

二、实验原理

溶液的配制就是将固体溶质、纯液体溶质与水混合,或将不同浓度的溶液混合,使其成为指定体积和浓度的溶液的过程。

在配制溶液时,首先应根据所提供的用品计算出溶质及溶剂的用量,然后按照配制的要求决定采用的仪器。如果对溶液浓度的准确度要求不高,进行粗略配制,可采用台秤、量筒等仪器进行配制;若要使溶液的浓度比较准确,进行精确配制,则应采用分析天平、移液管、容量瓶等仪器。

在计算固体物质用量时,如果物质含有结晶水,则应将其计算在内。

稀释浓溶液时,计算需要掌握一个基本原则是:稀释前后溶质的量不变。根据浓溶液的浓度和体积与所要配制的稀溶液的浓度和体积,利用稀释公式 $c_1V_1 = c_2V_2$ 或 $\rho_1V_1 = \rho_2V_2$,计算出所需浓溶液的体积,然后加水稀释至一定体积。

配制溶液的操作步骤一般是:

由固体试剂配制溶液:计算→称量→溶解→转移→定容。

由液体试剂配制(稀释)溶液:计算→量取→转移→定容。

进行溶液配制时,还应注意以下问题:

1. 配制 H_2SO_4 溶液时,需特别注意要在不断搅拌下将浓 H_2SO_4 缓缓地倒入盛水的容器中,切不可将水倒入浓 H_2SO_4 中。

2. 对于易水解的固体试剂如 $SnCl_2$、$FeCl_3$、$Bi(NO_3)_2$ 等,在配制其水溶液时,应称取一定量的固体试剂于烧杯中,然后加入适量一定浓度的相应酸液,使其溶解,再以蒸馏水稀释至所需体积,搅拌均匀后转移至试剂瓶中。

3. 一些见光容易分解或容易发生氧化还原反应的溶液,要防止在保存期间失效,最好配好就用,不要久存。另外,常在贮存的 Sn^{2+} 及 Fe^{2+} 的溶液中放入一些锡粒和铁屑,以避免 Sn^{2+}、Fe^{2+} 被氧化后产生 Sn^{4+} 及 Fe^{3+}。$AgNO_3$、$KMnO_4$、KI 等溶液如需短时间贮存,应存于干净的棕色瓶中。

三、实验仪器和药品

1. 仪器　台秤、量筒(50ml、100ml)、烧杯(50ml、100ml)、吸量管(5ml、10ml)、容量瓶(50ml、100ml)、洗耳球、角匙、滴管、玻璃棒。

2. 试剂　NaCl、葡萄糖、药用乙醇($\varphi_B = 0.95$)、1mol/L 乳酸钠、浓 HCl、蒸馏水。

四、实验内容

（一）由固体溶质配制溶液

1. 质量浓度溶液的配制　配制 50g/L 葡萄糖溶液 100ml。

（1）计算:算出配制 50g/L 葡萄糖溶液 100ml 所需固体葡萄糖的质量。

（2）称量:用托盘天平称取所需固体葡萄糖放入小烧杯中。

（3）溶解：向烧杯中加入约 20ml 蒸馏水，用玻璃棒搅拌使葡萄糖完全溶解。

（4）转移：将烧杯中的葡萄糖溶液倒入 100ml 量筒中，再用少量蒸馏水洗涤烧杯 2～3 次，将洗涤液一并倒入量筒中。

（5）稀释、定容：继续往量筒中加入蒸馏水，当加到接近 100ml 刻度线时，改用滴管滴加蒸馏水，至溶液凹液面底部与 100ml 刻度线相切。用干燥玻璃棒搅拌混匀，即得 100ml 质量浓度为 50g/L 葡萄糖溶液。将配制好的溶液倒入指定的回收瓶中。

2. 物质的量浓度溶液的配制　配制 0.1mol/L 的 NaCl 溶液 100ml。

（1）计算：算出配制 0.1mol/L 的 NaCl 溶液 100ml 所需 NaCl 的质量。

（2）称量：用托盘天平称取所需固体 NaCl 放入小烧杯中。

（3）溶解：向烧杯中加入约 20ml 蒸馏水，用玻璃棒搅拌使 NaCl 完全溶解。

（4）转移：将烧杯中的 NaCl 溶液用玻璃棒引流到 100ml 容量瓶中，再用少量蒸馏水洗涤烧杯 2～3 次，将洗涤液一并倒入容量瓶中。

（5）稀释、定容：继续往容量瓶中加入蒸馏水，当加到接近 100ml 刻度线时，改用滴管滴加蒸馏水至溶液凹液面与标线相切。盖好瓶塞，振荡混匀，即得 100ml 0.1mol/L 的 NaCl 溶液。将配制好的溶液倒入指定的回收瓶中。

（二）用浓溶液配制稀溶液（溶液的稀释）

1. 用 $\varphi_B = 0.95$ 的药用乙醇配制 $\varphi_B = 0.75$ 的消毒乙醇 50ml

（1）计算：算出配制 $\varphi_B = 0.75$ 的消毒乙醇 50ml 所需药用乙醇的体积。

（2）量取：用 50ml 量筒量取所需的 $\varphi_B = 0.95$ 药用乙醇。

（3）稀释、定容：在量筒中加入蒸馏水至接近 50ml 刻度线，改用滴管滴加蒸馏水至溶液凹液面与 50ml 刻度线相切。用干燥玻璃棒搅拌混匀，即得所需 $\varphi_B = 0.75$ 的消毒乙醇。将配制好的溶液倒入指定的回收瓶中。

2. 用 1mol/L 乳酸钠溶液配制 $\frac{1}{6}$mol/L 乳酸钠溶液 50ml

（1）计算：算出配制 $\frac{1}{6}$mol/L 乳酸钠溶液 50ml 需用 1mol/L 乳酸钠溶液的体积。

（2）移取：用 10ml 吸量管吸取所需的 1mol/L 乳酸钠溶液，并移至 50ml 容量瓶中。

（3）稀释、定容：向容量瓶中加入蒸馏水，当加到接近 50ml 刻度线时，改用滴管滴加蒸馏水至溶液凹液面与标线相切。盖好瓶塞，振荡混匀，即得 50ml $\frac{1}{6}$mol/L 乳酸钠溶液。将配制好的溶液倒入指定的回收瓶中。

3. 用市售浓盐酸配制 0.3mol/L 的 HCl 溶液 100ml

（1）计算：算出配制 0.3mol/L 的 HCl 溶液 100ml 需用质量分数为 0.37，密度为 1.19g/ml 浓盐酸的体积。

（2）移取：用 5ml 吸量管吸取所需浓 HCl 的体积，并移至 100ml 容量瓶中。

（3）稀释、定容：向容量瓶中缓慢加入蒸馏水至离标线约 1cm 处，改用滴管滴加蒸馏水至溶液凹液面与标线相切。盖好瓶塞，振荡混匀，即得 100ml 0.3mol/L 的 HCl 溶液。将配制好的溶液倒入指定的回收瓶中。

五、思考题

1. 为什么洗净的吸量管在使用前还要用待取液润洗？容量瓶需要用待取液润洗吗？

2. 能否在量筒、容量瓶中直接溶解固体试剂？为什么？

3. 使用容量瓶配制溶液，要不要先把容量瓶干燥？为什么？

4. 配制溶液时，若不小心将蒸馏水加过了量筒或容量瓶的标线，对实验结果有何影响？能否通过吸出超过标线部分的液体来补救？

（陈国华）

实验三　胶体的制备和性质

一、实验目的

1. 了解溶胶的一般制备方法。

2. 加深对溶胶性质的认识。

二、实验原理

溶胶是固体在液体中的高分散体系。溶胶的制备方法有分散法和凝聚法。本实验中通过 $FeCl_3$ 在沸水中水解形成 $Fe(OH)_3$ 的固相颗粒而制得 $Fe(OH)_3$ 溶胶,反应式:

$$FeCl_3 + 3H_2O \xrightarrow{\text{沸水}} Fe(OH)_3 + 3HCl$$

这种制备溶胶的方法为凝聚法。

溶胶的性质与结构紧密联系。其能产生乳光现象(丁达尔效应);由于溶胶的胶粒带电,在电场中能产生电泳;如果在溶胶中加入电解质,中和电性、破坏它的水化膜,可使溶胶发生聚沉。溶胶属非均相体系,分散相和分散介质之间有很大的界面,界面能较大因而易产生吸附作用。

三、实验仪器和药品

1. 仪器　电泳装置(U 形管、电极、直流电源)、手电筒、加热装置、烧杯(100ml)、量筒(50ml)、表面皿、铁架台、浆糊、棉花、电热套。

2. 药品　0.1mol/L $CuSO_4$ 溶液、H_2S 饱和水溶液、6mol/L HCl 溶液、0.5mol/L NaCl 溶液、0.05mol/L $CaCl_2$ 溶液、0.01mol/L KI 溶液、0.01mol/L $AgNO_3$ 溶液、0.005mol/L $AlCl_3$ 溶液、2% $FeCl_3$ 溶液、1%明胶溶液、0.4%酒石酸锑钾溶液、泥水、0.05mol/L Na_2SO_4 溶液、0.1mol/L Na_2SO_4 溶液。

四、实验内容

(一)溶胶的制备(保留供后续实验用)

1. $Fe(OH)_3$ 正溶胶的制备　在 100ml 洁净的小烧杯中加入约 25ml 蒸馏水、加热至沸,在搅拌下滴加 4ml 2% $FeCl_3$ 溶液,继续煮沸至液体呈现红褐色,停止加热,即得 $Fe(OH)_3$ 正溶胶。

2. AgI 负溶胶的制备　量取 20ml 蒸馏水,放入 100ml 小烧杯中,加入 $c(KI) = 0.01mol/L$ 的 KI 溶液 4ml,边摇边滴加 $c(AgNO_3) = 0.01mol/L$ $AgNO_3$ 溶液 2ml,即得微黄色的 AgI 负溶胶。

3. Sb_2S_3 负溶胶的制备　用烧杯盛 20ml 0.4%酒石酸锑钾溶液,在搅拌下慢慢滴加 3ml H_2S 饱和水溶液,即得 Sb_2S_3 负溶胶。

(二)溶胶的光学性质——丁达尔效应

另外取 2 个 100ml 洁净的小烧杯分别加入约 25ml 的 $CuSO_4$ 溶液和泥水,和上面制得的 3 种溶胶一起放在暗处,分别用手电筒照射烧杯中的液体,在与光束垂直的方向观察。

(三)溶胶的电学性质——电泳现象

取半匙浆糊于表面皿中,用蒸馏水调至稀糊状,取两小团棉花将其浸透后分别装入两支细玻璃管的下端(管下端略尖些),然后往管中加入少量蒸馏水待用。

在 U 形管中装入新制 $Fe(OH)_3$ 溶胶(使液面低于管口约 3cm),然后用胶塞将上述两支玻璃管固定在 U 形管的两管中,把玻璃管下端插入溶胶液面下 0.5cm 左右,将此装置固定在铁架台上,把正、负电极分别插入两玻璃管的蒸馏水中(实验图 3-1),通直流电约 10min 后,观察溶胶界面的移动,并判断其带电符号。

(四)溶胶的聚沉

1. 取 3 支试管,各加入 2ml Sb_2S_3 溶胶,在振荡下分别逐滴加入电解质溶液 $c(NaCl) = 0.5mol/L$、$c(CaCl_2) = 0.05mol/L$、$c(AlCl_3) = 0.005mol/L$ 溶液,每加入一滴都要用力摇动,直到刚产生混浊现象,记录开始出现混浊时所加电解质的滴数,并解释。

2. 取 2 支试管,各加入 2ml $Fe(OH)_3$ 溶胶,在振荡下分别加入 $c(NaCl) = 0.5mol/L$、$c(Na_2SO_4) = 0.05mol/L$ 溶液,直到刚出现混浊,记录所加电解质的滴数,并解释。

3. 在一支试管中加入 2ml $Fe(OH)_3$ 溶胶和 2ml Sb_2S_3 溶胶,振荡,观察现象,并解释。

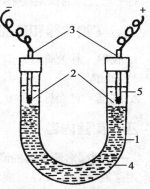

1. 溶胶;2. 浸透的棉花;3. 电极;
4. U 形管;5. 盐酸溶液。

实验图 3-1　电泳装置

（五）保护作用

在 2 支试管中各加入 Fe(OH)₃ 溶胶 2ml,在第一支试管中加水 1ml,第二支试管中加 1% 明胶 1ml,振荡均匀后向第一支试管中滴加 $c(Na_2SO_4) = 0.01mol/L$ 溶液至出现混浊,记录滴数;向第二支试管中滴加同样滴数的 Na_2SO_4 溶液,比较两试管中出现的现象,解释现象。

五、思考题

1. 溶胶有哪些性质? 它与高分子化合物在性质上有何异同?

2. 在稀 $AgNO_3$ 溶液中加入稍微过量的 KI 溶液,控制一定条件就会产生 AgI 的溶胶,试写出 AgI 溶胶的胶团结构式。

（王金铃）

实验四　醋酸解离度和解离常数的测定

一、实验目的

1. 掌握酸度计的正确使用方法。

2. 熟悉溶液的配制和酸碱滴定练习的基本操作。

3. 学习用 pH 法测定醋酸的解离度和解离常数。

二、实验原理

HAc(浓度为 c)溶液为一元弱酸,在水中部分解离,达到解离平衡时:

	HAc	$\rightleftharpoons$	H^+	+	Ac^-
起始浓度(mol/L)	c		0		0
平衡浓度(mol/L)	$c(HAc)$		$c(H^+)$		$c(Ac^-)$

$$K_{HAc} = \frac{[H^+][Ac^-]}{[HAc]} = \frac{[H^+]^2}{c-[H^+]} \qquad \alpha = \frac{[H^+]}{c} \times 100\%$$

K_{HAc} 为醋酸解离常数,α 为解离度。

当 $\alpha < 5\%$ 时,$K_{HAc} = \dfrac{[H^+]^2}{c}$

醋酸溶液总浓度 c 用标准 NaOH 溶液滴定测定。配制一系列已知浓度的醋酸溶液,在一定温度条件,用酸度计测出其 pH,将结果换算为 $[H^+]$,再用上述公式计算出该温度条件下一系列对应的 K_{HAc} 和 α。取一系列 K_{HAc} 的平均值即为该温度条件下的醋酸解离常数。

三、实验仪器和药品

1. **仪器**　移液管(25ml)、吸量管(5ml)、碱式滴定管(50ml)、烧杯(25ml)、锥形瓶(250ml)、酸度计、容量瓶(50ml)、滤纸。

2. **药品**　已经标定的 0.1mol/L 的 NaOH 溶液、0.1mol/L 的 HAc 溶液、酚酞指示剂。

四、实验内容

（一）醋酸溶液浓度的测定

用移液管吸取 HAc 溶液 25.00ml 放入锥形瓶中,各加入 1~2 滴酚酞指示剂,用已标定的 NaOH 溶液滴定至溶液呈现微红色且在 30s 内不褪色为止(注意每次滴定都从 0.00ml 开始)。由 NaOH 标准溶液的浓度和体积及 HAc 溶液的体积,计算 HAc 溶液的浓度。

重复上述操作 3 次,3 次耗碱量的差不超过 0.04ml。结果记录和数据处理填在实验表 4-1 中。

实验表 4-1 醋酸溶液浓度的测定

实验序号	1	2	3
HAc 溶液的用量/ml	25.00	25.00	25.00
NaOH 标准溶液浓度/(mol/L)			
NaOH 标准溶液初读数/ml			
NaOH 标准溶液终读数/ml			
NaOH 标准溶液用量/ml			
HAc 溶液浓度/(mol/L)			
HAc 溶液浓度平均值/(mol/L)			
相对平均偏差			

（二）配制不同浓度的醋酸溶液

用移液管和吸量管分别取 25.00ml、5.00ml、2.50ml 已测定浓度的 HAc 溶液,把它们分别加入 3 个 50ml 容量瓶中,再用蒸馏水稀释到刻度,摇匀。计算出此 3 瓶 HAc 溶液的浓度。

（三）测定醋酸溶液的 pH

把以上稀释的 HAc 溶液和原 HAc 溶液共 4 种不同浓度的溶液,分别放入 4 个干燥的 50ml 烧杯中,按由稀到浓的次序编号,用酸度计分别测定它们的 pH,记录数据和室温。计算解离度和解离常数,填在实验表 4-2 中。

实验表 4-2 醋酸解离度和解离常数的测定

溶液编号	醋酸浓度/(mol/L)	pH	$[H^+]$/(mol/L)	α_{HAc}	K_{HAc} 测定值	平均值
1						
2						
3						
4						

【注意事项】

1. 用酸度计前,先要接通电源,预热 30min,并进行校正;
2. 测定醋酸溶液 pH 用的小烧杯,必须洁净、干燥,否则会影响醋酸起始浓度以及所测得的 pH;
3. 配制溶液后要摇匀,使溶液均匀;
4. 测量顺序:溶液浓度由稀到浓。每次测溶液 pH 前,都应先用蒸馏水冲洗电极,并用滤纸轻轻吸干。

五、思考题

1. 在标定 HAc 溶液时,使用滴定管是否每次都要从 0.00 开始滴定?
2. 不同浓度的 HAc 溶液的解离度和解离常数是否相同?

（赵桂欣）

实验五 电解质溶液

一、实验目的

1. 掌握强电解质和弱电解质在水溶液中的解离特点。
2. 熟悉溶度积规则。

3. 了解酸碱平衡中的同离子效应对弱电解质溶液电离度的影响;各类电解质水溶液的酸碱性及相互作用;沉淀平衡与酸碱平衡及配位平衡之间的相互影响。

二、实验原理

电解质可分为强电解质和弱电解质两类。在水溶液中能完全解离成离子的化合物是强电解质,它们在水溶液中不存在解离平衡。弱电解质在水溶液中大部分是以分子的形式存在,只有部分解离成离子,在水溶液中存在未解离的弱电解质分子和解离生成的离子之间的解离平衡。

电解质的强弱不同,它们与酸碱、金属及其他物质反应的剧烈程度也不同。

弱电解质的解离程度可以定量地用解离平衡常数和解离度 α 表示。影响解离平衡常数大小的因素有物质的本性和温度,而解离度大小除了与物质本性和温度有关外还受浓度影响。一般弱电解质溶液的浓度越小解离度越大。

醋酸在水中的解离平衡:

$$\text{HAc(aq)} + \text{H}_2\text{O(1)} \rightleftharpoons \text{Ac}^-(\text{aq}) + \text{H}_3\text{O}^+(\text{aq})$$

HAc 的平衡常数可表示为

$$K_c = \frac{[\text{H}_3\text{O}^+][\text{Ac}^-]}{[\text{HAc}]}$$

氨在水中的解离平衡:

$$\text{NH}_3(\text{aq}) + \text{H}_2\text{O(1)} \rightleftharpoons \text{NH}_4^+(\text{aq}) + \text{OH}^-(\text{aq})$$

NH_3 的平衡常数可表示为

$$K_c = \frac{[\text{NH}_4^+][\text{OH}^-]}{[\text{NH}_3]}$$

在弱酸或弱碱的水溶液中,加入易溶强电解质,生成与弱酸或弱碱的解离相同的离子,使弱酸或弱碱的解离度降低的现象称为同离子效应。所以在 HAc 或 NH_3 的水溶液中加入 NaAc 或 NH_4Cl 会引起它们的解离度减小,酸碱性减弱。

还有一类强电解质,它们在水中的溶解度很小,但溶解的部分是全部解离的,这类电解质称为难溶强电解质。在一定条件下,当沉淀与溶解的速率相等时,便达到固体难溶电解质与溶液中离子间的平衡,称为沉淀-溶解平衡。在一定温度下,难溶电解质的饱和溶液中离子浓度幂之乘积为一个常数,称为溶度积常数。

对于 A_aB_b 型的难溶电解质

$$\text{A}_a\text{B}_b(\text{s}) \rightleftharpoons a\text{A}^{n+}(\text{aq}) + b\text{B}^{m-}(\text{aq})$$

$$K_{sp} = [\text{A}^{n+}]^a[\text{B}^{m-}]^b$$

任一条件下,离子浓度幂的乘积称为离子积 Q_p。Q_p 和 K_{sp} 的表达形式类似,但其含义不同。K_{sp} 仅是 Q_p 的一个特例。对某一溶液,当

(1) $Q_p = K_{sp}$ 时,溶液达饱和。此时溶液中的沉淀与溶解达到动态平衡,既无沉淀析出又无沉淀溶解。

(2) $Q_p < K_{sp}$ 时,溶液未饱和。溶液中无沉淀析出,若加入难溶电解质,则会继续溶解。

(3) $Q_p > K_{sp}$ 时,溶液过饱和。溶液中有沉淀析出,直至溶液达饱和。

上述称为溶度积规则,是难溶电解质溶解与沉淀平衡移动规律的总结,也是判断沉淀生成和溶解的依据。

能影响沉淀-溶解平衡的有酸碱平衡、氧化还原平衡、配位平衡。所以加入酸或酸性物质、氧化剂或还原剂、配位剂均可能使沉淀-溶解平衡发生移动。

三、实验仪器和药品

1. 仪器　试管、酒精灯。

2. 试剂 0.1mol/L HCl、6mol/L HCl、0.1mol/L HAc、饱和 H_2S 水溶液、0.5mol/L NaOH、0.1mol/L $NH_3 \cdot H_2O$、2mol/L $NH_3 \cdot H_2O$、0.1mol/L NaAc、0.1mol/L NH_4Cl、0.1mol/L NaH_2PO_4、0.1mol/L Na_2HPO_4、0.1mol/L $AgNO_3$、0.1mol/L KI、0.1mol/L NaCl、0.1mol/L $BaCl_2$、0.1mol/L Na_2SO_4。

饱和的硫酸铝、饱和碳酸钠溶液、麝香草酚蓝溶液、甲基橙溶液、酚酞溶液、广泛 pH 试纸、锌粒、NaAc(s)、$NH_4Cl(s)$、$CaCO_3(s)$。

四、实验内容

（一）比较盐酸与醋酸的酸性

1. 取 2 支洁净的小试管,在其中 1 支试管中加入 0.1mol/L HCl 溶液约 2ml;在另一支试管中加入 0.1mol/L HAc 溶液约 2ml,各加入麝香草酚蓝指示剂溶液 2 滴,观察两溶液的颜色,记录并解释之。

麝香草酚蓝指示剂的 pH 变色范围:1.2(红色)~2.8(黄色)

2. 分别在两片广泛 pH 试纸上滴一滴 0.1mol/L HCl 溶液和 0.1mol/L HAc 溶液,观察 pH 试纸的颜色变化并判断 pH,进行比较并解释之。

3. 在 2 支洁净的小试管中分别注入 0.1mol/L 的 HCl 和 HAc 各 2ml,分别再各加入同样大小的锌粒一颗,观察两个试管的反应激烈程度,记录并说明原因。

（二）各类电解质水溶液的酸碱性及相互作用

1. 用广泛 pH 试纸或酸碱指示剂分别测定 0.1mol/L 的 HAc、H_2S、NH_4Cl、$NH_3 \cdot H_2O$、NaAc、NaH_2PO_4、Na_2HPO_4 等溶液的 pH,并与计算结果相比较。

2. 在装有饱和 $Al_2(SO_4)_3$ 溶液的试管中,逐滴加入饱和 Na_2CO_3 溶液,有何现象(可稍加热)发生?设法证明产生的沉淀是 $Al(OH)_3$ 而不是碳酸铝(怎样试验?要不要将沉淀洗净?)。写出有关化学反应方程式。

（三）酸碱平衡中的同离子效应

1. 在 2ml 0.1mol/L HAc 溶液中,加 1 滴甲基橙溶液,再加入少量固体 NaAc,观察溶液颜色的变化,记录并说明原因。

2. 在 2ml 0.1mol/L 氨水中,加 1 滴酚酞溶液,再加少量固体 NH_4Cl,观察溶液颜色的变化,记录并说明原因。

3. 取 2ml 饱和 H_2S 水溶液于试管中,用湿润的醋酸铅试纸检查试管口有没有 H_2S 气体逸出。向试管中加入数滴 0.5mol/L NaOH 溶液使混合溶液呈碱性,检查是否还有 H_2S 气体逸出? 再向试管中加入 6mol/L HCl 溶液至混合溶液呈酸性,检查是否还有 H_2S 气体产生? 解释这些现象产生的原因。

（四）溶度积规则的应用

1. 沉淀的生成

（1）在 1.0mol/L $CaCl_2$ 溶液中通入 CO_2 气体至饱和(如何利用现有试剂制备?),观察现象。并通过计算加以说明。

（2）在试管中加入 0.1mol/L $BaCl_2$ 溶液 2ml,然后加入 0.1mol/L Na_2SO_4 的溶液 5 滴,观察有何现象发生? 写出化学反应方程式。

（3）在试管中加入 0.1mol/L $AgNO_3$ 溶液 2ml,再加入 0.1mol/L KI 溶液 5 滴,观察有何现象发生? 写出化学反应方程式。

2. 沉淀-溶解平衡中的酸效应和配位效应

（1）在试管中加入 0.1mol/L $AgNO_3$ 溶液 2ml,然后再加入 0.5mol/L NaOH 溶液 3~4 滴,此时有何现象? 再加入 6mol/L HCl 溶液数滴,又何现象产生? 解释之。

（2）在试管中加入 0.1mol/L $AgNO_3$ 溶液 5 滴,然后加入 0.1mol/L NaCl 溶液 5 滴,有何现象? 再滴加 2mol/L 氨水,又有何变化? 解释之。

并写出上述各反应的化学反应方程式。

五、思考题

1. 强电解质和弱电解质各有什么特点?

2. 同离子效应对弱酸、弱碱解离平衡和沉淀-溶解平衡有何影响?

3. 为什么磷酸呈酸性，NaH_2PO_4 溶液呈弱酸性，Na_2HPO_4 溶液呈微碱性，Na_3PO_4 溶液呈碱性？

4. 用溶度积规则阐述沉淀生成及其溶解的条件。

（王美玲）

实验六　氯化钠的提纯

一、实验目的

1. 学会用化学方法提纯粗食盐，掌握氯化钠的提纯原理。
2. 掌握溶解、沉淀、常压过滤、减压过滤、蒸发浓缩、结晶等基本操作。
3. 巩固沉淀溶解平衡原理的应用。
4. 学习 Ca^{2+}、Mg^{2+}、SO_4^{2-} 等离子的定性鉴定方法。

二、实验原理

化学试剂或医药用的氯化钠多以粗食盐为原料提纯而得。粗食盐中含有不溶性和可溶性的杂质（如泥沙和 K^+、Mg^{2+}、SO_4^{2-}、Ca^{2+} 等）。不溶性的杂质可用溶解、过滤的方法除去；可溶性的杂质可以通过化学方法除去，向氯化钠的溶液中加入能与杂质离子作用的沉淀剂，使杂质离子生成沉淀后过滤除去。具体方法如下：一般先在粗食盐溶液中加入稍过量的 $BaCl_2$ 溶液，溶液中的 SO_4^{2-} 便转化为难溶的 $BaSO_4$ 沉淀而除去。过滤掉 $BaSO_4$ 沉淀之后的溶液，再加入 $NaOH$ 和 Na_2CO_3 溶液，使 Ca^{2+}、Mg^{2+} 及过量的 Ba^{2+} 生成沉淀。有关的离子方程式如下：

$$Ba^{2+}+SO_4^{2-}===BaSO_4\downarrow$$

$$Mg^{2+}+2OH^-===Mg(OH)_2\downarrow$$

$$Ca^{2+}+CO_3^{2-}===CaCO_3\downarrow$$

$$Ba^{2+}+CO_3^{2-}===BaCO_3\downarrow$$

粗食盐中的杂质离子 Ca^{2+}、Mg^{2+} 以及后加入的过量 Ba^{2+} 离子，相应的转化为上述沉淀，可通过过滤的方法加以除去；过量的 $NaOH$ 和 Na_2CO_3 可以用盐酸中和除去；少量的可溶性杂质 K^+ 在蒸发、浓缩、结晶过程中，由于 KCl 与 $NaCl$ 在相同温度条件下的溶解度不同，KCl 仍留在母液中，不会与 $NaCl$ 一同结晶出来。

三、实验仪器和药品

1. **仪器**　烧杯、玻璃棒、量筒、普通漏斗、抽滤瓶、布氏漏斗、抽气泵、铁架台、铁圈、石棉网、托盘天平、表面皿、蒸发皿、酒精灯、滤纸、火柴。

2. **药品**　粗食盐、1mol/L $BaCl_2$ 溶液、1mol/L Na_2CO_3 溶液、2mol/L $NaOH$ 溶液、2mol/L HCl 溶液、65%乙醇。

四、实验内容

（一）粗食盐的提纯

粗食盐的溶解：称取 15g 粗食盐，放入烧杯（100ml 或 150ml）中，加 60ml 水，加热、搅拌促使粗食盐快速溶解。

1. **不溶性杂质的去除**　取配制好的粗食盐溶液，趁热用普通漏斗过滤，以除去泥土等不溶性杂质。

2. **除 SO_4^{2-} 杂质离子**　将滤液加热煮沸后，加入 1mol/L 的 $BaCl_2$ 溶液 3ml，继续加热 5min，静置，检验沉淀是否完全（待沉淀下沉后，于上清液中滴加 1mol/L 的 $BaCl_2$ 溶液 1~2 滴，若无 $BaSO_4$ 沉淀生成，则表明已沉淀完全）。如沉淀不完全，再滴加 1mol/L 的 $BaCl_2$ 溶液，重复上述操作，使沉淀完全。再加热 5min，过滤，用少量纯净水洗涤烧杯，洗涤液倒回滤液中，将 $BaSO_4$ 沉淀除去。

3. **除 Ba^+、Mg^{2+}、Ca^{2+} 杂质离子**　在滤液中加入 1mol/L 的 Na_2CO_3 溶液 4ml 和 2mol/L 的 $NaOH$ 溶液 1.5ml，加热至近沸，使沉淀完全（检验沉淀是否完全的方法同上）；常压过滤，滤液用烧杯承接。

4. 除 OH⁻ 和 CO_3^{2-} 离子　滤液中滴加 2mol/L 的 HCl 溶液,充分搅拌,利用 pH 试纸监测 pH 变化情况,直至溶液的 pH=6 时停止滴加。

5. 蒸发结晶　将滤液转入蒸发皿中,小火加热浓缩溶液至稠粥状(注意:不可蒸干!)。

6. 减压过滤　将浓缩溶液冷却至室温后,利用布氏漏斗减压过滤,将 NaCl 晶体尽量抽干;并用少量 65% 的乙醇洗涤晶体,继续抽干后把晶体转至事先称量好的表面皿中,放入烘箱内烘干。冷却,称出表面皿与晶体的总质量,计算产率。

（二）产品纯度的检验

称取粗食盐和提纯后的产品 NaCl 各 3 份,每份质量为 1.0 克,放入烧杯中各加入约 5ml 去离子水使之溶解,然后盛于试管中,按下面方法对照检验它们的纯度。

1. Ca^{2+} 的检验　加入 2 滴 0.5mol/L（NH_4）$_2C_2O_4$ 溶液,观察有无白色的沉淀生成。

2. SO_4^{2-} 的检验　加入 2 滴 1.0mol/L $BaCl_2$ 溶液,观察有无白色沉淀生成。

3. Mg^{2+} 的检验　加入 2~3 滴 2.0mol/L NaOH 溶液,使呈碱性,再加入几滴镁试剂（对硝基偶氮间苯二酚）。如有蓝色絮状沉淀生成,表示有 Mg^{2+} 存在。若溶液仍为紫色,表示无 Mg^{2+} 存在。

通过定性的检验结果,初步判断提纯后食盐的纯度。

【注意事项】

1. 溶液加热时,沸腾前应大火加热、沸腾后改小火加热。

2. 用 pH 试纸时,应将小块试纸放在洁净的表面皿上,用玻璃棒蘸取检验液滴在试纸上,与标准比色卡对照,结果 30s 内有效。

3. 常压过滤,注意"一贴,二低,三靠",滤纸的边角撕去一角。

4. 减压过滤时,布氏漏斗管下方的斜口要对着吸滤瓶的支管口;先接橡皮管,再开水泵,后转入结晶液;结束后,先拔去橡皮管,后关水泵。

5. 蒸发皿可直接加热,但不能骤冷,溶液体积应少于其容积的 $\frac{2}{3}$。

6. 蒸发浓缩至稠粥状即可,不能蒸干,否则带入 K^+（KCl 溶解度较大,且浓度低,留在母液中）。

五、思考题

1. 在除 Ca^{2+}、Mg^{2+}、SO_4^{2-} 等离子时,为什么要先加 $BaCl_2$ 溶液,后加 Na_2CO_3 溶液? 能否先加 Na_2CO_3 溶液?

2. 在加热之前,为什么一定要先加酸使溶液的 pH<7? 为什么使用的酸一定是盐酸,而不能用 H_2SO_4 或 HNO_3?

3. 提纯后的氯化钠溶液浓缩时为什么不能蒸干?

（谢小雪）

实验七　缓冲溶液的配制和性质

一、实验目的

1. 掌握缓冲溶液的配制方法。

2. 掌握用酸度计测定溶液 pH 的方法。

3. 掌握缓冲溶液的性质。

二、实验原理

能够抵抗少量外加强酸、强碱或稍加稀释而保持其 pH 基本不变的溶液称为缓冲溶液。缓冲溶液一般由共轭酸碱对组成,其中共轭酸为抗碱成分,共轭碱为抗酸成分。由于缓冲溶液中存在大量的抗酸成分和抗碱成分,所以能维持溶液 pH 的相对稳定。

用弱酸（HB）和其共轭碱（B⁻）配制缓冲溶液时,其 pH 可用下式计算:

$$pH = pK_a + \lg \frac{c(B^-)}{c(HB)}$$

其中 K_a 为共轭酸的酸解离常数。

配制缓冲溶液时,若使用相同浓度的共轭酸和共轭碱,则可用其体积比代替浓度比,即:

$$pH = pK_a + \lg \frac{V(B^-)}{V(HB)}$$

计算出所需弱酸 HB 溶液和其共轭碱 B^- 溶液的体积,将所需体积的弱酸溶液和其共轭碱溶液混合即得所需缓冲溶液。

缓冲溶液的缓冲能力可用缓冲容量来衡量,缓冲容量越大,其缓冲能力越强。缓冲容量与缓冲溶液的总浓度及缓冲比有关。当缓冲比一定时,缓冲溶液的总浓度越大,缓冲容量越大;当总浓度一定时,缓冲比越接近 1 时,缓冲容量最大。

可通过酸度计来测量溶液的 pH。酸度计有两个电极,一个是参比电极,其电极电势在一定条件下不变,不随溶液组成和 pH 的变化而改变;另一个电极为指示电极,其电极电势与溶液中氢离子浓度符合 Nernst 方程,能指示溶液的 pH 或氢离子浓度的变化。将两个电极插入待测溶液构成原电池,通过测定原电池的电动势来确定溶液的 pH。

三、实验仪器和药品

1. **仪器**　酸度计、吸量管(1ml)、量筒(100ml)、烧杯(200ml、50ml)、洗耳球。

2. **药品**　0.1mol/L、2mol/L HAc 溶液、0.1mol/L NaAc 溶液、1mol/L HCl 溶液、1mol/L、2mol/L NaOH 溶液、pH=4.00 的标准缓冲溶液、0.9%NaCl 溶液。

四、实验内容

(一)缓冲溶液的配制

计算配制 pH=4.60 的 HAc-NaAc 缓冲溶液 150ml 所需的 0.1mol/L HAc 溶液和 0.1mol/L NaAc 溶液的用量。根据计算的用量,量取 HAc 溶液和 NaAc 溶液置于 200ml 烧杯中,混匀。用 pH=4.00 的标准缓冲溶液将酸度计定位后测定其 pH。若 pH 不等于 4.60,可用 2mol/L NaOH 溶液或 2mol/L HAc 溶液调节,使其为 4.60,保留备用。

(二)缓冲溶液的性质

按实验表 7-1 量取已配制好的缓冲溶液,并测定其 pH。根据加入酸、碱、纯水前后缓冲溶液 pH 的变化,说明缓冲溶液具有哪些性质,并判断缓冲容量与总浓度的关系。

实验表 7-1　缓冲溶液的抗酸、抗碱和抗稀释作用

编号	缓冲溶液及其体积/ml		$pH_前$	加入酸、碱或纯水及其体积/ml		$pH_后$	ΔpH
1	0.1mol/L HAc-NaAc	40.0		1mol/L HCl	0.50		
2	0.1mol/L HAc-NaAc	40.0		1mol/L NaOH	0.50		
3	0.1mol/L HAc-NaAc	50.0		纯水	50.0		
4	0.05mol/L HAc-NaAc	40.0		1mol/L HCl	0.50		
5	0.05mol/L HAc-NaAc	40.0		1mol/L NaOH	0.50		
6	0.9％NaCl	40.0		1mol/L HCl	0.50		
7	0.9％NaCl	40.0		1mol/L NaOH	0.50		

【注意事项】

缓冲溶液在加入酸、碱及蒸馏水后,需搅拌均匀后再测定 pH。

五、思考题

1. 为什么缓冲溶液具有缓冲作用？$NaHCO_3$ 溶液是否具有缓冲能力？为什么？
2. 影响缓冲容量的因素有哪些？试说明在什么情况下缓冲溶液的缓冲容量有最大值？
3. 利用酸度计测定溶液 pH 时,应注意哪些问题？

（杨宝华）

实验八　氧化还原反应与原电池

一、实验目的

1. 掌握电极电势与氧化还原反应方向的关系;反应物浓度及介质对氧化还原反应的影响。
2. 熟悉氧化态或还原态的浓度对电极电势的影响。
3. 了解原电池的装置及电解反应。

二、实验原理

电极电势的大小表示电对中氧化态物质得电子的倾向,或者电对中还原态物质失电子的倾向。电对的电极电势越大,氧化态物质的氧化能力越强,对应还原态物质的还原能力越弱。相反,电对的电极电势越小,氧化态物质的氧化能力越弱,对应还原态物质的还原能力越强。

水溶液中自发进行的氧化还原反应的方向,可由电极电势的大小加以判断,氧化剂电对的电极电势应大于还原剂电对的电极电势,即:φ（氧化剂电对）$>\varphi$（还原剂电对）或电池电动势 $E=\varphi$（氧化剂电对）$-\varphi$（还原剂电对）>0。

对下列电极反应:

$$a\mathrm{Ox}+ne^- \Longleftrightarrow b\mathrm{Red}$$

浓度与电极电势的关系（298.15K）可用能斯特方程表示为:

$$\varphi = \varphi^{\ominus} + \frac{0.059\,16}{n}\lg\frac{c^a(\mathrm{Ox})}{c^b(\mathrm{Red})}$$

因此,氧化态或还原态浓度的变化都会改变其电极电势数值,特别是沉淀剂或配位体的存在,能够显著改变溶液中氧化态或还原态物质的浓度,可以有效地改变电对的电极电势。

另外,有些氧化还原反应尤其有含氧酸根离子参与的反应,通常有 H^+ 参加,介质的酸度也对电极电势数值产生影响。

基于氧化-还原反应而产生电流的装置为原电池,利用原电池产生的电流,可进行电解反应。

三、实验仪器和药品

1. 仪器　pH 计、盐桥、铜片、锌片、导线、表面皿、酚酞试纸、小烧杯。
2. 药品　0.1mol/L KI 溶液、0.1mol/L $FeCl_3$ 溶液、0.1mol/L KBr 溶液、0.1mol/L $FeSO_4$ 溶液、0.1mol/L Na_2SO_3 溶液、0.1mol/L $CuSO_4$ 溶液、0.1mol/L $ZnSO_4$ 溶液、CCl_4、3mol/L H_2SO_4 溶液、6mol/L HAc 溶液、0.01mol/L $KMnO_4$ 溶液、2mol/L H_2SO_4 溶液、2mol/L NaOH 溶液、浓 HNO_3、2mol/L HNO_3 溶液、浓 $NH_3 \cdot H_2O$、0.5mol/L $ZnSO_4$、0.5mol/L $CuSO_4$、0.5mol/L Na_2SO_4 溶液、酚酞。

四、实验内容

（一）电极电势与氧化还原反应

1. 于一试管中加入 10 滴 0.1mol/L KI 溶液和 2 滴 0.1mol/L $FeCl_3$ 溶液,摇匀,观察溶液的颜色变化。再加 10 滴 CCl_4,充分振摇,观察四氯化碳层颜色变化,解释并写出反应式。
2. 用 0.1mol/L KBr 溶液代替 0.1mol/L KI 溶液,进行同样实验,观察现象。解释并写出反应式。

3. 分别用碘水和溴水与 0.1mol/L $FeSO_4$ 溶液反应,观察现象。解释并写出反应式。

根据以上实验的结果指出:哪个电对的氧化态是较强氧化剂,哪个电对的还原态是较强还原剂,并说明电极电势与氧化还原反应的关系。

（二）介质对氧化还原反应影响

1. 于两支试管中各加入 10 滴 0.1mol/L KBr 溶液,再分别加入 10 滴 3mol/L H_2SO_4 溶液和 6mol/L HAc 溶液,然后再向两试管中各加入 2 滴 0.01mol/L $KMnO_4$ 溶液,观察比较试管中溶液褪色的快慢,再分别加数滴 CCl_4,观察四氯化碳层中的现象。写出离子反应式,并解释。

2. 向 3 支各盛有 10 滴 0.1mol/L Na_2SO_3 溶液的试管中,分别加入 10 滴 3mol/L H_2SO_4 溶液、蒸馏水、6mol/L NaOH 溶液,然后向 3 试管中各滴入 1 滴 0.01mol/L $KMnO_4$ 溶液,观察现象。注意观察 $KMnO_4$ 在不同介质中的还原产物,试写出上述各离子反应式。

（三）浓度对氧化还原反应的影响

于两支试管中各加入一粒锌,分别加入 1ml 浓 HNO_3 和 2mol/L HNO_3 溶液,观察现象,它们反应速率和产物有何不同。浓 HNO_3 的还原产物可通过观察气体产物的颜色来判断;稀 HNO_3 的还原产物可用检验溶液中是否有 NH_4^+ 生成来确定。写出各反应式。

检验 NH_4^+ 的方法(气室法):在一表面皿中央,贴一块用蒸馏水润湿过的酚酞试纸,在另一块表面皿中央加入 1 滴被检液和 2 滴 2mol/L NaOH 溶液,迅速将贴有试纸的表面皿合于其上,放置,观察现象,酚酞试纸变粉红色表明被检液中有 NH_4^+。

（四）浓度对电极电势的影响

在一小烧杯中加入适量的 0.1mol/L $CuSO_4$ 溶液,在另一小烧杯中加入适量的 0.1mol/L $ZnSO_4$ 溶液,然后向 $CuSO_4$ 溶液中插入铜片,用导线与 pH 计上"mV"档正极相接;向 $ZnSO_4$ 溶液中插入锌片,用导线与 pH 计上"mV"档的负极相连,两烧杯间用 U 形盐桥连通,测量电池的电动势。

向装有 $CuSO_4$ 溶液的小烧杯中滴加浓氨水至生成的沉淀溶解为止,形成深蓝色溶液。

$$Cu^{2+} + 4NH_3 \longrightarrow [Cu(NH_3)_4]^{2+}$$

测量电池的电动势。

再向装有 $ZnSO_4$ 溶液的小烧杯中滴加浓氨水至生成的沉淀溶解为止。

$$Zn^{2+} + 4NH_3 \longrightarrow [Zn(NH_3)_4]^{2+}$$

测量电池的电动势。

上面的实验的结果说明什么问题? 利用能斯特方程来说明实验现象。

（五）电解

利用原电池产生的电流电解硫酸钠溶液。向一只小烧杯中加入 50ml 0.5mol/L $ZnSO_4$ 溶液,在其中插入锌片,另一小烧杯中加入 50ml 0.5mol/L $CuSO_4$ 溶液,在其中插入铜片,按实验图 8-1 把线路接好。把两根分别连接锌片和铜片的导线的另一端,插入装有 50ml 0.5mol/L Na_2SO_4 溶液和 3 滴酚酞的小烧杯中,观察两电极周围的现象并解释,并写出电极反应式。

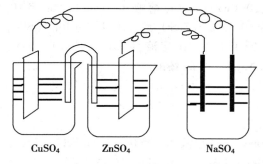

$CuSO_4$　　$ZnSO_4$　　　　$NaSO_4$

实验图 8-1　电解 Na_2SO_4 溶液

五、思考题

1. 测定电池电动势时,如果正负极接反,将出现什么现象? 如何处理?
2. 电解 Na_2SO_4 水溶液为什么得不到金属钠?

(胡密霞)

实验九　配位化合物的生成和性质

一、实验目的

1. 掌握配合物和复盐、配离子与简单离子的区别。
2. 学会配合物、配离子的制备,通过实验认识配离子的稳定性。
3. 了解溶液的酸度、沉淀反应、氧化还原反应对配位平衡的影响。

二、实验原理

　　配位化合物是指一定数目的配位体以配位键与中心原子结合所形成的复杂化合物。大多数的易溶配合物在水溶液中可完全离解为配离子和外界离子。但配离子在水溶液中较稳定,不易电离,中心原子和配位体的浓度极低,不易鉴定出来。而复盐能完全电离成简单离子。

　　配离子的稳定性是相对的,在水溶液中能微弱地离解成简单离子,有条件地形成配位平衡。当外界条件发生变化时,如加入沉淀剂、氧化剂、还原剂或改变溶液的酸碱性,配位平衡会发生移动。

三、实验仪器和药品

　　1. 仪器　试管、离心试管、试管夹、药匙、大小表面皿各 1 个、100ml 烧杯、石棉网、铁架台、铁圈、酒精灯、离心机。

　　2. 药品　6mol/L $NH_3 \cdot H_2O$ 溶液、6mol/L NaOH 溶液、2mol/L HNO_3 溶液、0.1mol/L $CuSO_4$ 溶液、0.1mol/L $BaCl_2$ 溶液、0.1mol/L NaOH 溶液、0.1mol/L $NH_4Fe(SO_4)_2$ 溶液、0.1mol/L KSCN 溶液、0.1mol/L $FeCl_3$ 溶液、0.1mol/L $K_3[Fe(CN)_6]$ 溶液、0.1mol/L $AgNO_3$ 溶液、0.1mol/L NaCl 溶液、0.1mol/L KBr 溶液、0.1mol/L $Na_2S_2O_3$ 溶液、0.1mol/L KI 溶液、红色石蕊试纸、四氯化碳。

四、实验内容

　　(一)配离子的生成和稳定性

　　1. $CuSO_4$ 在溶液中的稳定性　取 2 支试管,分别加入 0.1mol/L 的 $CuSO_4$ 溶液 1ml,然后在试管①中加入 0.1mol/L $BaCl_2$ 溶液 2 滴,在试管②中加入 0.1mol/L NaOH 溶液 4 滴,观察现象。写出化学反应方程式。

　　2. $[Cu(NH_3)_4]^{2+}$ 配离子的生成及稳定性　取 1 支大试管,加入 0.1mol/L $CuSO_4$ 溶液 4ml,逐滴加入 6mol/L $NH_3 \cdot H_2O$ 溶液,边加边振荡,待生成的沉淀完全溶解后再多加氨水 1~2 滴,观察现象,写出化学反应方程式。另取 2 支试管,将此溶液各取 5 滴(剩余的溶液留着下面实验备用),在其中 1 支试管中加入 0.1mol/L $BaCl_2$ 溶液 2 滴,在另 1 支试管中加入 0.1mol/L NaOH 溶液 4 滴,观察现象。并加以解释。

　　(二)配合物和复盐的区别

　　1. 复盐 $NH_4Fe(SO_4)_2$ 中的离子的鉴定

　　(1) SO_4^{2-} 离子的鉴定:取 1 支试管,加入 0.1mol/L $NH_4Fe(SO_4)_2$ 溶液 1ml,滴入 0.1mol/L $BaCl_2$ 溶液 2 滴,观察现象。

　　(2) Fe^{3+} 离子的鉴定:取 1 支试管,加入 0.1mol/L $NH_4Fe(SO_4)_2$ 溶液 1ml,滴入 0.1mol/L KSCN 溶液 2 滴,观察现象。

　　(3) NH_4^+ 离子的鉴定:在一较大的表面皿中心,滴入 0.1mol/L $NH_4Fe(SO_4)_2$ 溶液 5 滴,再加 6mol/L NaOH 溶液 3 滴,混匀。在另一较小的表面皿中心粘上一条润湿的红色石蕊试纸,将其盖在大的表面皿上做成气室,将气室放在水浴上微热片刻,观察现象。

碱性溶液中的标准电极电势

半反应	$\varphi_B^\ominus/V$	半反应	$\varphi_B^\ominus/V$
$Ca(OH)_2+2e^-\Longrightarrow Ca+2OH^-$	-3.026	$AsO_4^{3-}+2H_2O+2e^-\Longrightarrow AsO_2^-+4OH^-$	-0.67
$Mg(OH)_2+2e^-\Longrightarrow Mg+2OH^-$	-2.687	$CrO_4^{2-}+4H_2O+3e^-\Longrightarrow Cr(OH)_4^-+4OH^-$	-0.13
$Al(OH)_3+3e^-\Longrightarrow Al+3OH^-$	-2.310	$O_2+H_2O+2e^-\Longrightarrow HO_2^-+OH^-$	-0.076
$B(OH)_4^-+3e^-\Longrightarrow B+4OH^-$	-1.811	$IO_3^-+3H_2O+6e^-\Longrightarrow I^-+6OH^-$	0.257
$Mn(OH)_2+2e^-\Longrightarrow Mn+2OH^-$	-1.56	$O_2+2H_2O+4e^-\Longrightarrow 4OH^-$	0.401
$Sb+3H_2O+3e^-\Longrightarrow SbH_3+3OH^-$	-1.338	$2ClO^-+2H_2O+2e^-\Longrightarrow Cl_2+4OH^-$	0.421
$Zn(OH)_4^{2-}+2e^-\Longrightarrow Zn+4OH^-$	-1.285	$FeO_4^{2-}+2H_2O+3e^-\Longrightarrow FeO_2^-+4OH^-$	0.55
$2SO_3^{2-}+2H_2O+2e^-\Longrightarrow S_2O_4^{2-}+4OH^-$	-1.12	$MnO_4^-+2H_2O+3e^-\Longrightarrow MnO_2+4OH^-$	0.595
$SO_4^{2-}+H_2O+2e^-\Longrightarrow SO_3^{2-}+2OH^-$	-0.936	$MnO_4^{2-}+2H_2O+2e^-\Longrightarrow MnO_2+4OH^-$	0.62
$2H_2O+2e^-\Longrightarrow H_2+2OH^-$	-0.8277	$Ag_2O_3+H_2O+2e^-\Longrightarrow 2AgO+2OH^-$	0.739
$Co(OH)_2+2e^-\Longrightarrow Co+2OH^-$	-0.733	$BrO^-+H_2O+2e^-\Longrightarrow Br^-+2OH^-$	0.761
$Ni(OH)_2+2e^-\Longrightarrow Ni+2OH^-$	-0.72	$ClO^-+H_2O+2e^-\Longrightarrow Cl^-+2OH^-$	0.81
$AsO_2^-+2H_2O+3e^-\Longrightarrow As+4OH^-$	-0.68	$O_3+H_2O+2e^-\Longrightarrow O_2+2OH^-$	1.240

注:本表资料主要引自 Haynes W M. CRC Handbook of Chemistry and Physics,第 97 版。

附录七　一些金属配合物的累积稳定常数

配体及金属离子	$\lg\beta_1$	$\lg\beta_2$	$\lg\beta_3$	$\lg\beta_4$	$\lg\beta_5$	$\lg\beta_6$
氨(NH₃)						
Co^{2+}	2.11	3.74	4.79	5.55	5.73	5.11
Co^{3+}	6.7	14.0	20.1	25.7	30.8	35.2
Cd^{2+}	2.65	4.75	6.19	7.12	6.80	5.14
Fe^{2+}	1.4	2.2				
Mn^{2+}	0.8	1.3				
Cu^{2+}	4.31	7.98	11.02	13.32	12.86	
Hg^{2+}	8.8	17.5	18.5	19.28		
Ni^{2+}	2.80	5.04	6.77	7.96	8.71	8.74
Ag^+	3.24	7.05				
Zn^{2+}	2.37	4.81	7.31	9.46		
氯离子(Cl⁻)						
Sb^{3+}	2.26	3.49	4.18	4.72		
Bi^{3+}	2.44	4.7	5.0	5.6		
Cu^+		5.5	5.7			

配体及金属离子	$\lg\beta_1$	$\lg\beta_2$	$\lg\beta_3$	$\lg\beta_4$	$\lg\beta_5$	$\lg\beta_6$
Pt^{2+}		11.5	14.5	16.0		
Hg^{2+}	6.74	13.22	14.07	15.07		
Ag^+	3.04	5.04				
氰离子(CN^-)						
Au^+		38.3				
Cd^{2+}	5.48	10.60	15.23	18.78		
Cu^+		24.0	28.59	30.30		
Fe^{2+}						35
Fe^{3+}						42
Hg^{2+}				41.4		
Ni^{2+}				31.3		
Ag^+		21.1	21.7	20.6		
Zn^{2+}				16.7		
氟离子(F^-)						
Al^{3+}	6.10	11.15	15.00	17.75	19.37	19.84
Fe^{3+}	5.28	9.30	12.06			
Be^{2+}	5.1	8.8	12.6			
Cr^{3+}	4.41	7.81	10.29			
碘离子(I^-)						
Bi^{3+}	3.63			14.95	16.80	18.80
Hg^{2+}	12.87	23.82	27.60	29.83		
Ag^+	6.58	11.74	13.68			
Cd^{2+}	2.10	3.43	4.49	5.41		
Cu^+		8.85				
Pb^{2+}	2.00	3.15	3.92	4.47		
Ca^{2+}	4.6					
Cu^{2+}	6.7	9.0				
Mn^{2+}	5.7					
Ni^{2+}	5.8	7.4				
硫氰酸根(SCN^-)						
Fe^{3+}	2.95	3.36				
Hg^{2+}		17.47		21.23		

配体及金属离子	lgβ_1	lgβ_2	lgβ_3	lgβ_4	lgβ_5	lgβ_6
Ag^+		7.57	9.08	10.08		
Bi^{3+}	1.15	2.26	3.41	4.23		
Cd^{2+}	1.39	1.98	2.58	3.6		
Cr^{3+}	1.87	2.98				
Co^{2+}	−0.04	−0.70	0	3.00		
Cu^+	12.11	5.18				
Ni^{2+}	1.18	1.64	1.81			
硫代硫酸根($S_2O_3^{2-}$)						
Ag^+	8.82	13.46				
Hg^{2+}		29.44	31.90	33.24		
Cu^+	10.27	12.22	13.84			
Cd^{2+}	3.92	6.44				
Fe^{3+}	2.10					
Pb^{2+}		5.13	6.35			
醋酸根(CH_3COO^-)						
Fe^{3+}	3.2					
Hg^{2+}		8.43				
Pb^{2+}	2.52	4.0	6.4	8.5		
氢氧根(OH^-)						
Al^{3+}	9.27			33.03		
Bi^{3+}	12.7	15.8		35.2		
Cd^{2+}	4.17	8.33	9.02	8.62		
Cr^{3+}	10.1	17.8		29.9		
Cu^{2+}	7.0	13.68	17.00	18.5		
Fe^{2+}	5.56	9.77	9.67	8.58		
Fe^{3+}	11.87	21.17	29.67			
Pb^{2+}	7.82	10.85	14.58			61.0
Mn^{2+}	3.90		8.3			
Ni^{2+}	4.97	8.55	11.33			
乙二胺($H_2NCH_2CH_2NH_2$)						
Co^{2+}	5.91	10.64	13.94			
Cu^{2+}	10.67	20.00	21.0			

配体及金属离子	$\lg\beta_1$	$\lg\beta_2$	$\lg\beta_3$	$\lg\beta_4$	$\lg\beta_5$	$\lg\beta_6$
Zn^{2+}	5.77	10.83	14.11			
Ni^{2+}	7.52	13.84	18.33			
Cr^{2+}	5.15	9.19				
Fe^{2+}	4.34	7.65	9.70			
Hg^{2+}	14.3	23.3				
Mg^{2+}	0.37					
Mn^{2+}	2.73	4.79	5.67			
Pb^{2+}		26.90				
草酸根($C_2O_4^{2-}$)						
Cu^{2+}	6.16	8.5				
Fe^{2+}	2.9	4.52	5.22			
Fe^{3+}	9.4	16.2	20.2			
Hg^{2+}		6.98				
Zn^{2+}	4.89	7.60	8.15			
Ni^{2+}	5.3	7.64	8.5			
Mg^{2+}	3.43	4.38				
Mn^{2+}	3.97	5.80				
乙二胺四乙酸(EDTA)						
Ba^{2+}	7.78					
Cd^{2+}	16.4					
Co^{2+}	16.31					
Co^{3+}	36					
Cr^{3+}	23					
Cu^{2+}	18.7					
Fe^{2+}	14.33					
Fe^{3+}	24.23					
Mg^{2+}	8.64					
Mn^{2+}	13.8					
Ni^{2+}	18.56					
Ti^{3+}	21.3					
Zn^{2+}	16.4					

注:本表数据主要录自 Lange's Handbook of Chemistry,第 16 版。

附录八　希腊字母表

大写	小写	名称	读音	大写	小写	名称	读音
A	α	alpha	[ˈælfə]	N	ν	nu	[njuː]
B	β	beta	[ˈbiːtə;ˈbeitə]	Ξ	ξ	xi	[ksai;zai;gzai]
Γ	γ	gamma	[ˈgæmə]	O	o	omicron	[ouˈmaikrən]
Δ	δ	delta	[ˈdeltə]	Π	π	pi	[pai]
E	ε	epsilon	[epˈsailnən;ˈepsailnən]	P	ρ	rho	[rou]
Z	ζ	zeta	[ˈziːtə]	Σ	σ	sigma	[ˈsigmə]
H	η	eta	[ˈiːtə;ˈei tə]	T	τ	tau	[tɔː]
Θ	θ	theta	[ˈθiːtə]	Υ	υ	upsilon	[juːpˈsailən;ˈuːpsailən]
I	ι	iota	[aiˈoutə]	Φ	φ	phi	[fai]
K	κ	kappa	[ˈkæpə]	X	χ	chi	[kai]
Λ	λ	lambda	[ˈlæmdə]	Ψ	ψ	psi	[psai]
M	μ	mu	[mjuː]	Ω	ω	omega	[ˈoumigə]

元 素 周 期 表

绘制：华中科技大学魏祥影
皖南医学院 李祥子
印刷：人民卫生出版社

注：
1. 本元素周期表为全国高等学校五年制本科临床医学《基础化学》（第五版）教材选用元素周期表，以¹²C=12 为基准的相对原子质量。
2. 相对原子质量录自国际相对原子质量表，加注在其后的括号内为相对原子质量末位数的准确度。
3. 商品化的相对原子质量范围是6.939～6.996。
4. 稳定元素和放射性元素有天然丰度的同位素，天然放射性元素和人造元素的相对原子质量为最稳定同位素的质量数。

s 区 **d 区** **ds 区** **p 区** **f 区**

图例：
- 原子序数 → 19
- 元素符号（红色指放射性元素） K
- 元素名称（注＊的是人造元素）钾
- 稳定同位素的质量数（低线指丰度最大的同位素）
- 放射性同位素的质量数
- 外围电子的构型（括号指可能的构型）4s¹
- 相对原子质量（放射性元素括号内的数值为最稳定同位素的质量数）39.0983(1)

图例颜色：主族金属 / 过渡金属 / 内过渡金属 / 准金属 / 非金属

元素周期表（IA–VIIIA族，1–18族，周期1–7，含镧系与锕系）